乌　杰
系统科学文集

第一卷
系统哲学

乌杰　著

人民出版社

~∞ 作者简介 ∞~

　　乌杰，蒙古族，研究员、教授、博士生导师。系统科学及系统哲学、系统美学专家。1934 年 12 月出生，内蒙古呼和浩特人。1960 年毕业于苏联列宁格勒化工学院工程物理系，1980—1982 年在美国加州北岭州立大学作访问学者。

　　乌杰同志曾是北京大学、复旦大学等 20 多所高等学校兼职教授，担任中国软科学研究会、中国自然辩证法研究会副理事长、邓小平思想研究会（北京）会长、中国系统科学研究会会长等，同时兼任内蒙古大学"中国系统哲学研究中心"、深圳大学"中国系统哲学研究中心"、太原科技大学"中国系统哲学研究中心"主任。主要学术成就有：开创了系统辩证学和系统美学学科，创建了《系统辩证学学报》（后更名为《系统科学学报》）。著有《系统哲学》《系统美学》《马克思主义系统思想》等十余种著作。

总　序

　　这套八卷本的《乌杰系统科学文集》，是本人过去几十年出版和发表过的著作和文章的择选，不是全部，但有代表性。

　　系统思维是非常重要的思想方法。本次结集的有：第一卷《系统哲学》、第二卷《系统美学》、第三卷《系统哲学之数学原理》、第四卷《系统范式与现代运用》、第五卷《整体管理论》、第六卷《城市系统管理论》、第七卷《马克思主义系统思想》、第八卷《系统哲学基本原理》，它们涵盖了哲学、政治、经济等多个领域。

　　第一卷《系统哲学》首版于1998年，当时题为《系统辩证论》，2008年本人对该书作了全面修订调整，更名为《系统哲学》，2012年再次对相关内容作了修定，体现了系统哲学思想的进一步成熟。第二卷《系统美学》首版于2017年，是国内首部从系统科学角度阐述美学思想的专著，至2019年重印5次，截至目前已输出了英文、西班牙文、日文与蒙古文四种外文版。第三卷《系统哲学之数学原理》首版于2012年，是一部完全使用数学理论论证系统科学思想的专著。第四卷《系统范式与现代运用》首版于2006年，原题为《和谐社会与系统范式》，在本世纪初前瞻性地探讨包括世界经济秩序的建立、我国社会发展和城市管理等内容在内的系统管理思想，本次出版修改了题名。第五卷《整体管理论》首版于1997年，第六卷《城市管理论》首版于1994年，这两卷都是本人多年基层管理工作的经验积累和理论擢升，至今读来仍不乏新意。第六卷收入本文集时，改题名为《城市系统管理论》，更加突出系统思想。第七卷《马克思主义系统思想》首版于1997年，对马克思列宁主义经典论述中的系统思想作了引述和分析。收入本文集时,已经将所引用文献全部按照最新马列经典的版本作了更新和调整,内容更为聚焦于马列思想的原典,编排上也更加方便读者阅读和学习。第八卷《系统哲学基本原理》首版于 2013 年,是以《系统哲学》为思想框架,通俗化解读系统哲学思想的一部专著。

总之,收入本文集的关于系统科学思想的研究成果,是本人多年哲学思考和工作经验的集中展示,无论对于各位专家及各位业余爱好者都会有开卷有益的效果。

最后,借此机会对出版此文集的各位从业者表示感谢!对广大系统科学爱好者表示感谢!

祝每个人安康幸福。

乌 杰

2021 年 11 月 25 日于北京

目　录

再版序言

《系统辩证论》自 1998 年第一次出版以来,多次再版,2008 年更名为《系统哲学》。本次修订对全书做了多处的改动,修正了许多章节;想与时俱进但仍感到言不尽意。这似乎验证了歌德的一句话:"一切理论都是灰色的,只有生命之树常青。"更使我想到了"群经之首"的《易经》,"易经"之"易"是"蜥蜴"的象形,"蜥蜴"中的一种就是"变色龙",它可随环境的变化而改变自己的颜色。《易经》就是"变易"之经。我们的祖先真是伟大,数千年来的传承,至今仍未褪色。不过外国人也伟大,几千年后的怀特海也讲:"实在的本质就是变。"海森堡也认为:"变化是一种终极的存在。"只是近代中国人很少说"变"、"变化"、"变动"、"变革",以不变应万变,成为我们中国人的常识。实际上从古到今"变"是根本,"不变"只能是僵化、落后和挨打的代名词。

2002 年,两院院士宋健教授来信,在附件中写道:老一代科学家说,"辩证唯物主义"应理解为"变证唯物主义",原意在"变"字,不知为何译成"辩证",其实没有辨认、辩论之意。我看后甚为震惊:"震"的是中国"文化人"确实可悲可恨,怎能自欺欺人?"惊"的是辩证法终于从九天落到了人间。它不是"玄而又玄"的"幽灵",也不是"哲学家"手中的专利与玩具。

那么"辩证法"应该改为"变律法"或"易律法",就是变化规律之法,"系统辩证论"应改为"系统易律法",这就真正符合"中国特色"了。

但考虑到当今的世界是科技与社会整体化的世界,尤其是钱学森教授教导我们:"系统学(系统科学)的建立,实际上是一次科学革命,它的重要性不亚于相对论或量子科学。"那么把"系统辩证论"改为"系统哲学"就是必然的明智之举了。

在耄耋之年谈"变"字、话"变改",不要视为笑话。

《论语·子罕》记载,"子在川上曰:逝者如斯夫,不舍昼夜。"并说:"四时行焉,百物生焉。"孔圣人也认为世界在"生"、在"行"、在"逝"之中。

我们当代的中国人更应该在"生"、在"行"、在"逝"的视野中加快中国的改革步伐,创建适应世界潮流的新体制。

最后,向一切支持、理解我的首长、领导、专家、学者和朋友们致敬,并祝大家康健!

乌　杰

2012 年 9 月 10 日于紫竹院书斋

序　言

1988 年《系统辩证论》一书面世以来,一直受到广大学者的热议,反映很多,其中有支持肯定的、有上纲上线的、有建议修改的。(读者可详见相关期间中国社科院的《哲学研究》、《哲学动态》和《人民日报》、《光明日报》、《科技日报》、《香港文汇报》等媒体登载的有关文章)

1988 年 10 月我收到了钱学森教授的来信,他讲:"您能大胆开拓进取,我很佩服! 不过'文章千古事',也要仔细严肃。"

1996 年外文出版社出版了该书的英文版,1993 年辽宁民族出版社出版了该书的蒙文版。

1997 年 4 月 28 日在深圳召开的"中国系统科学国际研讨会"上,与美国的 E.拉兹洛和德国的 H.哈肯等著名教授进行了交流对话,并得到了他们的赞同与支持。(详见《跨世纪洲际对话》一书,人民出版社 1998 年版)

2001 年我就系统辩证法问题,给时任总理朱镕基同志和副总理李岚清同志写信,我十分感谢两位总理作了批示。这样,系统辩证法取得了与矛盾辩证法一样的平等生存权利。(详见《和谐社会与系统范式》一书,社会科学文献出版社 2006 年版)

2002 年 8 月 3 日在上海召开的第 46 届国际系统科学大会上,我的系统辩证论的观点得到了大家的赞赏和肯定。

2002 年 9 月 9 日我受邀在香港凤凰卫视"世纪大讲堂"作了题目为"用系统思想看中国经济体制改革的历程"的讲演。

在国内外学者朋友的推动鼓励下,我不断地在思考如何修改完善:其中大的改动有两次,小的改动更多。这一版是"我在,故我思"的时候,最后一次的修订,并将"系统辩证论"提升为"系统哲学"。当"我思,故我在"的时候,只好任人去评说了。

在这一版中我作了广泛全面的修改,主要突出了两个问题:

一、关于差异的哲学

大家知道"差异"范畴,在数百年以来它是颇有争议的题目,尤其是黑格尔的"差异是矛盾"的提法,影响了人类认识数百年,我们的传统理论也被误导了一百多年。但随着科技、人类社会的进步,这个争论已经变得非常清晰了。

差异就是差异,矛盾就是矛盾;差异不是矛盾,矛盾也不是差异。这是不同层次的两个基本问题。差异是系统事物外在的表征,系统事物是差异的内在结构与本质。

矛盾是相互排斥的对立面,它只是差异事物发展演化到一定时期的特殊阶段,而不是差异事物必然要发生的一个阶段。

二、关于价值哲学

大家知道,在人文科学的所有学科中都有自己的价值内涵和价值定义。而自然科学证明:宇宙系统自奇点大爆炸以来,诸粒子、原子、分子……及系统各层次、各结构与功能、各个涌现整体,都有其存在的自我价值,这个价值应称为自然价值。而这个自然价值先于人类社会的存在与演化,它是一切社会人文价值的基础,是所有价值的内在规定性。因此,自然价值只有大与小,不存在"有"与"无"的划分,而人文价值却有正价值与负价值之分,并相互转化。

在宇宙自然系统、地球生态系统与人类社会系统的相互作用下形成的社会人文价值,有其独特的产生、发展和演化的规律,而不能简单地区分为工具价值、使用价值。其实,价值是一个系统,它是一个序列层次的系统结构,它是"社会人——实践"与自然价值的互相作用之总和。

澄清这两个问题是本版的重点。

一个理论范式的正确与否、科学与荒谬,不完全取决于当代人的意愿和爱好,而更取决于后人。因为当代人都有一种无可争辩的社会局限性:科学技术的局限性、实践的局限性、人文制度的局限性,甚至是地球生态系统环境的局限性。

黑格尔讲:反思以思想的本身为内容,即对思想的思想,就是反思。这是我们当代理论界最稀缺的资源。

马克思讲:问题就是时代的口号。这是我们每个人应该讲真话的根据。

当代理论界的一个根本使命就是反思:抑空打假、扬实颂真、笃志创造。这是解放思想、改革发展的根本与基础。

最后,再一次对广大读者、学者、领导和朋友说一声:谢谢。并祝愿大家健康、顺利、成功。

乌 杰

2007 年 12 月 7 日

第一章　绪　论

系统哲学是在马克思主义哲学与自然辩证法的基础上,结合现代科学的研究成果和新的理论成就,以客观系统物质世界作为研究对象的一门哲学的科学。系统哲学是对辩证唯物主义哲学的补充、丰富、完善和发展,是对传统哲学范式的一种超越,是现代辩证唯物主义哲学的新形态。它旨在准确、科学地表述系统物质世界的辩证发展规律,深刻、全面地揭示自然界、人类社会、思维领域系统运动的本质特征和普遍联系,并从整体上考察系统事物的生灭转化过程和系统内外的辩证关系。要对它有个概括的了解,必须对系统哲学的一般理论及其产生和发展问题,作初步的考察。

第一节　系统哲学的一般问题

一、系统概念的哲学意义

系统这个概念,恩格斯早就有所论述,他说:"一个伟大的基本思想,即认为世界不是既成事物的集合体,而是过程的集合体。"①这里所说的"集合体"就是系统,而"过程"则是指系统中各个组成部分的相互作用和整体过程的发展变化。黑格尔讲,真理的要素是概念;真理的真实形态是科学系统。他还讲,真理只有作为系统才是现实的。钱学森指出:"把极其复杂的

---

① 《马克思恩格斯选集》第4卷,人民出版社1995年版,第244页。

研制对象称为系统,即由相互作用和相互依赖的若干组成部分结合成具有特定功能的有机整体,而且这个系统本身又是它们从属的更大系统的组成部分。"①贝塔朗菲在《一般系统论》一书中指出:"系统是处于一定相互联系中的与环境发生关系的各组成成分的总体。"②韦氏大辞典定义:系统是有组织的或被组织化的整体。可简化为"系统的整体"。邦格认为:"宇宙不过就是系统的系统。"摩根讲:"整个宇宙不过就是大的系统罢了。"③从以上这些论述可以看出,系统具有全局性、关联性、动态性、有序性、预决性等特点。因此,作为哲学意义上的系统概念是指相互联系、相互作用的若干要素或部分结合在一起并具有特定功能、达到同一目的的有机整体。

系统概念,无论从本体论上看,还是从认识论、方法论、价值论来看,它都具有重要的哲学意义。它是与当前的科学研究从实物水平上升到复杂系统水平相适应的,是随着人类认识活动的深化,人类思维方式从"实物中心论"向"过程中心论"转化的一种表现形式。马克思主义经典作家认为,每一个时代的理论思维都是历史的产物。现代科学发展有两个重要的趋势,即分支化和一体化的趋势:一方面,科学迅速地分化,许多新的分支越来越多,学科越分越细;另一方面,边缘科学、综合科学却又不断出现,许多极不相同的学科在深入一步的层次上,携起手来,相互渗透。这样,一方面,复杂化和数量集约化使科学知识的内容越来越复杂,导致认识水平越来越超出人们日常经验所能体会到的程度;另一方面,许多复杂的问题,都被出乎意料地简化为某些数学的或物理的模型,被清楚明白地加以数量的描述与处理,因而使科学又呈现出高度概括性和高度抽象性的趋势。这种科学发展的规律,从根本上促进了科学思维方式的发展,促进了系统性思维方式的出现。其具体表现为:一是人们观察问题的眼光由"实物中心"转向"系统中心"。现在人们对一切客观现象不仅仅是对它本身的实体认识,而且是作

① 钱学森:《社会主义现代化建设的科学和系统工程》,中共中央党校出版社1987年版,第221页。
② 〔美〕贝塔朗菲:《一般系统论》,载《自然科学哲学问题丛刊》1979年第1—2期。
③ 〔美〕摩根著,施友忠译:《突创进化论》,商务印书馆1938年版,第72页。

为一个系统,作为某个更大的系统的部分、要素和组成来认识。进而又从对系统的存在和构成的认识,转向对系统事物的发生、过程、转化、功能、结构、关系的认识。二是科学一体化的发展趋势,打破了学科之间的界限,人们越来越多地看到了不同学科之间,不同学科认识对象之间存在着共同的规律。三是人们不仅以解剖学的眼光来看待各个局部或科学的分支,而且越来越注重事物的整体和整体内部的关系。科学知识的整体化趋势使科学知识走向新的综合,尤其是近二十年来,经济、军事、政治等大系统的科学化、定量化和综合化的研究,使人们的思维方法越来越具有整体思维和优化思维的特点。总之,由于现代科学的发展,系统整体优化思维方式的形成,人类对于世界的认识自然要由一般的"物质观"转向更为深刻的"系统物质观"。就其上述三点,既可看到物质观与系统物质观在内容和认识上的统一,又可看到系统物质观是对物质观的深化和发展。

系统概念集中体现系统思想的一般原则,即系统思想。对于系统思想应该属于何种范畴?当前国际、国内学者颇有争论,大体有三种意见:一是认为属于科学思想,欧美学者持这种意见;二是认为系统原则是哲学思想与科学思想之间的中介环节,如德国的 H.霍尔茨认为系统思想是作为哲学和科学的中介而出现的;三是认为属于马克思主义哲学辩证法,是唯物辩证法的一个组成部分,许多中国学者持这一观点。从系统整体和构成这一整体的各个部分的相互关系来观察事物,系统原则包括:客观事物中普遍存在的系统的整体性、结构性、自组织性、层次性等等。系统原则是系统论的哲学基础。在持这种意见的学者中认识也不尽一致:有的人认为系统原则直接就是哲学原理,就是辩证法的一个原理,在马克思主义中得到了最好的表述。如乌耶莫夫认为:"系统范畴同时还具有辩证法范畴的一些基本特点,具有哲学概念地位。"①也有的人认为,系统思想可以构成唯物辩证法的"拟化形式"。认为由于用自然语言描述的唯物辩证法的规律和范畴带有模糊

---

① 〔苏〕A.K.阿斯塔菲耶夫:《苏联就辩证法与系统方法举行会议》,载《哲学译丛》1980年第 2 期,第 72 页。

性和歧义性,而运用数学模型和电子计算机作为工具的边缘科学——系统论、控制论、信息论等,可以使唯物辩证法的原则性观点具体化、模式化,使模糊性的观点明确化、定量化。还有的认为系统思想经过马克思主义哲学的高度概括,进一步补充和发展了马克思主义的辩证法。国内许多学者持这种态度。我认为,系统思想,在马克思主义哲学中已经做了很多的表述,有很精辟的概括。① 马克思关于辩证唯物论的物质世界整体联系思想,就是对系统辩证观的哲学概括,而当代系统论所体现出来的哲学思想,经过马克思主义哲学的概括,就可以与它结合起来形成马克思主义哲学的一种新的形态,即系统辩证学。我国科学家钱学森在《要从整体上考虑并解决问题》一文中讲:"毛泽东思想的核心部分就是从整体上来认识问题。"②这句话很正确,我认为更正确的是:马列主义的核心部分也是整体思想、系统思想。

二、系统哲学与辩证哲学的内容

系统哲学这一提法是美籍奥地利学者贝塔朗菲首先提出来的。他在1968年出版的《一般系统论》一书中明确讲到他所创立的一般系统论包括三个领域,即:系统科学、系统技术和系统哲学。美国普林斯顿大学哲学教授 E.拉兹洛在1972年写的《系统哲学引论》等著作中,对系统哲学作了专门的研究和论述。加拿大麦吉尔大学哲学教授 M.邦格对系统哲学也很重视,但他强调的是"系统主义哲学"、"系统世界观",与贝塔朗菲、拉兹洛等人的见解有所不同。系统哲学的研究首先是从西方国家的一些学者开始的。苏联、东欧国家和中国的一些学者,大都着眼于研究系统概念、系统范畴、系统观点、系统规律、系统理论、系统原则、系统方法、系统思维等等,但如果我们不是仅仅着眼于从提法上来考虑问题的话,那么这实际上也是在

① 参见乌杰:《马列主义系统思想》,人民出版社1991年版。
② 钱学森:《要从整体上考虑并解决问题》,载《人民日报》1990年12月31日。

研究系统哲学,只不过在看法上有程度和广义狭义上的不同而已。

贝塔朗菲认为,系统哲学是以系统为研究对象的哲学学说。系统哲学针对的主要是机械论、活力论和过分注意分析的哲学倾向,强调要把世界、事物都作为一个有机的复杂的系统来看待。它的基本原则有整体性原则、结构性原则、层次性原则等。

贝塔朗菲认为:一般系统论"远远超出了技术课题和技术上的需要。重新定向成了科学领域总的必然趋势,贯穿于所有学科,最后到哲学。它在不同领域内激荡着,达到了不同程度的成功和精确性,并宣告一种强大推动力的新世界观的来临"[①]。拉兹洛认为,系统哲学作为"一种新的世界观正在全世界先进科学思考者的头脑中形成"[②]。托夫勒写道:"系统方法这一名词和概念,被社会科学家、心理学家、哲学家、外交政策分析家、逻辑学家、语言学家以及工程师、行政领导者广泛采用。"[③]苏联哲学家萨多夫斯基认为:"对系统性进行分析是现代哲学和现代专门科学最重要的任务之一。"[④]

系统哲学虽然不是马克思主义哲学工作者首先提出来的,但是只要它是科学的,我们就应当用科学的态度研究它、对待它。人们知道,近代的唯物论、辩证法都不是马克思主义者提出来的,但是,这并不影响马克思主义者给它以历史的肯定和进行科学的研究。

当然,贝塔朗菲等人的系统哲学中也有不科学的成分、不完善的方面。然而,我们知道:一切科学都是从不完全科学到比较科学或相对科学,从不完善到比较完善或相对完善的。因此,我们马克思主义者也应该像马克思、恩格斯当年对待黑格尔哲学、费尔巴哈哲学一样,吸收它们中的合理内核,抛弃其不正确的东西。

系统哲学的倡导者中尽管有些人对唯物论、辩证论哲学还持有排斥、反

① 〔美〕贝塔朗菲著,林康义译:《一般系统论》,清华大学出版社1987年版,第4页。
② 〔美〕拉兹洛著,闵家胤译:《用系统论的观点看世界》,中国社会科学出版社1985年版,第4页。
③ 〔美〕托夫勒著,朱志焱等译:《第三次浪潮》,三联书店1983年版,第372页。
④ 〔苏〕萨多夫斯基著,贾泽林等译:《一般系统论原理》,人民出版社1984年版,第2页。

对的态度,但也有些人表达了同马克思主义哲学靠拢的倾向。贝塔朗菲本人即认为,一般系统论的原理同辩证唯物主义相类似则是显而易见的。

拉兹洛在不久前也谈道:"按我们的理解,现代系统哲学与马克思主义哲学是相通的,系统哲学就是力图使马克思主义关于认识世界和改造世界的关系的论断得以实现。如果马克思活到现在,他也一定会用系统哲学来思考问题,研究当代社会,并发展它的理论。"①所以我认为,系统哲学可以说是在 20 世纪出现的一种新的哲学。马克思认为,哲学应该是根据人类最新的科学成果建立和发展起来的。系统哲学正是突出地体现着这一点,它是科学发展到一定阶段上的时代的产物。

目前,国内外马克思主义哲学界对系统论哲学是不是一种哲学的争论,焦点在于:系统是否具有最高的普遍性。哲学是对自然、社会和人们的思维规律在最高意义上的概括。用这个标准来看,现在越来越多的人承认系统具有最普遍的意义。

1996 年颁布的《美国国家科学教育标准》(以下简称《标准》)中写道:"从幼稚园到 12 年级的教育活动,所有学生都应该培养与下述概念和过程相关的理解力和能力:系统、秩序和组织;证据、模型和解释;不变性、变化和测量;演变和平衡;形式和功能。"接着《标准》解释道:"自然界和人工界是复杂的,它们过于庞大,过于复杂,不可能一下子研究和领会。为了便于调查研究,科学家和学生要学会定义一些小的部分进行研究。研究的单位称作'系统'。系统是相关物体或构成整体的各个部分的有组织的集合。例如生物体、机器、基本粒子、星系、概念、数、运输和教育等都可以构成系统。"由此可见,系统及系统科学已经成为当代最具有综合性的、最有价值的、最重要的基础概念和科学。

无论自然界、人类社会,还是人的思维,无不表现为系统。系统还是一个总体性的概念,有着最大的包容性和覆盖面。系统概念同物质概念、矛盾概念是同等意义上的概念。例如,大家都承认世界是物质的,但我们又知道

---

① 《学术研究》1988 年第 4 期,第 87 页。

物质是系统的,因此,系统和物质显然就具有同等意义,只是它们反映了人们的观察角度不同而已。所以,我们完全可以说没有系统的物质和没有物质的系统都是不存在的。再例如,人们都肯定矛盾具有普遍性,然而我们又看到,事物中凡有矛盾存在的地方,必然也有系统存在。自然界有矛盾,自然界也是系统;社会中有矛盾,社会也是系统;思维中有矛盾,思维也是系统。由此可见,系统概念同矛盾概念一样,都具有最普遍的意义。因此,在系统概念基础上可以形成系统哲学。

三、系统哲学与辩证哲学的统一

哲学的发生、发展呈现着两种趋向:一方面它在不停地分化,形成许多从前没有的哲学,并使哲学在广度上大大扩展、深度上大大增加,从而显示出其无比的丰富性、生动性、具体性和多样性;另一方面它又是一个不断综合、不断一体化的过程。在这种一体化中,哲学体系不断得到丰富、完善、健全,从而日益科学和系统。这种一体化的主要特征就是新的哲学同已有的哲学的结合。因此,就后一方面而论,我们可以说,哲学发生、发展的规律之一就是各种各样的哲学不断综合、不断一体化。人们知道,在近代,曾经先后产生了具有较为科学形态的唯物论哲学和辩证法哲学。在唯物论方面,有英国哲学家培根的《新工具论》;霍布斯的较为系统的唯物论学说和洛克的唯物论认识论;法国哲学家拉美特利、狄德罗、霍尔巴赫等人的理论,如霍尔巴赫的《自然的体系》,以及德国哲学家费尔巴哈的唯物论学说等。在辩证法方面,卢梭、狄德罗、康德、费希特、黑格尔等人先后提出了许多重要见解,丰富了这一研究领域。在他们之后,马克思、恩格斯对唯物论哲学和辩证法哲学进行了科学的综合,从而创立了现代的辩证唯物论哲学,并大大深化和发展了它们。这是现代历史上哲学的一次大综合、大一体化的过程。列宁、毛泽东继承和发展了马克思、恩格斯的哲学体系和理论思想。如列宁对唯物主义认识论和辩证法的阐述为丰富和发展马克思主义哲学作出了贡献。这说明,现代哲学史也是一个不断综合、不断创新、不断发展的历史。

在当代,这种进程也不会停止下来,而仍然会继续。系统哲学同辩证唯物主义哲学有着许多的一致性,并且可以统一起来。

1. 它们在现实中是统一的。恩格斯在谈到思维的统一时曾讲过一段很深刻的话,他说:"思维,如果它不做蠢事的话,只能把这样一种意识的要素综合为一个统一体,在这些意识的要素中或者在它们的现实原型中,这个统一体以前就已经存在了。"他还风趣地说:"如果我把鞋刷子综合在哺乳动物的统一体中,那它决不会因此就长出乳腺来。"①我们所说的两者的统一也是由于它们在现实中本来就是统一的。恩格斯在谈到统一性或系统性的时候,曾经指出:"尽管世界的存在是它的统一性的前提,因为世界必须先存在,然后才能是统一的。在我们的视野的范围之外,存在甚至完全是一个悬而未决的问题。世界的真正的统一性在于它的物质性,而这种物质性不是由魔术师的三两句话所证明的,而是由哲学和自然科学的长期的和持续的发展所证明的。"②这里所说世界的统一性或系统性是就世界的本身来说的。这就是世界的系统性来源于物质世界本身。我们又知道,马克思主义哲学所说的辩证法也是来源于客观世界,即辩证性是根源于物质世界的。既然如此,系统性和辩证性由于都是世界的属性,都是以世界的物质性为基础,并且都是物质世界的表现形式,因此它们之间当然就存在着统一性。这是系统哲学和辩证哲学可以统一的最根本的依据。

2. 在特征上是一致的。辩证哲学虽然是关于矛盾、关于对立统一的学说,但是,它所说的矛盾、对立统一都是以反映事物联系和发展中的矛盾、对立统一为特征的。就此而论,它又是关于事物普遍联系的科学,是关于事物永恒运动发展的科学。同样,系统哲学虽然是讲系统、讲整体的,但是它所说的系统、整体也是以揭示事物的联系、运动和发展的系统为重要特征的。因此,从联系、发展这两个基本的特征来看,二者也是一致的、统一的。差别只在于对联系和发展是从不同角度、不同程度、不同层次、不同意义上去揭

①《马克思恩格斯选集》第 3 卷,人民出版社 1995 年版,第 381 页。
②《马克思恩格斯选集》第 3 卷,人民出版社 1995 年版,第 383 页。

示而已。

3. 在内容上是互补的或缺一不可的。我们看到,各种论述辩证法的著作和论文,虽然其目的在于讲辩证法,但总是自觉不自觉地要讲到系统问题。例如,马克思的《资本论》是应用辩证方法的典范,但其中的系统思想也是极为丰富的。恩格斯在讲到辩证法时,也强调它"以近乎系统的形式描绘出一幅自然界联系的清晰图画"①。这都是自觉地把辩证思想和系统思想结合起来的极好的例子。另一方面,强调系统哲学的人,也往往要涉及辩证法。如贝塔朗菲在谈到系统的历史时,即指出这一历史中包含着许多杰出人物的名字,其中就有马克思与黑格尔的辩证法。这说明它们的联系完全是一种有机的、不可分割的联系。

总之,我们可以肯定,系统哲学和辩证哲学是可以结合起来的。如果说,在以往的结合中它还不具有理论化的形态的话,那么,在本书中我们通过系统辩证学这一理论形式,就可以把它体现出来。当然,这种结合,不是系统哲学与辩证哲学的简单相加,而同时还包括对当代科学成果和最新理论成就的一次大综合、大一体化的概括和提升。

第二节　系统哲学思想的历史发展

系统哲学的提出和研究虽然时间不长,但就系统思想渊源来说,却经历了漫长的历史发展过程。在一定意义上可以说,整个人类思想文明发展史都为它提供了丰富的思想资料。人类对物质世界的最初认识,是习惯于从事物总体方面来观察的。当人类文明发展到一定程度,又产生了用分析的方法代替综合的方法,侧重于分析事物的各个部分,然后再把对事物各个部分的认识相加起来作为对整个事物的认识。随着科学技术的发展,前两种认识方法都不能满足人类认识和改造世界的需要,于是人类的认识方式发

---

① 《马克思恩格斯选集》第 4 卷,人民出版社 1995 年版,第 246 页。

展到了新的阶段,即从事物的内部有机联系、从一事物同另一事物的外部联系来辩证地系统地看待客观世界,这就进入了系统辩证思维阶段。正是沿着这样一条"浑浊整体——分析——系统整体"的认识道路发展着,人们对客观世界的认识大体上经历了四个阶段,进而形成了我们今天所说的系统哲学思想。

一、朴素的整体思想

最早的整体思想来源于古代人类社会实践经验。人们要从事各项社会活动,就要在实践中同各种对象打交道,于是逐渐积累了认识系统、处理系统问题的经验,这就产生了朴素的整体思想即系统的萌芽思想。例如,古代巴比伦人和古代埃及人就把宇宙看成是一个分层次构成的整体。作为古老的农业国家,我国从殷商时代,在畜牧业和农业发展的基础上,产生了阴阳、八卦、五行等观念,来探究宇宙万物的发生和发展,从而开始了最早的对系统的思考与实践。《管子·地员篇》《诗经·七月》等著作,对农作物与种子、地形、土壤、水分、肥料、季节诸元素的关系,都做了较为系统辩证的叙述。著名的军事著作《孙子兵法》从天时、地利、将帅、法制和政论等各方面对战争进行了整体的分析。医学著作《黄帝内经》也强调了人体内部各系统的有机联系。

在对整体的经验认识的基础上,逐渐形成了对整体的哲学认识。朴素的整体思想在古代希腊哲学和古代中国哲学中以朴素辩证法的形式表现出来。米利都学派的泰勒斯、毕达哥拉斯,以及后来的赫拉克利特、德谟克利特都在他们的哲学思想中阐述过系统整体的观念。亚里士多德是欧洲思想史上第一个把许多门科学系统化的哲学家。他提出了"整体大于它的各个部分总和"的著名论断,指出了运用"四因论"来说明事物生灭变化的原因:

质料因,即事物由什么东西构成;

形式因,指事物具有什么形式结构;

动力因,说明是什么力量使得一定的质料取得某种结构形式的;

目的因,说明存在的目的何在。

亚里士多德的四因论以及整体论、目的论和组织论,是古代朴素系统整体思想的最高表达形式和最有价值的文化遗产。

在我国古代哲学中,关于整体问题的哲学论述也很多。春秋战国时期的许多思想家都强调自然界的统一。《易经》以人们在自然界中能够感觉到的人和自然物,作为世界的万物之源,阴阳生四象,四象生八卦,八卦生万物。也就是天、地、雷、火、风、泽、水、山。天地之母,产生雷、火、风、泽、水、山六个子女,认为金、木、水、火、土是构成世界万物的基本因素,五行八卦构成了自然界。所谓八卦,就是阴阳两个要素加以排列组合,共计八种形式。意味着八个方位、八种自然现象,视为构成万物的始祖。思想家老聃在《老子》书中提出,道生一,一生二,二生三,三生万物。荀况在《天论》书中也从不同的角度和方面提出了认识和解释宇宙万物的萌芽系统模式。宋代著名的变法家王安石进一步发展了五行学说,他认为构成宇宙万物的金、木、水、火、土是由天地之间的阴阳二气运动变化而成的:"寒生水,热生火,风生木,燥生金,湿生土。"同时五行之间也具有相生相克的功能,由此而构成了一个象征着宇宙万事万物既相互联系又相互制约的五行生克系统世界。这种系统思想虽然是萌芽状态的、混沌的、朴素的,但也是十分宝贵的。因此,我们把古老的这种整体思想称为萌芽的系统思想。

二、机械的系统思想

15世纪以来,分门别类的研究事物的方法,开始取代古代朴素地、系统地、整体地观察事物的方法。这种思维方式是同当时自然科学的发展相适应的。在文艺复兴运动中,近代自然科学把系统地观察和实验同严密的逻辑体系相结合,从而产生了以实验事实为根据的系统的科学理论。这种机械系统,最著名的有从"哥白尼革命"中诞生的日心系统,有产生于第一次科学大综合时代的力学体系,以及在此基础上所形成的生命机器系统理论。弗兰西斯·培根根据科学实验的成果,认为必须对一切可以获得的事实进行记录,然后再将这些记录的材料按一定的规则排列出来,编成表格。这样就出现了分门别类的研究事物的方法。这种思维方法,后来被 17 世纪初的哲学家霍布斯从哲学上加以概括,使其带有理论的性质。他把培根的理论系统化、极端化,用力学和几何学的原理来解释物质及其运动,认为物质运动纯粹是机械运动,是靠外力推动的。他认为把"物体——活的——理性"三个东西加到一起就是人。接着牛顿又把这种思想发展到顶峰,并贯穿到力学和物理学当中。1687 年,牛顿出版了《自然哲学的数学原理》一书,以严密的数学推理和实验观测相结合,对物质组成、相互作用和运动规律进行了全面的系统的论证,从而建立起一个完整的普遍有效的力学理论体系。他的另一部著作《论宇宙系统》则把宇宙万事万物当作相互联系的大系统来阐述。但是,牛顿同哥白尼一样由于受到时代的局限,认为宇宙是没有任何发展变化,完全是机械的僵死的,这样便陷入了形而上学。

一位被恩格斯称为近代哲学中辩证法的卓越代表,同时又是著名科学家的笛卡尔,把机械原理运用到有机生命上,在他的《方法谈》、《哲学原理》等著作中,首次提出了"动物是机器"的著名观点。他说:"宇宙为一大机器,生命机体也是一精密机器。"①这反映了他的机械的系统思想。

在机械系统思想阶段,有三个人的思想最值得我们注意,一个是 17 世纪斯宾诺莎的实体思想。他认为世界是一个自然实体,它按照自己的规律运动,实体内部是错综复杂的,无穷无尽的因果联系,自然实体存在和变化的原因在于实体本身,这是朴素的系统思想的发挥。再一个是狄德罗的思想。他认为一切都在变,一切都在过渡,世界生灭不已,每一刹那它都在生在灭,从来没有例外,也永远不会有例外。他关于整体处于动态变化中的这种思想,是可贵的。还有德国数学家莱布尼茨,他的单子论同现代系统论比较接近。他认为"单子"是事物的元素,并且是"组成复合物的单元实体"。单子不是僵死的,而是能动的实体,一切所谓事物都是单子的表现,单子的彼此不同,构成了千差万别的事物,表现为事物由低级向高级过渡,单子之

---

① 《医学与哲学》1980 年第 1 期,第 26 页。

间的普遍联系构成了整体世界。他强调单子的整体性、不可分性和独立性，以及单子之间的相互联系性。总之，莱布尼茨的单子理论具有比较完整的系统思想，他的许多论述已经接近现代系统论，他的科学方法论也近乎系统方法论。所以贝塔朗菲赞赏地说道："莱布尼茨的单子等级看来与现代系统等级很相似。"①

机械的系统思想虽然有着不可克服的局限性，但我们也必须承认它是人类系统思想发展的一个必经阶段。它的局限性在于其观点是"机械的"，即仅用力学的尺度来衡量化学过程和有机过程，不承认"整体大于部分之和"的原理而坚持"整体等于部分之和"，因而作为一种普遍的思想方法本质上是形而上学的。这种思维方式虽然过分强调分析方法，但就思想的部分来说，它并不是完全否认事物各部分之间是有联系的，它仍然承认从整体出发去认识自然体系，其中一些代表人物的思想为现代系统思想的产生也确实起到重要的启示作用。因此说，机械的系统思想作为系统思想史上的承上启下的理论，为后来系统思想的发展提供了有价值的思想资料。

三、辩证的系统思想

17世纪上半叶以来，自然科学的成就使辩证的系统思想有了进一步的发展。正如恩格斯指出的："我们现在不仅能够说明自然界中各个领域内的过程之间的联系，而且总的说来也能说明各个领域之间的联系了，这样，我们就能够依靠经验自然科学本身所提供的事实，以近乎系统的形式描绘出一幅自然界联系的清晰图画。"②到了19世纪，自然科学的发展引起了人们认识的根本转向。达尔文的生物进化论为生物有机论提供了一个科学的理论基础，而系统思想的发展同达尔文的进化论有着最直接的渊源关系。进化论认为生物是一个变化的系统，是在外界自然条件的影响和选择下，相

---

① 《科学学译文集》，科学出版社1981年版，第306页。
② 《马克思恩格斯选集》第4卷，人民出版社1995年版，第246页。

应改变本身内部结构的系统。达尔文的有机进化思想冲击了机械的系统思想,使系统思维方式有了长足的发展。

系统思想分为两个发展过程:第一个是唯心的系统思想;第二个是马克思主义唯物的系统思想。

德国"先验哲学"的创始人康德对唯心的系统思想的形成起到了一定影响。他把人类的知识理解为一种有秩序、有层次,并由一定要素所组成的统一整体。他还强调整体高于部分,把自然科学界中的整体划分为机械整体与含目的性整体两大类,认为运用系统整体的目的观点来分析事物,有利于科学研究的深入与发展。对此,贝塔朗菲给予高度的评价,认为康德的观点中包含着系统的要素,具有丰富的系统思想。

作为世界哲学史上第一个全面地有意识地叙述了辩证法的一般运动形式的德国唯心主义哲学家黑格尔,他第一次把整个自然的、历史的、精神的世界看成一个过程。他的哲学理论充满着深刻的系统思想。黑格尔运用系统的观点和方法,按照"正(肯定)、反(否定)、合(否定之否定)"的三段式,将逻辑学、自然哲学、精神哲学三个部分,构造了一个完整的"绝对精神"辩证发展的哲学体系。他认为,一切存在都是有机的整体,它"作为自身具体,自身发展的概念乃是一个有机的系统,一个全体,包含很多的阶段和环节在它自身内。"①黑格尔把人们的思维能力看成一个具有等级层次的系统过程:即知性——消极理性——积极理性的系统发展过程。他还把真理和科学作为有机的科学系统进行了深入考察,指出了这种系统及其要素之间内在联系的真实性和层次性。他说:真理的存在要素只在概念,真理的真正形态是科学体系。"科学只有通过概念自己的生命才可以成为有机体的系统。"②他认为范畴体系是在历史过程中,逐渐地由抽象到具体、由低级到高级发展起来的,每一个发展阶段就是一个独特的科学领域并组成一个系统,从一个系统到另一个系统的过渡,反映了科学认识的扩展。由此可见,黑格

---

① 〔德〕黑格尔:《哲学史讲演录》第 1 卷,商务印书馆 1957 年版,第 32 页。
② 《十八世纪末—十九世纪初德国哲学》,商务印书馆 1975 年版,第 277 页。

尔的概念体系就是一个系统的体系。当然,也必须承认黑格尔的辩证法是"头脚倒置"的辩证法,就是说是用概念的系统发展来颠倒地反映客观现实的系统发展过程。但是,我们也同样必须承认,他的辩证法思想特别是关于系统过程的整体的思想是伟大的,并受到恩格斯的赞誉。

19世纪中叶以来,以细胞学说、进化理论、能量守恒与转化定律三大发现为代表的近代科学技术的大发展,深刻揭示了客观世界普遍联系和相互作用的本质属性。马克思和恩格斯对前人的哲学思想,特别是对黑格尔的辩证法进行了扬弃,汲取了其"合理内核",从而创立了唯物辩证法,开拓了系统思想的新时期。马克思和恩格斯在自己的著作中,多次从哲学的高度来明确使用系统概念和系统思想。如"系统"、"有机系统"、"总体"、"整体"、"过程的集合体"等概念。在马克思和恩格斯那里,系统理论的哲学表达方式大致分为四个方面:

1. 相互联系的宇宙体系。马克思和恩格斯认为,我们所面对着的整个自然界形成一个体系,即各种物体相互联系的总体,宇宙是一个体系,是各种物体相互联系的总体。

2. 系统整体的自然观。马克思和恩格斯认为:一切事物、过程,以至于整个世界都是相互联系与依赖、相互作用与制约的系统整体,思维的本质都在于把事物综合为一个统一体;要认识这个体系,必须先认识整个自然界和历史。

3. 运动形式和科学分类的系统层次。恩格斯根据当时科学发展的认识水平,在其《自然辩证法》一书中,把物质运动形式从低级到高级、从简单到复杂排列为机械运动、物理运动、化学运动、生命运动、社会运动五种形式。认为科学分类就是这些运动形式本身依据其内部所固有的秩序的分类和排列。

4. 社会运动的系统理论。马克思和恩格斯把社会看作一定经济形态的社会有机系统,认为社会就是一切关系同时存在而又互相依存的一个统一的整体。马克思的《资本论》就是一部比较完整地体现系统观念和运用系统方法的重要典籍。他从资本主义社会的基本要素商品出发,把资本主义作为一个社会机体进行系统分析,是第一个从宏观整体分析资本主义社会的人。列宁也有关于系统的思想,他指出:"马克思主义的全部精神,它的整个体系要求人们对每一个原理只是(α)历史地,(β)只是同其他原理联系起来,(γ)只是同具体的历史经验联系起来加以考察。"①又说:"要真正地认识事物,就必须把握住、研究清楚它的一切方面、一切联系和'中介'。"②

斯大林也曾指出:"辩证法不是把自然界看作彼此隔离、彼此孤立、彼此不依赖的各个对象或现象的偶然堆积,而是把它看作有联系的统一的整体,其中各个对象或现象互相有机地联系着,互相依赖着,互相制约着。"③都强调了认识系统的重要性。

以上说明,马克思、恩格斯是关于社会现象、自然现象的系统科学概念的奠基人,是对系统性原则最早进行了广泛而具体的科学研究的学者。这一点连系统论的创始人贝塔朗菲也认识到了。

四、定量化的系统思想

19 世纪末期以来,自然科学、社会科学的发展推动了系统思想由定性的哲学理论概括到定量的具有广泛意义的科学思维方式的发展。

我们知道,科学认识的一般规律,往往都是先对研究对象进行定性的研究和描述,而后才进一步研究其量的规定性,进行定量的分析与计算。同时,也只有在精确地作了定量研究以后,方可更深入地认识事物的本质。马克思曾经指出,任何一门科学只有能够充分运用数学的时候,才算是达到了真正完善的地步。系统思想的发展也是这样,在定性研究的基础上,现代科学技术又提供了一套数学工具,来定量分析和计算系统各要素之间的相互联系与作用,通过定量的分析与运算,以便作出综合性的合理安排,从而使

① 《列宁全集》第 35 卷,人民出版社 1963 年版,第 238 页。
② 《列宁选集》第 4 卷,人民出版社 1995 年版,第 419 页。
③ 《斯大林选集》下卷,人民出版社 1979 年版,第 425—426 页。

人们更好地认识世界和改造世界。

系统思想之所以发展到定量化的阶段,是现代科学技术发展的客观要求。随着新兴学科的蓬勃发展,人们面前的认识对象不断复杂化,人们经常会遇到大范围、高参量和超微、超宏的问题,这在客观上推动着人们必须不断地去探索认识复杂系统的方法,因而也就在客观上确定了定量分析的系统思想的产生。适应这个需要,贝塔朗菲从 20 世纪 30 年代开始,逐步提出了一般系统论的思想。他针对生物学界的机械论与机体论的争论,总结和概括了生物学的机体论,阐述了系统的科学原则。他认为,把孤立的各组成部分简单地相加不能说明高一级水平的性质和组织结构,如果了解部分之间与层次整体之间的关系,那么高一级水平的活动就可以推导出来。这就为系统思想的定性分析转入定量分析指出了一条道路。1945 年,贝塔朗菲正式发表《关于普通系统论》的论文,1968 年写了《一般系统论》的专著。他指出,一般系统研究应当包括三个主要的方面或内容:一是关于"系统"的科学和数学系统论,即"普通系统论";二是"系统技术",其中包括系统工程和系统方法;三是"系统哲学"即系统论哲学研究。

接着心理学家米勒创立了一般生命系统理论,认为一切活着的具体系统都叫做"生命系统",生命系统分为 7 个等级层次,这些层次又分为 19 个关键系统。有人认为,米勒提出的生命系统层次——子系统表可与门捷列夫"化学元素周期表"相媲美,为解决生命世界的统一性又提供了令人信服的证明和途径。

1969 年物理化学家普里高津提出了"耗散结构论",从热力学第二定律出发,宣称"非平衡可能成为有序之源,而不可逆过程导致所谓'耗散结构'这一种新型的物质动态"[①]。普里高津的这一理论实际上说明在宇宙中的各系统,无论是有生命的还是无生命的,无一不是与周围环境有着相互依存和相互作用的开放系统。实际上,从牛顿力学到相对论,物理学的基本定律都是守恒的,时间是可逆的。而普里高津认为,时间是我们存在的基本维

---

① 《普里高津与耗散结构理论》,陕西科技出版社 1982 年版,第 110 页。

度,否定时间就是否定存在。因此世界是一个生成的、演化的物质系统,时间是不可逆的。从宇宙的起始源,时间之矢就铭刻在物质中了,这样为解决克劳修斯的热寂论与达尔文进化论的冲突奠定了科学的基础,为生命与非生命的鸿沟架设了一座桥梁。普里高津的思想成了改变科学的杠杆。

协同学又称协合学,是由德国物理学家哈肯于1971年开始倡导的又一种系统理论。它表示在各种不同类型的复杂系统中,许多要素的协同作用即联合作用将超出各要素自身的单独作用,从而产生出整个系统的统一宏观模式。这一过程就被哈肯称为协同过程。他为各种类型的系统从无序到有序的自组织转变建立了一套数学模型和处理方案。

1948年申农的信息论,这是一门应用数理统计方法,研究信息处理和传递的科学。为信息科学奠定了基础,1948年美国人维纳创立了控制论,他认为世界是一个有机体,科学正从"物理学时代向生物学时代过渡"。维纳正是从"柏格森时间"和"吉布斯宇宙"出发创立了控制论,他提出物质、能量、信息是构成世界的三大要素。1970年英国生物化学家曼弗雷德·艾根提出超循环系统思想,法国人勒内·托姆提出了突变论等等。

苏联学者乌耶莫夫于1975年提出了参量型系统理论,解决了贝塔朗菲建立的类比型系统理论对有序性、目的性论述的不足。此外,一些社会科学家或者从社会科学中抽象出系统理论,或者用系统理论研究社会系统,由此形成了种种社会系统理论。比较有代表性的有:

社会系统论。认为社会系统是由社会各要素协调一致的行动和相互关联的功能所组成的统一整体;人类社会是自适应系统。代表人物有T.帕森斯、M.邦格、W.巴克利。尤其是M.邦格在数理逻辑、离散数学以及系统分析中提到了用以研究和表达唯物主义本体论的数学工具,即集合论、抽象代数、命题演绎、谓词演绎、矩阵、图论、状态函数和状态空间分析等一系列数学工具,使哲学的精确化和形式化由可能变成了现实。邦格运用现代数学工具描述唯物主义哲学范畴,已经取得了相当大的成果,并使人们看到了希望:哲学不仅可以定性,而且可以定量,使哲学与现代科学相互表征,实现了马克思曾经说过的,一种科学,只有在成功地运用数学时,才达到了真正完善的地步;实现了恩格斯提出的目标:使数学成为辩证的辅助工具和表现方式。

经济系统论。一是美国经济学家 W.列昂惕夫根据国民经济各部门之间产品交易的数量编制的一个棋盘式的投入产出表,它依据各个部门各单位产出所需由其他部门投入的产品数量编制投入系数表,从而进行有效的经济分析。二是经济学家 K.保尔丁提出的熵过程经济系统,他认为消费是一种典型的熵增过程,生产是一种典型的熵减过程即进化过程。经济学家 N.乔治斯库在这个问题上也提出有价值的学术见解,认为经济过程是熵过程,经济系统是熵变系统;力学现象是可逆的而熵现象是不可逆的;等等。三是日本学者槌距田敦的熵资源系统论,认为资源的导入、资源的消费以至废物废热的排出这一完整的"流",乃是社会、经济和生物等定量开放系统赖以存在的和运动的动力。

组织管理系统论。认为企业是一个由物质的、生物的、个人的和社会的几方面要素组成的一个"合作系统",企业管理的核心就是这几个方面要素的协调。创始人是美国的切斯特·巴纳德等。

总之,在定量分析的系统思想时代,各种现代系统理论竞相争艳,为系统哲学的研究奠定了一个良好的基础。

哈肯和他的学生应用协同学,创立了定量社会学。

五、系统思想是对马列主义的回归与拓展

钱学森指出:"毛泽东思想的核心部分就是从整体上来认识问题。"[①]事实上,只要稍加研究,就会发现系统思想是符合马列主义、毛泽东思想和邓小平理论的,是马克思主义的一种新的形态。

马克思指出:"具体之所以具体,因为它是许多规定的综合,因而是多

① 钱学森:《要从整体上考虑并解决问题》,载《人民日报》1990 年 12 月 31 日。

样性的统一。"①例如,任何社会的再生产过程,都是由生产、交换、分配、消费四个环节有机组成的统一体,社会再生产要正常进行,这四个环节就需要协调发展。不存在哪个是主要的,哪个不重要的问题。他进一步讲道:"各个单个资本的循环是互相交错的,是互为前提、互为条件的,而且正是在这种交错中形成社会总资本的运动。"②

恩格斯指出:"我们所接触到的整个自然界构成一个体系,即各种物体相联系的总体……它们是相互作用着的,而这种相互作用就是运动。"③"如果有人以一般的表达方式向他们说,一和多是不能分离的、相互渗透的两个概念,而且多包含于一之中,同等程度地如同一包含于多之中一样。……什么样的多样性和多都包括在这个初看起来如此简单的单位概念中。"④这里,恩格斯明确地提出了一分为多,合多为一的思想。针对简单的两极对立的思维方式,恩格斯指出:"所有这些先生们所缺少的东西就是辩证法。他们总是只在这里看到原因,在那里看到结果。他们从来看不到:这是一种空洞的抽象,这种形而上学的两极对立在现实世界只存在于危机中,而整个伟大的发展过程是在相互作用的形式中进行的(虽然相互作用的力量很不相等:其中经济运动是最强有力的、最本原的、最有决定性的),这里没有什么是绝对的,一切都是相对的。"⑤

列宁指出:"每种现象的一切方面(而且历史在不断地揭示出新的方面)相互依存,极其密切而不可分割地联系在一起,这种联系形成统一的、有规律的世界运动过程,——这就是辩证法这一内容更丰富的(与通常的相比)发展学说的若干特征。"⑥"辩证法要求从相互关系的具体的发展中来全面地估计这种关系,而不是东抽一点,西抽一点。"⑦"在(客观)辩证法

① 《马克思恩格斯全集》第46卷(上),人民出版社1979年版,第38页。
② 《资本论》第2卷,人民出版社2004年版,第392页。
③ 《马克思恩格斯选集》第4卷,人民出版社1995年版,第347页。
④ 《自然辩证法》,人民出版社1984年版,第166—167页。
⑤ 《马克思恩格斯选集》第4卷,人民出版社1995年版,第486—487页。
⑥ 《列宁全集》第26卷,人民出版社1988年版,第57页。
⑦ 《列宁全集》第40卷,人民出版社1986年版,第288页。

中,相对和绝对的差别也是相对的。"①

斯大林说:"辩证法不是把自然界看作彼此隔离、彼此孤立、彼此不依赖的各个对象或现象的偶然堆积,而是把它看作有联系的统一的整体,其中各个对象或现象互相有机地联系着,互相依赖着,互相制约着。"又说:"马克思主义是把社会生产看作一个整体"。"一切以条件、地点和时间为转移。"②

毛泽东指出:必须学好"弹钢琴",要十个指头都动作,不能有的动,有的不动。"……不能只注意一部分问题而把别的丢掉。凡是有问题的地方都要点一下,这个方法我们一定要学会。"毛泽东还指出:"世界上的事情是复杂的,是由各方面的因素决定的。看问题要从各方面去看"③。

毛泽东讲,抓全面经济工作,应该像一盘棋一样考虑,全国一盘棋。毛泽东在"工作方法六十一条"中提出抓两头带中间的方法。

邓小平讲:"学会当乐队指挥","一国两制"。

根据马克思主义经典著作的论述,我们可以而且应当得出三点结论:

1. 无条件的绝对性是不存在的。过去我们所说的"斗争是绝对的"、"运动是绝对的"、"非平衡是绝对的",等等,是不符合马列原意的。所谓"绝对",只是在一定条件下、一定意义上讲的。

2. 把事物仅仅看成是"一分为二"的,是两个方面的对立和统一,也是不够的。事物是由"多"构成的系统整体,通俗的表示即一分为多,合多为一。正是这种思想大大发展和丰富了一分为二的观点。用矛盾的观点看问题和用系统的观点看问题,结果是很不一样的,虽然矛盾观也讲联系。

3. 我们过去只研究马列主义的"二点论"、"矛盾论",而忽视了马列主义的整体思想。其实,马列主义有极其丰富的、深邃的系统理论。

① 《列宁选集》第 2 卷,人民出版社 1995 年版,第 557 页。
② 《斯大林选集》下卷,人民出版社 1979 年版,第 425—426、586、430 页。
③ 《毛泽东选集》(袖珍合订本),人民出版社 1968 年版,第 1332、1055 页。

第三节　系统哲学的产生是时代发展的必然

系统哲学是当代哲学的新形态。它主要是根据我们对哲学的本质的认识,考察当代世界的发展进程,特别是当代自然科学、人文科学和思维科学的发展,对马克思主义哲学理论所进行的一种丰富和发展。因此,为了使人们了解这种哲学,有必要对我们所处的时代以及它与哲学的关系,作一些介绍和阐述。

一、哲学的时代特征

什么是哲学,哲学的基本特性是什么? 这是人们在建立一种哲学理论时必须考虑到的问题。

对这个问题,马克思作了科学的回答。他指出,任何真正的哲学都是自己时代精神的精华。这里,他强调了两点:一是哲学是"精神的精华";二是哲学具有时代性。前者,揭示了哲学的本质,后者说明了哲学的基本特性,即时代性。马克思正是本着这种认识,在 19 世纪的中叶,创立了马克思主义哲学体系,为人类作出了杰出的贡献。

其实,不仅马克思主义哲学是如此,一切有价值的哲学也都是如此。黑格尔说:"每个人都是他那时代的产儿。哲学也是这样。"①黑格尔在这里也强调了哲学的时代性。不难理解,黑格尔也正是基于对哲学的这种看法,在 19 世纪的初叶,建立了他的博大精深的唯心辩证论哲学体系。

在马克思主义哲学产生以后,列宁、毛泽东等人,同样由于他们密切关注时代风云的变幻,抓住时代普遍面临的问题,并作出了科学的回答,从而丰富和发展了马克思主义哲学。因此,当我们思考发展马克思主义哲学这

---

① 〔德〕黑格尔:《法哲学原理》,商务印书馆 1961 年版,第 12 页。

个重大而严肃的问题时，就不能不对我们所处的时代予以特别的关注。

现在，我们已处于 21 世纪的初始年代。当今的世界，如果同黑格尔所处的时代相比，是不可同日而语的；同马克思和恩格斯所处的时代相比，也有翻天覆地的变化；就是同列宁所处的时代，甚至同毛泽东生活的时代相比，人们也会感到变化是极其巨大的。尤其需要指出的是，近二十多年来，全世界出现了改革发展的新局面，世界也不再是两个大国、两大阵营对立的状态或三极、三个地带的态势，而是多元或多极竞争的形势，一个超级大国、数个强国的多元化的时代。

实践是系统哲学思想产生和发展的土壤。实践向前发展了，马克思主义哲学就必然要随之而发展。历史发展到今天，无论在西方国家还是在社会主义国家的实践都出现了许多新情况、新特点和新问题。自第二次世界大战以来，科学技术发展突飞猛进。现代西方哲学中也包含着许多的有价值的思想。所有这些，都要求马克思主义哲学进行新的概括，更加需要创造性地发展马克思主义及其哲学。

我们现在所处的时代，是一个后工业化的信息时代，是一个知识经济的时代，是经济一体化的时代，这个时代的实质就是崇尚创新。创新不仅仅是民族进步的灵魂，也是国家兴旺发达的不竭动力。在所有的创新活动中，哲学和思维方式的创新又是最具有基础和核心意义的。真正的哲学，不是停留在书斋和头脑中的学问和思辨；它是与社会生活实践、与国家人民的命运息息相关的科学。哲学思想的活跃是社会兴旺发达的重要标志；反过来，它又会促进社会的发达与兴旺。我们应该以哲学理论创新带动各项制度创新和科技创新。

哲学的生命在于创新。按照辩证法的观点，世上没有不死之物，只有那些能够在死亡中不断新生的东西才是不朽的。由此可以引申，只有那些勇于变革与不断创新的事物，才会有长久的生命。

哲学也有自己的生命。哲学的生命不仅在于它所具有的真理性——这当然是基本前提——而且在于它由此而对实践所具有的价值。黑格尔说过一句很有深度的话，哲学是"思想所集中表现的时代"。哲学反映时代，它是时代精神的系统化、理论化的表现形式;反过来,哲学又服务于时代,正是那些看起来十分抽象的原理和范畴,规定着一个时代人们用以观察问题和处理问题的基本思维方式。这就是哲学的价值,也就是哲学的生命基点。一种哲学的命运如何,主要看它能够在多大的程度上表达时代的特征,满足时代的要求和回答时代所提出的课题。

马克思主义哲学是革命的唯物论、革命的辩证法,是业已获得科学形态的哲学理论。在历史上,唯有马克思主义哲学能够并敢于承认以理论与实践的统一作为自己的基本原则,因而成为一切哲学中最富有革命力的一种理论。马克思主义哲学应当回答当今时代和我国社会主义建设事业中提出的基本理论问题,应当随着历史的前进和科学的进步不断以新的内容丰富自己,发展自己。尤其是在今天的改革时代,要适应改革的形势,马克思主义哲学必须有所创新、有所发展,才能有新的生命力。

二、现代科学的进步推动哲学的发展

哲学怎样才能发展?毛泽东指出,哲学是自然知识和社会知识的概括和总结。恩格斯也谈到,推动哲学家们前进的从来不是纯粹思维的力量,而主要是自然科学和工业的强大而日益迅速的进步。因此哲学只有在总结当代科学的成果、在回答和解决时代提出的问题时才能获得发展。马克思主义哲学产生于19世纪40年代的欧洲。它的创立,完成了哲学史上的一大变革,但它并没有结束哲学的发展。毛泽东指出:"客观现实世界的变化运动永远没有完结,人们在实践中对于真理的认识也就永远没有完结。马克思列宁主义并没有结束真理,而是在实践中不断地开辟认识真理的道路。"①马克思主义哲学问世一百多年来,世界发生了翻天覆地的变化。当今世界是个改革发展的时代,是新理论、新技术、新科学层出不穷的时代,是世界范围内"多极"竞争的时代。从整体上、本质上看,更确切地说,这个时

---

① 《毛泽东选集》(袖珍合订本),人民出版社1968年版,第272页。

代应该称为系统时代。与 19 世纪相比,现代自然科学的发展已使人类的视野,从反映比较简单的机械运动深入到揭示生命运动和社会运动的发展规律;从研究人类居住的地球扩展到浩渺的太空;从描述宏观事物的属性发展到探索微观世界的本质,向着微观和宏观两个方向去深入探索物质的结构和宇宙的奥秘。量子力学的诞生,把粒子性(非连续性)、波动性(连续性)这种看来难以结合、甚至截然相反的特性联系起来考察,揭示了波粒二象性及测不准性,说明了能量的连续性与不连续性的差异统一,即非严格的决定性。相对论证明了空间、时间和运动速度的相对性,对运动着的物质在其空间和时间结构的内在统一联系,以及物质的质量、能量与运动速度的关系作出了新的理论解释。控制论从结构功能、信息、反馈等多个方面深刻地揭示了生命、社会和人工技术这三种不同运动形式间的控制关系,在无机界和有机界之间架起了一座新的桥梁,进一步深化了世界物质统一性原理。信息论的发展,不仅揭示了人工技术、生物、社会等领域中存在着共同运动的规律,而且进一步证明了物质世界的普遍联系,并使我们对物质与意识的关系,对反映过程的理解更为丰富了。而系统论,则进一步丰富和发展了物质世界普遍联系的思想,我们常讲的事物的内部联系和外部联系,实际就是系统要素之间的相互作用和系统整体与环境的相互作用。特别是以耗散结构论、协同学、超循环论、突变论、基因论和结构论等为主体的自组织理论,在科学史上首次初步成功地揭示了系统从无序到有序或从低级有序到较高级有序进化的一般条件、机理和规律性,把辩证法从一般发展(进化)现象的哲学理论推向了一个新的阶段。

现代系统思想诞生于对诸如生物体、工程控制等复杂性事物的研究,最先是自然科学发展的一个成果,但它很快就在其他学科领域获得广泛传播和运用,显示了其作为一种全新思维方式的方法论地位。

在哲学领域,20 世纪 60 年代以来的结构主义思潮名噪一时,是当代哲学的两个重要走向之一,与当代另一哲学主流——分析主义分庭抗礼。但诸如:系统、整体、结构、要素、功能、进化、突现等,这些系统思想的关键词,已经是人们耳熟能详的一些基本范畴。

在社会学领域,自社会有机论主义者斯宾塞以来,整个20世纪社会学的几乎所有重要成果,都立足于这样一个基本观念:社会是一个自组织的复杂系统。

在管理学领域,管理科学学派是数理学派、决策学派和系统学派的统称,是泰勒管理学派的继续和发展,是近年来在西方管理学界形成的。埃尔伍德·斯潘赛·伯法是西方管理科学学派的代表人物之一。这个学派认为,管理就是制定和运用数学模式与程序的系统,就是用数学符号和公式来表示计划、组织、控制、决策等合乎逻辑的程序,求出最优的答案,以达到企业的目标。所以,所谓管理科学就是制定用于管理决策的数学和统计模式的系统,并把这种模式通过电子计算机应用于管理之中。

在心理学领域,1912年发轫于德国的"格式塔"心理学或者完形论心理学,就是用近似于系统论的观点来研究心理学的。后来,瑞士著名心理学家皮亚杰在其名著《发生认识论》中明确运用了动态的、发生的、自组织的观点,是系统思想的具体运用。

系统思想反映了现代科学发展的趋势,反映了现代社会化大生产的特点,反映了现代社会生活的复杂性,所以系统理论和方法能够得到广泛的应用。系统思维方式不仅为现代科学的发展提供了理论和方法,而且也为解决现代社会中的政治、经济、军事、科学、文化等等方面的各种复杂问题提供了方法论的基础,系统观念正渗透到每个领域。由中国科学院、新华通讯社联合组织的预测小组预测出"新世纪将对人类产生重大影响的十大科技趋势"之三,是地球系统科学将以全球性、统一性的整体观、系统观和多时空尺度,研究地球系统的整体行为。地球系统科学的突破性发展,将使人类更好地认识所赖以生存的环境,更有效地防止和控制可能突发的灾变对人类造成的损害。到20世纪80年代,基础理论层次的系统研究也转向主要研究复杂性问题。欧洲学者,特别是普里高津提出"探索复杂性"这一响亮的口号,把复杂性研究视为超越传统科学的新型科学,产生了广泛的影响。普里高津和哈肯等人满怀信心地要把各自的理论和方法推广应用于生物、经济、社会等复杂现象领域,着手建立复杂性科学,形成世界复杂性研究的重要学派。在世界范围兴起的复杂性研究热潮中,最引人注目的是 1984 年成立的美国圣塔菲研究所(SFI)。他们的雄心是面向生命、经济、组织管理、全球危机处理、军备竞赛、可持续发展等当今世界的所有重大问题,开展空前规模的跨学科研究,建立关于复杂系统的一元化理论,实质也就是系统科学。

1886 年恩格斯在《路德维希·费尔巴哈和德国古典哲学的终结》中说,随着自然科学领域中的每一个划时代的发现,唯物主义也必然要改变自己的形式。然后在此文中,他继续论述说,由于这三大发明(细胞学说、达尔文进化论、能量守恒及转化定律)和自然科学的其他巨大进步,我们现在不仅能够证明自然界中各个领域内在的过程之间的联系……而且可以制成在我们这个时代令人满意的自然体系。

这段论述有四个问题是需要研究的:一是什么是"划时代的发现";二是 1886 年后有没有划时代的发现;三是什么是唯物主义必然要改变的形式;四是什么是令人满意的自然体系。

1. 1886 年以前的"划时代的发现"

(1)1543 年哥白尼的"天体论"提出"太阳中心论",推翻了约 1400 多年以来亚里士多德、托勒密的"地心论",史称哥白尼革命。因为"地心论"是符合教皇圣经的,地球是上帝创造的,梵蒂冈是全球中心。1616 年"天体论"被教会正式禁止达 200 多年,因为当时哥白尼的学说已被人所接受,布鲁诺为捍卫哥白尼的学说,被关了 7 年,烧死在火刑柱上。

伽利略于 1632 年出版了《关于托勒密与哥白尼两大世界体系对话》,用数学及科学实验方法证实了哥白尼的学说,1633 年教皇宣判他终身监禁,343 年以后的 1976 年被平反。

(2)1687 年,牛顿出版了《自然科学与数学原理》,提出了绝对的时间、空间、运动、静止,也提出了宇宙的无限、多中心。

2. 1886 年后的"划时代的发现"

1900 年普朗克提出"量子论",1912 年波尔的互补原理,1927 年海森堡的测不准原理,这样形成了量子理论。

1905—1915 年,爱因斯坦的相对论;

1922 年,苏联人弗里德曼用数学计算提出宇宙的膨胀及收缩模型;

1929 年,哈勃证实宇宙在膨胀;

1948 年,苏联人伽莫夫提出热爆炸模型;

1951 年,教皇宣布大爆炸理论是对的。

还有,基因理论、DNA 双螺旋模型、夸克模型、元素周期率、大陆漂移学及板块学说、宇宙大爆炸理论、系统论、控制论和信息论等等,这些都可以认为是"划时代的发现"。

从 1873—1886 年恩格斯写这篇文章以来,世界上至少有十多种"划时代的发现"。因此,唯物主义也就必然要改变自己的形式。

3. 认知的启迪与"要改变的形式"

1886 年,恩格斯写了《自然辩证法》,它是草稿;1925 年被苏联人整理后公开发表,不久,苏联根据 1886 年的《自然辩证法》,编写哲学材料,中国人在 20 世纪 50 年代引入大学,从此哲学体系再没有发生什么变化。但是自 1886 年以来,从这些"划时代的发现"里我们可以领悟到:

(1)相对论及量子理论等,否定了牛顿的绝对时空观,揭示了时间、空间、物质、运动统一性和相对性。耗散结构理论否定了相对论与量子力学中的时间可逆性。从概念描述打破了过去与未来的对称性。也解决了"克劳修斯的'热寂论'"与"达尔文进化论"的矛盾。描述了一个活的生成演化的世界。过去与未来是不对称的,概率化革命改变了我们的世界观,否定了决定论。多样性、偶然性、演变性比简单性、必然性、稳定性更普遍、更基本。宏观上的不可逆性,是微观上随机性的表现。分形理论认为,由分形元生成演化为整体,是一个自相似的浓缩的重演过程。这样提出一个重要的方法论原则。《易经》中讲:相反相成,实际上是相似生成。

(2)对时间的认知:在飞机上绕地球一圈,多活一秒;四维性时空与时空 11 维性。但是人脑还没有进化到如此境界;我们只能看到是三维空间的二维(如电影)。并且我们看到宇宙只是它过去时的 8 分钟。

(3)时间的快与慢和权力、财富集中的快与慢的关系。时间是权力,是财富;秩序也是财富,也是权力。

(4)时间的形态:量子化(时、空、物不可分)及方向性。

(5)人类物的钟表时间与物质系统进化时间的区别:可逆与不可逆。意味着,每个事物系统、每个粒子都有自己独立的时空。比如物质存在的三种基本场:有实物粒子场、有规范玻色子场、有希格斯粒子场。有系统物质在时间上的单向性即时间之矢。了解了时间,基本上就了解了物质及其世界。

(6)否定了拉普拉斯的决定论,揭示了微观世界的统计规律,比如:市场与宏观社会是一个复杂的系统。长期行为的不可预测性,有突发的"蝴蝶效应"。微观世界与宇宙宏观的统一性、突变性、整体性,它们共同组成一个大系统。

(7)系统发生突变的可能性和系统事物演化过程的不可逆性、量子性、量子振荡以及源于确定性的内在随机性。

(8)量子场论统一了粒子和场(波)的对立。爱德华·维特综合了数个弦理论,认为五种弦理论是不同的表现方式,并用数学计算出了11维,因为人脑进化的有限性不能体验这些现象。弦构成了夸克以及所有粒子,每一个基本粒子都对应"弦"的一个振动模式,就像吉他上某根琴弦的振动。物理学家相信:一个数学上如此优美的理论是不可能不真实的,如电影只有两维,但表现多维。

(9)左右不对称是自然界的基本规律,奇点时最对称。现在宇宙是不对称的,所以,要把微观的基本粒子和宏观的物质与真空统一研究,这就是"整体统一"。

(10)对宏观演化序列与微观演化序列出现的交叉点:①总星系的起源和基本粒子及夸克起源上的交叉点;②宏观演化上岩石的出现及微观演化上晶体的出现的交叉;③社会发展与生物个体发展出现的人脑交叉。所以,宇宙系统的整体研究十分必要,这里也说明物质系统在演化上的统一性与协同性。从宇宙到原子再到人,其数字方面是由一些物理常数决定的。

(11)有引力必有斥力,但没有发现斥力。再如磁单极子,宇称不守恒,

CP 不对称。在宇宙中反粒子是非常少的,物质与反物质是不对称的,正电子与电子也不对称。左右不对称是自然界的基本规律;如果我们人类是对称的话我们就会湮没。宇宙中 90% 以上的暗物质,我们不清楚。我们所处的世界,只是我们能够感知和测量的世界。

(12)在人文科学上,如:政策,表面看是一致的,似乎是对称的,实际上是不对称的,因为实施政策的环境是不一样的。

政策有周期性(量子振荡);

——具有概率分布:概率性,突变性;

——它有时间性,不可逆性;

虽然政策一样,但效果不一定一样。

各国经济周期的趋同化,无边界经济的出现等,都说明了政策的量子振荡,以及它的非周期性和跨尺度的对称性。

(13)在人文科学中,在一定的时空中,生产力与生产关系是互相决定的;

——经济基础与上层建筑是互相决定的;

——社会存在与社会意识是互相决定的,等等。

(14)在亚原子世界里,因果关系的概念不复存在,剩下的只有"可能性"。大部分复杂的系统都是在自发的过程中形成的。

因此,系统思想及其系统哲学理论就是传统理论要改变的形式的新范式。

最重要的一个事实是我们不应该忘记,1924 年 6 月 30 日爱因斯坦在给伯恩斯坦回信中,对恩格斯的《自然辩证法》手稿评价时写道:"要是这部手稿出自一位并非作为一个历史人物而引人注意的作者,那么我就不会建议把它付印;因为不论从当代物理学的观点来看,还是从物理学史方面来说,这部手稿的内容都没有特殊的趣味。但是我可以这样设想,如果考虑到这部著作对于阐明恩格斯思想的意义是一个有趣的文献,那是可以出版的。"①

----

① 《爱因斯坦文集》第一卷,商务印书馆 1976 年版,第 202 页。

这样,就为新的哲学——系统哲学的产生,提供了社会的、经济的和科学的充分根据。

1986年1月7日,钱学森讲道:系统学(系统科学)的建立,实际上是一次科学革命,它的重要性不亚于相对论或量子科学。

三、发展马克思主义就要勇于实践、勇于探索

我们正处在这样一个特殊的时代,新时代的潮流改变着人们对世界的看法,改变着人们的思想观念,人们在许多方面都面临着严峻的挑战,哲学也不例外。因此,我们必须正视现实生活和当代科学对哲学的挑战,树立科学的思想方法和思维方式,打破在思想方法和思维方式上的故步自封的局面,去发展马克思主义的哲学。只有同现实世界和当代科学密切结合的哲学,才能更好地认识现实世界,改造现实世界。当然这是一个十分艰巨的任务,但只要努力,总是可以完成的。在发展马克思主义哲学方面,我们当代中国人有义务、有责任,应该积极作出自己的贡献。

本着这种认识,我探讨了系统哲学,它的理论意义是:

1. 它有助于我们正确地看待系统哲学和辩证哲学的关系,并把二者统一起来。目前,世界上对系统哲学和辩证哲学的看法很不相同,一个比较普遍的问题就是不能把它们恰当地统一起来。其中,有的是完全把它们两者对立起来,并区别出一高一低;有的虽然也讲二者的统一,但往往是把另一个东西纳入自身之中。就各国马克思主义哲学界的情况来看,一般对系统科学哲学思想的估价偏低,大多只把它视为辩证哲学的一个概念、范畴或者至多看作是一个规律。我认为这种情况对于发展马克思主义哲学是不利的。因此科学地阐明系统科学哲学和辩证哲学的关系,是当前面临的一个重大的哲学课题。实际上,从历史上的一些哲学家特别是马克思主义经典作家来看,他们早就对系统观与辩证观的统一有许多重要阐述,我只是想结合当代科学和哲学的发展,进一步整合并具体地阐述和丰富发展这些重要的思想。

2. 它有助于我们获得一种健全的理论思维。马克思主义的唯物辩证法是近代社会人类智慧的结晶,辩证哲学总的来说是强调矛盾的理论和学说,为人们观察研究问题提供了强大的思想武器。而系统科学哲学则主要是强调系统的哲学主张,它为人们从一个新的角度审视世界提供了重要的武器。但它们又是内在联系的、统一的。因此,把这两种哲学结合起来,就可以形成一种健全的理论,从而指导我们更能动更科学地认识世界和改造世界。

3. 它也有助于我们的认识达到当代哲学的新水平。哲学的理论不是僵化不变的理论。它本质上是发展的理论,是批判的、革命的理论,是用最新科学武装起来的理论。正因为如此,它才能召唤人们、启迪人们、鼓舞人们、武装人们,指引人们前进。此外,从人们的思维来看,在历史上也经历了不同的阶段。如果说形而上学思维侧重的是"一"的思维,是单一的,是一成不变的和单值的思维;那么,矛盾辩证思维侧重的是"二"的思维,是"一分为二"或"分"的思维;而系统思维则侧重的是"多"的思维,是"整体"的思维,是系统联系、整体优化的思维。后两种思维是人类思维领域迄今所取得的最大成果。尤其"多"的思维、系统的思维是一种最新的成果。所以,把这几种思维加以综合并在理论上提升到当代哲学理论的高度,这对于指导我们的认识活动来说,无疑是重要的。

4. 它是可以与中国传统文化完美地结合在一起的。东方人与西方人在思维方式上有着某些明显的不同之处,这是东西方许多学者的共识。我国著名学者季羡林先生说:"我认为东西文化的区别,最根本的体现在思维方式上。东方人的思维方式是综合的,西方人的思维方式是分析的。"确实,只要观察一下东西方人在哲学、政治、伦理、文学艺术,乃至农业、天文、地理、医学以及保健养身等等方面的不同观念,就不难发现东方人与西方人在思维方式上的差异是何等明显。中国人的深层心理构成与特有的思维方式,使他们必然更多地关注在价值论上的"大一统"(整体、族群、社会、家庭),在伦理学上的顺从、尚祖的三纲五常和在思想方法的阴阳学说(天地观、天人合一)。以群体的和乐为个体的生存发展前提的独特思维方式,渗透于整个中国哲学、政治、经济与文化的传统思维中,重视整体轻视个体,认为局部的存在与价值有赖于整体:可以认为,这是一种模糊、粗犷和原始的整体思维。

因此,思维方式的变迁从来都是具有彻底的革命性意义的,它标志着一个民族的崛起与振兴。正如怀特海所言:"伟大的征服者从亚历山大到恺撒,从恺撒到拿破仑,对后世的生活都有深刻的影响。但是,从泰利斯到现代一系列的思想家则能够移风易俗,改革思想原则。比起后者的影响来,前者就显得微不足道了。这些思想家个别地说来是没有力量的,但是最后却是世界的主宰。"

这正是我要探讨系统哲学的目的,更重要的还在于它的实践意义。

1. 它可以指导我们更好地认识世界和改造世界。当代世界是一个多样化、复杂化的世界,人类的活动范围大大扩展,社会的联系越来越广泛,科学发展的广度和深度超过了历史上的任何一个时代。因此,在今天认识世界和改造世界的活动中,如果没有系统、整体、多样化的思维,不仅无法适应这个世界,更难以有效地改造它。当代系统论的出现,各种系统工程的大规模应用,世界范围内"系统热"相继兴起,以及许多人对系统思想的日益重视,都深刻地说明人们已逐渐认识到了这个问题。所以,面对今日世界,我们一定要有新的世界观、方法论和认识论。近二三十年来凡是这样做的人们,在实践活动中已取得了积极的成果。因此,通过系统哲学的探讨将会使我们更加自觉地认识到这一点,以指导自己的活动。

2. 系统哲学更能适应当今世界进程中对哲学的需要,实现在方向和侧重上的转换。系统哲学最根本的是在马克思主义的唯物辩证法的基础上,吸收了系统理论思想中的积极成果,并使它在整个哲学结构中占有突出的比重。它使多样化的思维、系统化的思维占有重要地位。以往的时代,伴随着社会的变革,阶级矛盾比较突出,各种势力的较量十分尖锐。封建主义的统治,帝国主义的侵略,法西斯主义的猖獗,使各种冲突都处于一种比较尖锐的状态。在这样的情况下,矛盾辩证法由于适应了世界人民争取独立、自主和建立人民民主制度的需要,在社会主义阵营中矛盾哲学成为哲学奏鸣曲中的主旋律,成为一种阶级斗争的政治哲学并在初期取得了重大的成功。但是,从今天的世界来看,由于社会生产力的高速发展,使许多冲突已趋于缓和,全球性的尖锐问题得到了一定程度的缓解,各国经济方面的合作提到了重要的日程。对立的因素减弱了,多种协同因素的地位和作用突出了。邓小平说,我们多年来一直强调战争的危险,但是现在我们的观点有点变化。这一说法就反映出当代世界的一个重要变化。另一方面,随着人类文明的发展,科学事业获得巨大的进步,对哲学的科学性、精确性,必然也提出了更高的要求。这样,作为时代的哲学,在主旋律上就要求有相应的转换。系统理论正是由于适应了这一转换,所以受到了普遍的欢迎。

3. 系统哲学可以更好地指导今天的改革、开放和社会主义现代化建设。今天我们的工作重心已发生了转移,现代化建设的问题日益突出。如果说,战争时代需要"斗争的哲学",那么建设的时代就需要建设的哲学,需要把多方面力量协调起来的哲学,它就是差异协同的和谐哲学。从革命党到执政党的转变,从执政党到民主制度下政党的转变,哲学的转变是最根本的转变,系统思想正好适应了这一转变。邓小平从实际出发,提出用"一国两制"来解决历史遗留问题的新构想,就是这方面的一大创举,并且在香港、澳门取得了成功。此外,随着改革开放的进程,今天的中国社会生活也在急速的变化。生产、科技的社会化,交流的国际化,思想意识的多样化,因而对系统辩证思维的需要也成为一种现实的需要。而系统哲学正是它的理论化的表现。因此,随着中国的改革、开放和社会主义现代化进程,一方面它对系统哲学的需要会日益增强;另一方面也会有力地促进这一进程。

我之所以提出思维方式创新的问题,更重要的是因为我们在实践活动中的传统思想方法和工作方法已经不能适应当代我国社会发展的需要,影响着改革、发展与稳定协调战略的实施,冲击、抵消着改革的效应,给改革及建设带来极大的伤害。传统思想方法的典型表现就是"一分为二"、"抓主要矛盾"。这种方法本来具有非常丰富的内涵,但在运用中却一直被我们简单化,变成总是把复杂的事物划分为相互排斥、相互对立的两极,并且特别重视斗争和对立,总是希望在社会、经济等工作中寻找"主要矛盾"或"突破口",求得"以纲带目,纲举目张"的神奇效果,以为只要抓住了主要矛盾,其他问题就迎刃而解了,而不是把诸如国民经济和体制改革等经济社会现象看成是由多元素、多环节、多层次构成的有机联系、综合配套的系统整体。

由于传统思想方法与事物的整体性、系统性相违背、相抵触,因此,用它指导工作就难免不出纰漏。

问题的全部症结在于:不是我们不努力,而是我们用的思想和工作方法已不太起作用。我们所面对的世界,是一个整体性地处于系统联系和系统运动的世界。我们面对的经济工作、改革工作都是一个个系统工程,其中涉及的各部门、各方面、各项工作,都是有机联系、相互制约的,都是整个链条上的环节;每一方面都与其他方面相互影响,各个环节都十分重要,因此,我们抓经济、搞改革的思想方法和工作方法应当是系统方法、整体方法。其他方法应服务于和服从于系统的整体需要,有助于实现和保证系统的整体平衡,应围绕和配合系统方法而有的放矢地使用。

改革,建设工作千差万别,势不容刻舟求剑。

这就是新中国成立五十多年,改革开放三十年来产生所有问题的根本所在。

第二章　物质世界的系统性

世界的本原究竟是什么,是任何哲学都要首先遇到的不可回避的问题。恩格斯在《路德维希·费尔巴哈和德国古典哲学的终结》一书中明确指出:全部哲学,特别是近代哲学的重大的基本问题,是思维和存在的关系问题。对这些问题的看法和回答不同,必然形成哲学上的各种派别。因为每一种哲学都是以对这个问题的确定回答为前提的,或者说哲学理论就是它的展开和具体化。因此,任何哲学理论的确立都必须以此为出发点,并对此作出自己的回答。系统哲学作为哲学的一种新形态当然也不例外。

系统哲学是在坚持马克思主义物质观的基础上,吸收现代自然科学和社会科学的最新成果,通过对世界的物质性的深层探索和思考,提出了自己对世界的根本看法:世界是物质的,物质世界存在的基本形式是它辩证的系统性、过程性、时空性,即系统观、过程观、时空观。

系统观认为,系统是物质世界存在的基本方式和根本属性,即自然界是成系统的,人类社会是成系统的,人的思维也是成系统的。一句话,世界的本体是系统的物质世界。系统观看待物质世界的系统性,主要是从现时的横断面上来揭示世界物质的系统联系、系统存在、系统运动和系统发展。过程观是指系统物质世界历史发展的系统性,现时进化的系统性和发展趋势的系统性。自然界、社会和思维都有其过去、现在和将来发展的历史过程,而这个过程则是系统的发展过程,即系统过程的发展。过程观是从纵的方向来揭示系统物质世界系统联系的运动发展过程及其状态。时空观是指系统物质世界的现存状态、联系和发展,以及系统物质世界历史发展过程都是在时空中进行的。时间的一维性和空间的多维性也呈现出它的系统性。时空的系统性是表征着物质世界的系统性和过程性。系统观、过程观和时空观三者的关系具有不可分割性,其中,系统观在三者的有机联系中占据着统帅地位和起着主导的作用。

第一节　系　统　观

一、世界是物质的

一切唯物论者都认为世界是物质的。列宁说,唯物主义的基本前提是承认外部世界,承认物质在我们的意识之外并且不依赖于我们的意识而存在着。唯物主义肯定世界是统一的物质世界。世界上的事物和现象虽然千差万别,多种多样,但都不过是物质的表现形态。就连意识或精神也是高级的复杂的按照特殊方式组织起来的物质——人脑的属性,是物质高度发展的产物。世界上除了物质之外,再没有别的任何东西。世界是一个相互联系的、相互转化物质性的整体。它的统一性就在于它的物质性。辩证唯物主义这种哲学观点与人类的实践经验是一致的。人们在认识和改造世界的实践中,都会体验到外部世界的客观存在。工人做工要同机器、厂房打交道,农民种地要同土地、种子相接触,进行社会主义革命和建设,以及当前的政治经济体制改革,都必然要同各种各样的人、事、制度等发生相互关系。辩证唯物论的物质观是在人们实践的经验基础上,把这种朴素的认识加以系统化并提高到理论的高度。

在一个长时期里,唯心主义的神学利用人们对宇宙天体缺乏科学认识这一点,宣扬两个世界,即"天上世界"和"地上世界"。认为天国支配人间,否认世界的物质统一性。现代科学早已经证明,物质是不会凭空创造和消灭的。它只能从一种运动形式转化为另一种运动形式。宇宙中物质运动不仅在量上,而且在质上都是不灭的。一切物质都有其产生、发展和消亡的自然原因,因此并不需要"世外造物主"的任何帮助。天文学的成果证明:地球并非宇宙的中心,而只是围绕着太阳运转的普通行星。整个太阳系,是按照统一自然规律运行的。不仅如此,物质结构科学还证明:到目前为止,所能观察到的天体,同样都是由构成地球的那些化学元素构成的。用高能加速器产生的基本粒子同遥远天体的宇宙射线带来的基本粒子是一样的。宏观世界是这样,微观世界也不例外。原子结构是十分复杂的,不仅包含着一系列基本粒子,而且还存在着"场",基本粒子和场也都是物质的东西。就是生命这种神秘复杂的现象,现在也得到了科学的解释。生命原来就是蛋白体的存在形式,生命的过程是蛋白体在一定的自然条件下不断进行新陈代谢的过程。而蛋白体则是由构成无机物的同样的化学元素组成的,只是它的原子量很高,结构非常复杂而已。这说明生命同无生命的物体虽有区别,但也是统一的,统一的基础就是物质。

人类社会也是物质世界的一个方面,是物质世界长期发展的产物。由于创造物质资料的劳动,使类人猿变成了类猿人,又逐渐进化为人,从而有了人类社会。人类社会发展史,归根到底是物质生产发展的历史。在社会生产过程中,人们结成的生产关系是一种不依赖于任何人的意志为转移的物质关系。它的物质性表现在,每一代人在开始从事生产活动时所碰到的总是既成的生产关系,它不是由人的主观愿望随意选择的。生产关系的发展变化以及由一种生产关系过渡到另一种生产关系,也并非决定于人的主观意志,而是由生产力发展的水平和要求决定的。人类社会的存在和发展,也不过是物质的存在和运动的一种特殊形式而已。

二、物质世界是系统的

世界的物质性及其物质的统一性,是对世界最本质的科学概括。但是对世界本体的阐述,不应仅限于回答是什么,而且还应当回答为什么;不仅要了解世界的总画面,而且还要说明其细节;不仅要坚持世界是物质的,还必须不断地总结时代的科学成果,说明其存在的形式。

系统哲学正是坚持世界物质性的观点,把"系统"范畴通过科学概括,上升到哲学范畴,并将它看作是物质世界的基本存在形式和属性。

(一)物质和系统是不可分割地密切联系着的

任何物质都是一个系统,都是以系统的形式存在着和发展着。离开系统的物质是不存在的。我们周围的事物和现象,总是以这种或那种系统的方式存在着。人本身就是一个系统。它是由人体的消化系统、呼吸系统、血液系统、神经系统等所构成的一个复杂的整体。国民经济是由若干个物质生产部门和非物质生产部门构成的有机整体,而且这个部门本身又是由许多要素相互联系交织构成的系统。总之,只要我们用唯物的观点去观察,在我们的视野范围内,物质无不以系统的形式而存在。

物质是系统的,系统是由若干个相互联系的要素构成的集合体。离开了物质,系统是毫无意义的。物质和系统是同一的。当然,思维也是系统的,但这种系统性离不开人脑生理的系统性,是物质系统性在人脑中的相互作用反映。

(二)系统是客观普遍存在的

不论宏观还是微观,不论自然界还是人类社会及思维领域,系统无处不在,无处不有。自然万物都是成系统的。生物与非生物之间的系统性已被现代科学充分证明。绿色植物、动物、微生物和非生物及其环境构成生态系统。它们之间相互联系和相互依存,不断进行着物质的循环、能量的交换和信息的传递。虽然有些事物之间的联系不是直接的,但经过几个中间环节,也构成一个系统。比如猫、野鼠、土蜂、三叶草、羊,它们是不同种类的动物和植物,但它们也是一条生物链系统。这是达尔文早在一百多年前就已经证明了的。不仅地球上的万物是系统的,太空的万物也是系统的。天文学早已证明,太阳也是个大系统,它有很多的成员,除太阳之外,还有九大行星以及数以万计的小行星。它们之间相互联系,相互制约,构成了复杂的太阳系系统。近代天文学还证明,太阳系在太空也不是一个无家可归的流浪儿。它和其他大约一千多亿颗各种类型的恒星相互联系,构成了银河系。银河系又从属于总星系系统,许多总星系又相互交织,构成更大的系统。

从微观上来说,任何微观的物质也是系统的。物质是由分子组成的系统,分子本身也是一个系统,它是由相互作用和联系着的原子和原子核所构成的系统。原子是由原子核和电子组成的系统,原子核是由核子所组成的系统,核子又是由层子(夸克)所组成的系统。至于人类社会本身,也是一个大系统,如经济系统、政法系统、科技系统、文教系统等等。由此可见,大系统中有子系统,大系统则又相互联系,组成更大的系统。

总之,物质世界的系统性是客观的、普遍的,是无所不在的。世界就是一个系统的物质世界。

(三)物质世界是系统的普遍联系,普遍联系是一切系统的客观属性

在化学方面,目前根据光谱分析已经发现太阳上的 70 多种化学元素,在地球上都可以找到,从而证明太阳与地球的化学元素是有联系的,并且是一种系统的联系和统一。近 30 年来,人们已经对太阳系以外的天体进行了光谱分析(如各种恒星、银河系、星系、星系总体等等),分析结果表明,这些天体的化学元素组成与地球也是一样的。这种同一性,表明了天体之间的系统联系及其整体性和统一性。如在地球上二氧化碳每 300 年循环一次,氧每 2000 年循环一次,水每 200 年循环一次。这说明了地球上的一些物质和元素是一个循环的系统。它们的联系是系统的联系,是一个系统整体。

在数学方面,现代数学已分化出一百多个分支,看起来是各不相通的,但也有着内在的联系。数学的统一就是数学本身的固有性质。20 世纪出版的罗素和怀特海合著的数学原理以及布尔巴基学派都试图把现代的纯数学统一起来,并作出了一定成果。

在物理学方面,1916 年爱因斯坦提出相对论,把时间、空间、运动和物体的质量统一起来。这是继牛顿经典力学之后物理学上的第二个大飞跃。从 20 世纪 30 年代开始,把自然界的最基本的四种力(万有引力、电磁相互作用力、弱相互作用力、强相互作用力)统一起来的研究,已取得初步的成果。数学与物理学的统一,大大推动了整个自然科学的统一及其一体化进程。

在生物学界,过去人们把非生命世界与生命世界似乎分裂开来,认为它们的运动规律是相反的,是不统一的。直到 20 世纪 60 年代耗散结构理论

的出现,才把它们最终统一起来。普里高津认为,生命过程与物理过程有着同一的自然基础,是一个非平衡态的开放系统。通过与外界的物质、能量、信息交换,就可能实现从无序到有序的自组织化过程,形成新的稳定的有序结构。并且通过对生命的物质基础——原生质中化学元素的分析,也证明了生物界与非生物界的物质统一性和存在上述的系统整体性。核酸是一切生物共同的核酸键结构(DNA 是双键,RNA 是单键),有着共同的碱基互排规律,有共同的三联体密码遗传表,也就是全体生物种类有一套遗传密码,因而有着共同的复制、转录、翻译的遗传机制。这就证明了生物运动与物理、化学运动的内在联系,以及它们彼此之间的统一性、系统性、整体性。

　　世界的统一性表现为不同运动形式的同一。时间、空间、物质与运动都是分不开的,各种运动之间都是相互转化、相互联系的,如实物与场的相互转化,相互联系;基本粒子的相互转化,相互联系等。可见它们的联系都是对整体性、系统性的证明。统一性的观点,对于理解专业科学之间的相互联系、相互关系也是很重要的。从统一的物质系统中理解物质世界,科学家们就能够自觉地、比较容易地找出具体科学之间的必然联系。这种必然联系又反过来更加真实地说明物质世界系统的统一性、整体性和系统性。

三、系统的三基元——物质、能量、信息——宇宙核

　　当把"系统"看作物质世界存在形式的基本属性的时候,就给人们带来了关于物质世界的新看法。它不仅深化了物质世界普遍联系的观点,而且对这种普遍联系的深刻根源和形式赋予了新的解释。

　　人类关于物质世界的普遍联系的思想已有数千年的历史。然而,对物质世界普遍联系的客观原因给予科学解释,是经历了曲折的漫长的过程。早在古希腊哲学家赫拉克利特的著作中就有这方面的论述,他有一句名言:世界是包括一切的整体,它不是由任何神或任何人所创造的,它过去、现在和将来都是按规律燃烧着,按规律熄灭着的永恒的活火。这些话被列宁高度评价为是对辩证唯物主义原则的绝妙的说明。他坚持了关于客观世界是

普遍联系的立场,但他把这些联系的根源,统一于活火,显然是一种直观认识。

古代辩证法思想家提出世界联系性命题是正确的,但对这种联系原因的解释却是贫乏无力的。正由于后者的不足,导致了后来的形而上学世界观。正像恩格斯所说:"这种观点虽然正确地把握了现象的总画面的一般性质,却不足以说明构成这幅总画面的各个细节;而我们要是不知道这些细节,就看不清总画面。"①这就导致了对总画面的否定,使形而上学的思想成了统治几个世纪的思维方式。

随着自然科学和哲学的发展,德国古典哲学,特别是黑格尔哲学恢复了世界普遍联系的思想。但是他对这种普遍联系的原因的解释却是错误的。他所讲的普遍联系不是客观世界一切事物之间固有的联系,而是归结于世界出现以前已经在某个地方存在着的观念。这样一切都被弄得头足倒置了。因此,黑格尔的普遍联系不能不是牵强的、造作的、虚构的,一句话,被歪曲的。

黑格尔哲学的荒谬性被否定是历史发展的必然。恩格斯根据 19 世纪自然科学的巨大成果,特别是三大发现,批判地继承了人类历史上合理的优秀思想成果,明确地提出了普遍联系这一科学范畴,并且把它建立在科学基础之上,给予了正确解释。物质世界是普遍联系的,整个世界是一幅由种种联系和相互作用无穷无尽地交织起来的画面。这种相互联系就在于物质之间的相互作用。他说自然科学证实了黑格尔曾经说过的话:相互作用是事物的真正的终极原因。这是马克思主义哲学创始人对此进行的高度概括。

客观世界是如何通过相互作用而联系的,列宁在《哲学笔记》中对此有更深刻的理解。他说,仅仅相互作用等于空洞无物,需要有中介。又说,要真正地认识事物,就必须把握、研究它的一切方面、一切联系和"中介"。列宁还说,一切都是互为中介,连成一体,通过转化而联系的。列宁这些思想是对马克思主义普遍联系理论的发展和深化。但是,问题在于这种中介或

---

① 《马克思恩格斯选集》第 3 卷,人民出版社 1995 年版,第 358 页。

者通过中介转化是什么,是如何转化的,对此应当不断总结科学成果进行哲学上的概括。

随着现代科学的发展,特别是系统论、信息论、控制论、耗散结构理论、协同学、超循环理论、突变论等新学科的产生和发展,不仅充分证明世界的普遍联系性,而且也说明了通过中介转化而联系的深层根源和形式。

系统观把整个世界看作一个相互联系的系统等级序列。世界由物质和能量组成的旧观念,让位给世界由物质、能量、信息三个部分构成的新观念。世界物质由联系构成了系统,而万物之间所以会联系,是由于物质、能量和信息的相互作用。任何系统都是由物质、能量和信息相互作用而构成的。

由于世界是系统的,系统是世界的本质属性。因此,物质、能量和信息不仅是系统的三基元,也是物质世界的三基元、宇宙世界的三基元,因此在这里我们还可以称为"宇宙核"。所谓宇宙核,从狭义上讲是指宇宙间物质相对分布密集,能量储存与释放相对是个巨数,信息成为一个极大的"源"、"流"与"群",这样就成为宇宙核。这就是宇宙的初期,就是宇宙的奇点,也就是朱熹理学中的"太极",是老子道学中的"道"。这个奇点已被现代物理学所证明。有人说,在宇宙创生期只有能量没有物质,只有辐射没有场,这种观点是没有根据的,因为物质、能量、信息是统一的,也是与时空、场辐射同一的。从一般意义上讲,宇宙核是指宇宙间的一切都是由物质、能量、信息构成的,大爆炸的奇点,只是表明物质、能量、信息的极高度密集。它是宇宙世界存在的最基本的元的形式。我们把物质、能量和信息称为系统的"三基元"。

物质、能量、信息既相互独立又相互依赖。从独立性看,它们各自包含着系统物质的不同属性。物质反映着系统的结构属性是所有物质实体的总和;能量反映系统物质的功能属性及其运动变化的量度;信息表征系统物质存在形式的一切属性,是系统状态的某种不确定性的排除。美国数学家、控制论创始人维纳讲,信息是系统组织程度的量度。从依赖性来看,任何能量都是物质的能量,信息以物质和能量为存在的基础。信息来源于物质,是物质的重要属性。信息产生必须以物质为基础,即来源于它的信源物。所谓信源物就是层次不同的物质系统,信息是这种系统结构形式的反映。它的内容和变化完全取决于系统物质的结构形式的变化。结构不同,产生信息也不同;结构变化,信息也发生变化。没有物质,信息就成为无源之水。不仅如此,信息运动必须以一定的物质运动和能量为载体和动力。离开了物质运动,就不会有信息的产生,也没有信息的传递。信息总是靠能量来传递,并且以物质为载体的。反过来说,物质运动和能量交换总是以信息为内容的。四季变化传递着大气变化的信息,自由落体运动说明万有引力的存在。只有物质的运动和能量的交换,而没有信息传递,或者信息的传递可以离开物质和能量,这两种认识都是错误的。物质和能量之间相互联系更是显而易见的。任何物质都是有能量的,没有能量的物质是不存在的;同样没有物质的能量也是不存在的。因此,三者的统一性,不仅表现在其根源上统一,也表现在它们运动过程中的统一。物质、能量、信息是系统的三种须臾不可分离的属性,它们之间又可以互相转化。物质与能量之间转化以及能量之间的转化,已经得到了近代科学的充分证明。现代科学同样证明了,物质信息的变化恰恰是上述两种转化的表征或中介。大自然中这样的例子俯拾即是。古代生物埋藏在地层下若干万年后变成天然气、煤炭、石油,通过这种信息(结构状态)的变化把它们昔日吸收的太阳能转化为化学能,便是一个明显的例子。物质、能量、信息是系统的三种属性,共同属于物质范畴,即不依赖于人们主观意识而独立存在的客观实在。如果将物质与系统看作第一层次的问题的话,那么系统的物质、能量、信息可以看作第二层次的问题,也是第一层次的展开与延伸。当我们在这样的定义上理解系统由物质、能量、信息所组成的时候,就与辩证唯物论一元论统一起来了。因为世界是物质的,物质是系统的,除了物质系统之外什么也没有的命题,并不影响对这一世界属性的细分。

当这样来看待物质世界时,物质世界是怎样普遍联系的问题便得到了说明。这种联系就在于物质之间不断进行着的物质、能量和信息交换。物质的结构状态发生变化,信息也就变化,作为信息载体的物质变化了,能量也随之发生变化。整个世界之间的联系实质表现为系统之间的物质、能量、信息交换的过程。这种转换可能是直接的,也可能是间接的,不论如何,都是物质、能量、信息的转换。直接转换构成一个层次系统;系统又与系统要素间接联系的物质进行同样交换,构成更大的系统。如此下去,整个世界就表现为一个错综复杂、纵横交织的系统网络。整个物质世界就是通过物质、能量、信息这三者来体现的。

四、系统的三因素——要素、结构、功能——系统核

系统不仅仅是一种描述的方式,就其本质而言,它乃是整个物质世界自身存在和活动的方式,这就要求我们必须对客观世界的内在属性再进行深层挖掘,以求得全面的理解。

从宇宙的角度看系统,系统是由物质、能量和信息构成的。从系统自身的角度看系统,一方面它是由物质、能量和信息构成;另一方面又具有要素、结构和功能等因素,它们是系统存在的基本方式和属性。由于系统的开放性,决定着系统与周围环境进行着物质、能量和信息的交换。在这个交换过程中,要素、结构与功能才能显现出来。由于系统在物质、能量和信息交换过程中,某些随机的涨落的出现,使系统与环境所进行的交换出现非线性的耦合现象,使系统自身的三因素——要素、结构、功能显现的程度有所不同。凡是在系统内某个部分的要素、结构、功能在物质、能量、信息上都优化于该系统的其他部分的要素、结构、功能,那么系统的这个部分则可以称为该系统的系统核或整体核。一般情况下,同一系统只有一个系统核。

1. 要素。系统是对整个物质世界普遍联系的高度概括和深化。系统作为若干相互联系的要素组成的有机整体,使得要素对于理解事物普遍联系性的揭示有着特别重要意义。

事实上,要素和系统是一对相对存在的范畴。任何系统都是由若干相互联系的要素构成的有机体,离开了要素就无所谓系统。例如,企业生产系统是由人、财、物这些要素所构成的。人体是由人体各部分构成的。系统之

所以称为系统,就是相对于要素而言的;而要素之所以称为要素是相对它所组成的系统而言的。要素是系统的部分,系统是要素的整体,而这种整体与部分具有相对的意义。

任何系统中的要素都不是一个简单的存在,它仍然是潜在可分的。要素自身的可分性又使它同时就是一个系统。这样任何事物在外在联系中成为要素,其内在联系又使其成为系统。所以任何事物都是系统和要素的统一体。某一事物作为要素,反映了该事物的外在联系或者说高层联系;该事物作为系统,实质上反映着该事物的内在联系。因此,所有物质都可以既当作要素又可以当作系统。要素概念不仅反映物质实体的自身,而且也是对它的联系的反映。它与系统相对应,表征着物质的联系形式。

任何事物都是较高级系统的要素,又都是较低级要素的系统,形成向宇宙无限发展的等级序列。从渺观—微观—宏观—宇观—胀观,都可以作为上一层次的要素。同样,从胀观—宇观—宏观—微观—渺观,又都作为下一层次的系统。整个物质世界通过要素与系统的联系,表现为具有普遍差异性和普遍联系的等级层次系列。这里应当指出,系统与要素的相对性不应当仅仅理解为在宇宙两极的分割和表现。事实上,由于事物的形式是极为复杂多样的,所以,任何事物必然同时会处于不同联系形式的不同系统之中。同一个人既可以是生产系统中的要素,又可以是家庭系统中的要素,还可以是党团系统中的要素,这就原则上规定了要素的多样性。要素的多样性,使系统层次分割也必然是多样性的。要素与系统的这种相对性,可以引申出几个主要结论:系统是无处不在的,万物皆系统;系统联系方式多种多样,任何事物都是以系统方式存在的。我们只能承认某物不在某一特定的系统中,但不能说某物不在任何系统中,任何事物都是系统性和要素性的统一。

总之,要素与系统是相对的,仅仅在某一特定系统内,二者才有绝对的意义,即要素是部分,系统是整体。但这种绝对中包含着相对。正是这种相对性,使整个物质世界表现为系统等级序列。

2. 结构。结构是若干要素相互联系和非线性的相互作用的方式。如果说没有要素部分就没有整体的话,那么没有诸要素之间的相互联系和非线性的相互作用的方式,就失去了结构性质的规定性——有机性、组织性。因此了解系统的结构就有着关键的意义。结构,是对系统内诸要素关系的总和,是要素之间互相联系和相互作用的总和。系统结构具有下面几个特性:

(1)有序性。任何系统都有其自身存在的具体的时空样态。时空样态不同,构成了不同的系统结构。而就其共性来讲,任何系统具体样态都是有规律地存在着的,都有一定的时空秩序。在空间上表现为规则性,如要素排列顺序、水平分布、立体构系、组织形式、时空布局等。

(2)层次性。结构在空间和时间上的有序性、演化性、组织性,使每一个层次上都有自己特定的结构层次。层次的结构性决定了系列的物质系统的多样性、差异性。在每一个层次的序列体系中,每个结构都形成了一个特定的层次,一个特定的整体性,没有层次的结构与没有结构的层次同样都是不存在的。结构决定了这个层次上的特性,结构一旦形成就具有相对稳定的层次性,宇宙演化、自组织的进化必然要经过层次的转化,是宇宙进化的中介。

(3)稳定性。任何系统状态中都包含不易受外界影响而改变的部分和易受外界影响而改变的部分,前者构成了系统的结构状态。系统结构的有序性、整体性和层次性,会使系统内部诸要素之间相互作用产生一种惯性,以维持动态平衡,即显现出系统的稳定性。系统结构的不同,根源于相互联系和相互作用性质的差异。而这种差异事实上就在于系统要素之间物质、能量、信息交换的方式不同。系统要素之间这种物质、能量、信息交换的方式不同,对系统结构的变化有着决定性的影响。爱因斯坦的广义相对论证明,在引力场中,物体的时空状态完全取决于引力的强度、物质质量的大小和分布。物质的质量越大,分布越密,空间曲率越大,时间流逝就越慢。这说明系统结构与要素间质量和能量、动量等的关系是非常密切的。微观物质结构理论已经证明,物质系统结构反映着特定的结合形式。核子之间为核电能,核子与电子之间为电能,原子与分子之间为化学能和热能,天体之间为引力能,不同结构的特定结合能量是对应的。结合能量的大小,不仅决定其特定的结构,即特定秩序,而且也决定着结构的稳定性。

3. 功能。系统的功能,是指系统整体与外部环境相互联系时所能表现出来的特性、能力和行为。

任何系统都有自己的功能,而这种功能是多样的。特定功能是在特定对象构成的特定的联系中实现的。同一系统在与不同的对象的联系中表现不同功能。在现实生活中,系统实际功能有时表现出单调性,是因为它失去了与特定对象建立联系的机会,或者是未被人们认识而已。在系统中,要素——结构——功能三因素,结构是关键,要素、功能正是通过结构重新组合变换,而表现整体性功能的。结构是功能的基础,它决定系统的功能。有什么样的结构,就会产生什么样的功能,因为系统结构是各要素在时空上有序的有机体。在其内部它们之间存在一定规则的相互关系和作用,它们既相互制约又相互协同,这种差异协同使系统在整体上表现为一种与其他系统不同的功能。如:晶体内部的晶格不同,功能就不同。

应当指出,所谓系统的功能决定于系统结构是有条件的和相对的,并不是说一种结构只能对应一种功能。系统功能是多种多样的,这样就可能出现不同系统的异构同功现象。

系统结构决定系统功能。系统功能表现为两个方面,一个是对内功能,另一个是对外功能。但是系统功能并不是完全消极、被动的东西;相反,它对系统结构具有重要的反作用。因为结构是系统内部诸要素的联系,功能是系统与环境的外部联系。世界是一个多层次性的大系统,一个特定系统又必然从属于一个更大系统。特定系统又成为更大系统的要素,又与其他要素相互联系和相互作用,交换物质、能量和信息。更大系统整体必然制约着作为要素这一特定系统。对于这一特定系统来说,这些外部影响就可能通过其功能反作用于其结构,使其内部结构发生变化。

总之,系统结构决定系统功能,系统功能又反作用于结构,正是结构与功能的这种相互作用,推动了系统的演化和发展。

第二节 过 程 观

一、系统是运动的

系统哲学认为,世界是物质的,物质世界是系统的,系统物质世界是不断运动。物质世界的运动可归结为系统的运动。

运动是系统的存在方式。这里的运动是指宇宙中发生的一切变化和过程,从单纯的位置运动到结构与功能的变化等。运动作为系统的存在方式,表现在运动和系统的不可分性。任何系统都处在永不停息的运动变化中,没有系统是不运动的。系统之所以作为系统,从某种意义上说,就在于构成系统的诸要素之间相互联系和相互作用所形成的运动性,即要素之间互相进行着物质、能量和信息不断变换和传递运动,以及相互作用的要素构成的整体与其他系统之间的物质、能量和信息不断变换。没有这些运动,就没有系统的存在。地球上各种宏观物体和地球一起,围绕着地轴自转和绕着太阳公转。组成这些宏观物体的微观粒子也在不停地运动、变化着。太阳系中各恒星都以很大速度作位置运动,每个恒星的本身内部也不断进行运动。生物有机体系统内部,每时每刻都在进行新陈代谢、自我更新的运动。人类社会也在不停地运动、变化,没有一种社会系统结构是永恒不变的。从宏观系统到微观系统,从自然系统到社会系统,没有任何一种系统是不运动的。科学证明,任何一种运动形式都有其系统物质的承担者。机械运动的物质承担者是宏观物体系统,电磁运动的物质承担者是电子与核子。化学运动是原子与分子系统的运动,生命运动是蛋白质和核酸等生物大分子系统的运动,社会运动是人类社会系统的运动,等等。可见没有抽象的运动,运动总是系统的运动。因此,系统和运动是不可分割的。系统是运动的承担者,运动是系统的根本属性,是系统存在的方式。整个物质世界是系统的,系统都是运动的。

二、系统总是过程的发展

运动和过程的关系是辩证的。运动是过程的前提,过程是运动的表现。同一系统运动的一个周期构成运动环。运动环持续不停顿的周期循环运动的轨迹,表征着系统的产生、发展与消亡的历史,即过程。恩格斯说,当我们说,物质和运动既不能创造也不能消灭的时候,我们是说:宇宙是作为无限的进步过程……而且这样一来,我们就理解了这个过程中所必须理解的一切。

系统的发展表现为过程、表现为转化。而过程本身、转化本身都是一定的系统。这一点恩格斯早就写道:"关于自然界所有过程都处在一种系统联系中的认识,推动科学从个别部分和整体上到处去证明这种系统联系。"①他还指出,真实的转化是在历史中——太阳系的、地球的历史中。当代科学证明,在太阳和地球的历史中,物质运动经历了一个从低级到高级,从简单到复杂的发展过程。太阳系形成后,在一定演化阶段上,地球上的化学运动开始成为主要的运动之一。由于化学进化,从无机物质中产生了有机物质,进而出现了生命,产生了生命运动形式。这就证明物质运动形式既是多样的,又是统一的,是一个系统发展的过程。列宁指出:"多样性不但不会破坏在主要的、根本的、本质的问题上的统一,反而会保证这种统一。"②当代新出现的一系列重大科学理论,如控制论、信息论、系统论、耗散结构理论、协同学、突变论、基因论、结构论等等,多种多样,但本质上都是关于系统的产生,特别是关于系统发展过程的理论,并且证明系统之间的统一也是过程。人们的认识也是个过程,这是因为思维过程本身是在一定条件中生长起来的,它本身是一个自然过程。

以往人们已经认识了世界的物质性,由此形成了唯物论哲学,进而又认

---

① 《马克思恩格斯选集》第 3 卷,人民出版社 1995 年版,第 376 页。

② 《列宁选集》第 3 卷,人民出版社 1995 年版,第 382 页。

识了它的辩证性,形成辩证唯物论哲学。当代,人们对系统的研究又证实它也是世界物质的一个本质的属性。因此人们认识的发展和深化,由从前的"实物中心论"到"矛盾中心论",进而又到"系统中心论",即由"物质世界"、"矛盾世界"转向"系统联系世界"。这表明认识的深化和发展是一个过程。

系统物质世界的发展运动、变化不是杂乱无章的,而是有规律的。规律是客观存在,并且有普遍性、重复性、稳定性。它是事物的必然的、本质的联系的反映。因而系统物质世界是一个不断运动的统一体。从本质上看物质世界是一个差异协同体,是一个差异协同的、其中包含着对立统一的大系统。系统发展的原则与联系的原则(统一的原则),在事物内部差异协同的基础上联结起来。自然界的运动形式从低级向高级发展,人类社会通过运动的积累,不断从有序化、自组织化向更高的系统优化发展。从整体看去,物质世界就是普遍联系与普遍运动、普遍发展的统一的系统整体。因此说,系统的普遍联系是一个过程。

总之,自然、社会和思维三大领域中的一切系统都是作为过程向前发展的。系统过程向前发展的动力问题,恩格斯晚年时提到,人类社会历史发展的动力,是无数力的合力,是无数相互作用的力综合而成,是无数力的平行四边形产生的一个总的结果。系统向前发展的过程取决于系统的自组织与环境因素的相互作用。系统之间的各要素是非线性相互作用的。系统在临界点上失去稳定,在从无序向有序转化的关节点上,有序化的方向不只是一个,而是几个,即可以出现多种可能性。最终出现哪种结果,取决于上述各种参量的竞争。竞争的结果,一般地说,是其中某一参量战胜其他参量,并由它来独立地主宰系统。别的参量或者与其建立新的协同关系,作为新系统的一部分而存在;或者被排除出新系统之外。总之,系统从有序到无序,又从无序到有序的变化过程,也就是协同中包含着竞争,竞争又破坏协同,又建立新的协同的过程。系统这种过程的动力并不能简单地归结为系统内部的矛盾,而是整个系统内部诸差异的力和系统外部环境诸差异的力,形成总的合力作用的结果,是一种非线性运动的推动力。

三、系统运动过程的多重性

任何系统都是动态系统、开放系统。系统自组织性和外部环境相互作用，使系统必然通过过程表现出来。任何系统的运动过程都包括多重性质。

（一）过程的有序性和无序性

任何系统运动过程都是系统有序性和无序性的差异运动过程。系统产生是对无序性的否定，有序的系统又包含着无序性的因素，其发展又会导致系统无序，从而又产生新的有序系统。有序与无序是相互依存的，没有有序性便没有过程存在，没有无序性也就没有过程的发展。有序性过程作为某一系统的运动过程，又必然产生系统衰落的无序性，从而表现为有序战胜无序，无序否定有序进而达到新的有序的过程。一般地说，一个过程在其产生和发展期以有序为主要方面，即以某种系统结构为主导的方面，无序处于非主要方面，系统为有序过程所支配。在衰亡期有序降为次要方面，无序上升为主要方面，此时系统又处于无序过程之中。整个系统世界的运动过程就是有序与无序多层面的辩证的统一。

（二）过程的阶段性和持续性

过程的阶段性是相对的，过程的持续性是绝对的。系统发展过程的根本差异，及为此根本差异所规定的过程的本质，非到过程完结之日，是不会消亡的；但是系统发展的长过程中的各个发展阶段，情形又往往相互区别。这是因为系统发展过程的根本差异的性质和过程的本质虽然没有变化，但是根本差异在过程中的各个发展阶段上，采取逐渐激化的形式。并且，被根本差异所规定和影响的许多大小差异中，有些激化了，有些暂时地或局部地解决了，或者协同、和谐、适应了，又有些发生了，因此过程就显出阶段性来。由此可知，过程和阶段的关系，又是全局和局部的关系，是整体和部分的关系，是根本质变和部分质变的关系。过程的阶段性和持续性是针对同一个过程而言的，因而过程持续性和阶段性的关系又体现了量变到部分质变的部分关系。任何一个过程一般总是从量变到部分质变再到根本质变的过程。更正确地说,是一个结构到另一个结构的过程,是结构与功能的互动过程。所以,任何一个过程无不具有持续性和阶段性的两重性和多重性。

(三)过程的常住性和变动性

系统是在过程中存在的。过程常住性是指过程结构的规定性,它包含着这种过程和他种过程的区别,前过程与后过程的不同。没有这种常住性,就无法区分不同系统。过程的变动性是指过程结构的否定性,它包含着这种过程向他种过程的转化。没有这种变动性,也就没有过程转化。过程常住性是相对的,是一种有条件的存在。变动性是对常住性的否定,从长远看是过程的本质,因而是无条件绝对存在的。存在于过程中的系统是一种确定的存在,具有稳定性、常住性。但是,如果透过理性客观深入思考就会发现,系统只能在变化中存在,而变化也只能存在于系统之中。因此,过程是常住性和变动性的统一,是过去、现在和未来的有机统一,有机的辩证的统一。

四、历史是系统的过程

过程,从系统的角度来看,是指系统状态或系统时空层次的变化序列,是系统所呈现出来的前后相继的不同过程和阶段的集合体,是前后相继的系统之间的关系,是系统运动在时间上的延伸,是系统随时间推移的不断展开。这实际上就是说,系统总是当作历史出现的,都有自己产生、发展和消亡的历史。历史就是过程,过程也是历史。

任何系统都是过程,也都是历史。就自然过程来说,恩格斯指出:"现代唯物主义概括了自然科学的新近的进步,从这些进步看来,自然界同样也有自己的时间上的历史,天体和在适宜条件下生存在天体上的有机物种一样是有生有灭的。"①太阳不是永恒存在的,有它自己产生、发展和消亡的历史。微观生物也是有历史的,所不同的是仅仅在于过程和历史持续时间的

① 《马克思恩格斯选集》第 3 卷,人民出版社 1995 年版,第 364 页。

长短,或者说在于其具体的历史性差别。根据考古学发现,人类历史过程大约是有 300 万到 500 万年时间;孕育了人类生命的地球则经历了 45 亿到 60 亿年时间;人类生命是地球数十亿年生长出来的美丽花朵。一个人的寿命至高不过 100 年左右,基本粒子平均寿命仅 10^{-20}—10^{-8} 秒,质子和中子比较稳定,基因寿命很长,可活 100 万年左右。

自然界一切都是过程,都是历史。对于社会过程来说,恩格斯说,现代唯物主义把历史看作人类的发展过程,而它的任务就在于发现这个过程的运动规律。社会是不断发展变化的,是过程,从而也是历史。从原始社会——奴隶社会——封建社会——资本主义社会——社会主义社会就是一部过程史。对于思维过程,恩格斯也指出,每一时代的理论思维,从而我们时代的理论思维,都是一种历史的产物,在不同的时代具有非常不同的形式,并因而具有非常不同的内容。因此,关于思维的科学,和其他任何科学一样,是一种历史的科学,关于人的思维的历史发展的科学。综上所述,不论什么过程,都是历史。系统是过程,也是历史。

五、真理是系统的过程

马克思主义哲学在真理问题上是坚持辩证唯物主义的真理观,它既肯定客观真理论,又强调真理过程论,即作为人的认识对客观世界正确反映的客观真理,是一个动态的过程。正如列宁所说的,真理是过程。人从主观的观念,经过"实践"(和技术),走向客观真理。思想和客体的一致是一个过程。

由于真理是思想与客体的一致性,所以,对真理是过程的理解或说明,至少涉及三个方面的内容:真理客观基础问题;认识思维主体能力问题;主体与客体的相互作用即实践问题。

真理是人的认识,但作为对真理的认识,是以客观为基础的,是对客观系统的正确反映。真理的客观基础是客观的系统物质世界。没有客观系统存在,就不会有对客观系统的认识,自然无所谓真理了。既然真理的源泉来自客观系统物质世界,所以对真理属性的考察必须首先建立在对其赖以产生的真实的基础——客观系统物质世界的考察上。

如前所述,客观世界是普遍联系的,是系统的,是发展变化的,并总是以过程形式存在的,是有序与无序的统一,是无限和有限统一的过程。既然客观世界是系统的,是处在发展变化过程中的,从来没有表现出一成不变的最终形式,那么真理的认识也就不可能一次达到,必然是个过程。只能一点一滴地、一部分、一方面地去认识,从有限中认识无限。但有限毕竟不是无限,无限也毕竟不是有限的机械相加。这种差异一方面使真理不可能一次完成,而必须经历一个过程;另一方面它又是认识的动力,使真理过程发展下去。总之,作为真理的客观基础的物质世界的系统性、过程性、层次性、结构性,决定了作为对客观世界正确反映的真理只能是一个永恒的、历史的、发展的过程。

当然,真理是过程,仅仅靠认识对象的过程性来说明是不够的,还必须考察认识主体的人的认识能力是否具有达到反映客观世界的内在规律可能性。

人类的认识能力存在着有限性与无限性、至上性和非至上性的差异,是无限性和有限性、至上性和非至上性的差异的统一。人的认识能力的至上性和无限性表现在:感觉是外部世界的映象,各种感觉可以相互补充,借助人工设施延长感觉器官可能是无限的;人能够进行思维活动,通过思维活动达到对系统内部联系、本质和规律的认识;人的认识可以世代连续。人的认识能力的无限性表明,它可以使我们的认识达到客观真理。但是人的认识能力又是有限的、非至上的。它表现在:感觉受生理结构与科学技术的局限,只能近似地相对地反映客观。每一代人的抽象思维只能反映客观系统的一定层次的本质,而且它本身不能保证都是科学的、正确的。对每一代人来说,总是处在一定历史条件下,总是受到主客观条件限制,因而其认识总有一定限度或局限。人类的认识能力是有限与无限的差异统一。

由于我们的认识能力包含内在的差异,这就势必使我们的认识,逐步使主观和客观相符合,也就是使真理成为一个动态的过程。一方面,我们能够正确地反映客观系统的本来面目,另一方面又不能立即全面地正确反映,但就可能和终极目的来说,又要正确反映客观,使人们不能停留在已有成果上。这样就使我们的认识永远处在一个动态的发展过程中,从而使真理也成为一个永恒的过程。

最后,要说明真理即过程还必须考察认识赖以产生的基础原因即实践特性。因为人对客观对象的认识是通过实践来实现的。因此实践是真理产生的主要原因。真理即过程的一个重要原因,还在于实践是一个过程。

第三节 时 空 观

系统物质世界处在纵横交错的相互联系之中。这种相互联系的普遍性,是整个系统物质世界存在的形式。这种联系,一般地说可以划分为两个方面:一是横向联系,它是指在同一时间内,系统物质世界的空间关系,即一系统与他系统的联系。客观世界的空间横向联系构成系统。二是纵向联系,它是指在同一空间内,一切系统自身的时间联系。任何系统都有过去、现在和将来,都有从旧到新、从简到繁、从低到高的自身前后相继的联系。系统的纵向联系则构成过程。但是,横向联系和纵向联系并不是孤立的两个过程,而是密切联系的,是统一的。因此必须从时空统一的角度进行综合认识。

一、时空是系统存在的形式

关于空间和时间,这是人类不断探索的一个古老的问题。在我国,"宇宙"一词说的就是空间和时间。"宇"指空间,曰"四方上下"。"宙"指时间,曰"古往今来"。这就是说:空间是一切具体的场所方位,空间特性的总和是广延性;时间是一切具体时刻,时间特性的总和是持续性。

任何系统的存在都离不开空间和时间。系统都有自己一定的规模,都

有一定的位置关系、排列方式和空间样态。系统和系统之间也存在着一定
结构秩序,不论大系统、小系统,其存在形式只有空间相对性的差别,而没有
空间本质的不同。以空间为存在形式是绝对的。系统总是运动的,表现为
过程,因此也离不开时间形式。微观粒子系统寿命再短,也总要经历一定时
间。如同系统存在离不开空间形式一样,系统存在也离不开时间。不同系
统以时间为存在形式,仅仅有结构的差别,而没有本质的不同。正像恩格斯
所说:"一切存在的基本形式是空间和时间,时间以外的存在像空间以外的
存在一样,是非常荒诞的事情。"①

　　这里应当指出,我们说系统存在离不开空间和时间,仅仅说明系统存在
与时空的不可分离性,决不是说空间和时间是独立于系统之外的某种实体,
即如果把空间和时间看作是独立的物质,那么,它们就是与物质分离的,并
且作为不同于物质的另一类独立的实体。时空是系统存在的形式,不仅要
强调系统存在形式离不开时间和空间,更主要的是还必须说明空间和时间
对系统的依赖性。

　　事实上,空间和时间是以系统物质为前提的。没有脱离系统物质的空
间和时间。通常所说的空间是三维的,时间是一维的,实质上不过是对现实
物体及其运动过程的高度概括而已。任何物体都占有一定空间,都有长、
宽、高三个量,从逻辑上说这是空间三维性的根据。空间三维性离开了实体
物质系统是难以想象的。时间一维性,即不可逆性,要用系统本身发展过程
来说明。时间的一维性离开了系统的运动,同样是难以想象的。所以恩格
斯说过,物质的这两种存在的形式离开了物质,当然都是无,都是只在我们
头脑中存在的空洞的观念和抽象。

　　空间和时间离不开系统物质,还在于时空的特点是系统物质运动所决
定的。根据狭义相对论,在低速世界和光速世界里,空间和时间的特性是不
同的。物体运动速度接近光速可使时间变慢,超过光速就可使时间倒流了。
在低速世界情况下,时空的特性的理论形式是牛顿力学。在光速世界里,其

① 《马克思恩格斯选集》第3卷,人民出版社1995年版,第392页。

理论形式是爱因斯坦的相对论。物体的质量分布决定着时空的曲率。广义相对论告诉人们,物体的质量越大,分布的密度越大,则引力场越强,空间曲率越大,相应的时间的流程越慢。空间曲率不同就有不同的物理空间。正曲率的空间是球形空间,负曲率可用伪球面来描绘,曲率为 0 的空间是"平坦空间"。另外,系统运动还是度量空间和时间的尺度。历法和计时法就是以系统的运动为基础的。阳历以地球绕太阳公转一周为一年,地球自转一周为一日。对于空间也相类似,英尺就是来源于以脚为大小来测量距离的。

时空以系统为基础,系统物质与时间和空间也是密不可分的。系统运动总是同时以空间和时间的形式运动的。不能设想只有空间没有时间,或只有时间而没有空间的运动。系统是时空的统一。

基于上述分析,可以看出,时间、空间存在的客观性是系统存在客观性的表现。时间、空间的统一性就在于系统,时空并不是孤立存在的物质实体,它们是系统存在的形式。

二、时空的绝对性和相对性

时间、空间是系统存在的形式,这就为正确理解空间和时间特性,即空间、时间的绝对性和相对性提供了认识的基础。既然空间和时间是系统存在的形式,没有不存在于时空中的系统,也没有超越时空而存在的系统。因此,同系统及其运动存在客观性一样,时空存在也必然是客观的、绝对的。同时,也正是由于系统及其运动以时空为存在形式,又决定了时空的具体形态和具体的特点并不是永恒的、绝对的,而是可变的、相对的。时间、空间的绝对性和相对性根源在于系统及其运动本身是相对性和绝对性的统一。

每一个别系统都是相对的,因为它总是又从属于更大系统,所以它们存在的空间样态和时间的流程也是相对的。每一个别系统的运动有其相对性,所以表现它的可感知的空间关系和时间关系也有相对性。一个系统转化为另一个系统,系统并没有消失;一种运动转化为另一种运动,运动还是存在。与之相适应,系统交替和运动变换,使其存在的空间与时间特征改变了,但是,时间和空间并没有消失,因为不论系统状态如何,运动形式如何,它仍然是以空间和时间为存在形式的,这就是空间和时间的绝对性。空间和时间的这种绝对性,存在于它的相对性之中。

系统运动的状态表现出时空的绝对性和相对性。如前所述,时空的具体特性是随着系统运动状态的变化而变化的,这是爱因斯坦相对论所证明了的。在接近光速运动的时候,物体沿着运动方向的长度会随着速度的加快而缩短,在它上面的时钟的指针的速率会随着速度的加快而变慢,这种和系统运动速度变化相对应的时空的收缩,正好说明了时空是相对的。事实上,运动的钟变慢和运动的尺收缩,是以两个坐标系作相对运动为前提的,是在两个系统的比较中显现出来的时空的相对性。即是说,运动的钟变慢是相对于静止的坐标系中同样性能的钟来说,它变慢了。运动的收缩也是如此。假定系统的运动速度分别为光速的 50%、90%、99%,相对于静止的坐标系来说,它们的长度则分别为静止长度的 86%、45%、14%。这就是爱因斯坦的同时性的理论:不同地点发生的两个事件的同时性是相对的,对于同一坐标系来说是同时的,而对于另一个坐标系来说,则是不同时的。这种差别本身就体现了时空的相对性。但是,作为相对运动的两个坐标系来说,它们各自都有自己的时间和空间,都没有不以时间和空间为存在的形式。从这个意义上来说,又是绝对的。时空的绝对性和相对性,是密切联系、不可分割的两个方面,实际上是时空的两重特性和多重特性。

三、时间和空间的无限性

时间和空间究竟是有限的,还是无限的问题,历来在哲学家中间争论不休,这的确是一个高难度的问题。因为从实践检验真理的观点出发,不论时空有限的观点,还是时空无限的观点,要想得到实践的完全证明,都是非常困难的,甚至几乎是不可能的。过去我们常以人们的时空视野不断扩大这一事实来加以证明。但是,严格地说,这种有限的量的扩大的直接推论,并不一定能得出无限性的结论。因为后者并非前者逻辑的结果,它仅仅说明了人的认识能力提高的程度,并没有对无限性作出判决性的证明。就连最杰出的科学家爱因斯坦,在1917年给朋友的信中也提出"时间究竟是无限伸延的? 还是有限封闭的?"这样的疑问。许多人认为,这个问题是常常有新的论证,而很难有最终的答案。

事实上,时间和空间的无限性问题,本身就不是一个直接的经验问题,不能仅靠实践检验。自然科学直接提供的直观的模型,种种现象的有限的罗列,都不可能穷尽无限。因此,对时空无限性的证明,必须依靠逻辑的、抽象思维的力量来把握,即不是通过有限的量,而是通过有限的质来认识无限,把自然科学的成果不是作为量的添加,而是作为科学思维的基础。还有一个与此有关的问题就是,时空无限性的问题,实质是探讨系统物质无限性的问题。因为时空并非是一种外在于系统物质之外的独立的存在,而是后者的存在形式。时空的客观存在,就在于系统物质及其运动是客观的。时空无限性必然根源于系统物质及其运动过程的无限性。因此对时空无限性的论证,还必须从系统及其运动本身去寻找。

任何具体的系统都是绝对性和相对性的统一,作为一种肯定的存在,它是绝对的;然而,它又总是从属于更大系统的,而且其内部又包含着无限可分的层次,因而又是相对的。系统的绝对性,决定了系统存在时空形式是有限的,总是表现为一定的时空样态。然而其相对性又决定了其时空样态的无限性。因此,系统本身意味着时空有限和无限是统一的,暗含着其存在形式的无限性即时空无限性。不仅如此,任何具体系统总是运动发展变化的,即表现为过程。这意味着系统又是有限和无限的统一。系统作为一种存在,总是有限的,即结构样态所持续的时间总是一定的。但是,系统总是不断地同外部进行物质、能量、信息交换,使系统发生结构变化。系统的这种本性表现了它打破自身界限,超出有限,趋向无限的本性。作为系统运动形式的时间和空间,也必然总是从有限趋向无限。时空的无限性是有限系统的一种本性,它存在于有限之中。系统作为肯定存在,是有限的,而它的本性又包含着变化方面的因素,即否定自身有限的因素。作为否定自身,要超

出有限,它是无限的因素。当这种作为对否定因素包含在有限之中的阶段,
无限还只是潜在地与有限统一在一起的。但系统总要向前发展,要展开、要
演化,使无限表现了出来。这时无限性从过程方面来说,它表现为在新的演
化系统中的自我,于是又开始了同样的过程。时空的无限性就是根源于有
限系统的自身的本性,并通过有限物不断突破而表现出来。它包含、潜伏在
有限之中,并从有限中表现出来。

从胀观、宇观上看,时空与系统的演化有其无限性。奇点是有限性与无
限性的高度融合;从渺观、微观上看,夸克禁闭宣告了时空的有限性。胀观
上时空的无限性与渺观上时空的有限性的统一、与大爆炸的奇点零时空的
融合,正是宇宙时空性的特点与本质,也是时间不逆性的根据。

第四节   系统哲学的科学体系

系统哲学是一系列普遍规律和范畴的科学体系,是以当今世界的新理
论为基础,以系统的联系、系统的演化、系统的发展为特征,以系统观、过程
观、时空观为内容的新的哲学理论体系。它的规律和范畴是普遍适用于自
然、社会和人的思维领域的,因为它是宇宙演化的高度科学抽象。

规律是系统发展中本身所固有的、本质的、必然的、稳定的联系。规律
的概念是人对于世界过程的统一和联系、相互依赖和整体性的认识的一个
阶段。规律既是系统联系的范畴,也是系统发展的范畴。系统联系是发展
中的联系,系统发展是联系中的发展。而系统联系和系统发展的辩证统一
则体现在规律和范畴中。作为系统发展范畴的规律,是指事物运动、变化的
必然趋势和确定的秩序。规律总是体现、贯穿于系统发展的现实过程之中
的,是系统的本质联系在发展中的表现。离开系统的发展,离开系统转化的
过程,规律就无从说起。

系统哲学综合发展了唯物辩证法、自然辩证法、社会辩证法、思维辩证
法的一系列的哲学范畴而形成自己的哲学范畴,并按其内在联系组成新的

科学体系。它通过哲学范畴的内在联系和逻辑发展,反映和揭示系统的普遍规律。系统哲学作为系统普遍联系和发展变化的学说,它又是标志思维发展的辩证之网,每一范畴都是网上的一个纽结,而由纽结的联系及其运动所构成的规律,既是客观事物的规律,也是思维的规律。因此,系统哲学既是一般世界观,又是一般方法论、认识论、价值论,是一种新的思维和新的哲学形态。系统哲学从不同的方面揭示系统联系、系统发展的一般性质,揭示系统观、过程观、时空观的基本内容,并按它们所反映的层次和深度而相互区别开来,构成其规律和范畴。其中,通过系统、要素、结构、功能、自组(织)涌现、涨落、超循环、层次、序量、差异、协同以及中介等范畴所揭示的自组(织)涌现、层次转化、结构功能、整体优化、差异协同等规律,是系统哲学的基本规律。这五大规律,由浅入深从奇点到现时地揭示了自然、社会和思维的系统联系和系统发展。

自组(织)涌现律是系统哲学最广泛、最普遍的规律,是宇宙系统的第一规律。从胀观讲,自组织涌现出了宇宙、地球、人类社会。它是系统哲学的核心规律。它从宇宙整体系统上揭示了宇宙演化的原因——宇宙系统的差异自组织、自涌现。

层次转化律与结构功能律概括和发展了质量互变规律,它是自组织涌现律的展开与延伸,揭示了普遍存在于一切系统的两个最明显的属性或规定性——结构、层次,揭示了普遍存在于一切系统的运动、变化、发展的基本形式或状态。要懂得系统的联系和发展的状况,就要深入了解结构功能、层次转化这两个规律。

整体优化律是系统哲学最基础的规律。它概括发展了唯物辩证法的否定之否定规律,这一规律揭示了系统由差异引起的发展与变化,是优化——劣化——再优化,以至循环往复,螺旋式的进化与演化运动。把握这一规律,就可以从系统整体层次上理解事物自身运动、自我发展的全过程。它是自组(织)涌现律的深化与发展。是自组织规律在每一个层次上的相对结晶。

差异协同律是系统哲学的最高层次的规律,它是系统自组织涌现的外在表征,自组(织)涌现律是它的内在核心,它概括和发展了矛盾对立统一规律。并以存在与变化发展的基本形式进入到进化、演化的深刻的内容,揭示了系统内部差异协同和环境差异协同共同进化的本质及精髓,是事物普遍联系的最根本内容,是事物系统变化发展的根本动力。

这五个相互联系着的基本规律,构成系统哲学理论体系的主干。除此之外,系统哲学还包括一系列最普遍的范畴,并通过这些范畴的系统联系和发展,从系统事物的各个侧面揭示它们的一般规律。

系统哲学的范畴作为新的思维形式和工具,对人的认识及其发展具有重大作用。列宁把客观世界比作复杂的自然现象之网,而在实践基础上产生的范畴,则是认识世界的过程中的一些小阶段,是帮助我们认识和掌握自然现象之网的网上纽结。"网"和"纽结",是两个生动的比喻。人们在认识客观之网的过程中,通过一个个的范畴把认识的成果凝结起来,如同打上了一个个的结,这样就能把纷繁复杂的现象之网理出头绪来,即把系统的本质反映出来。每个范畴,都代表了前后相继的认识过程的一个阶段,它既是以往认识的思想结晶,又是认识进一步向前推进的支撑点。在实践基础上合乎逻辑的范畴推演,一个范畴向另一个范畴的过渡,标志着人们对客观世界认识过程的步步深化。

系统哲学的规律和范畴,是相互联系的,是相互包含和相互贯通的,因为世界宇宙就是一个网络大系统。一方面,规律包含着范畴,范畴里有规律的本质。从逻辑形式上看,规律以判断来表达,范畴以概念来表达;判断离不开概念,规律离不开范畴。另一方面,范畴体现了规律。范畴及其关系加以展开,就构成为规律。如系统与要素、渐变和突变、控制和反馈、有序和无序、表征和被表征等等,都是系统事物的客观规律。离开范畴,规律就无法揭示,也无法表达;离开规律,范畴就成了一个个孤立的、凝固的概念,就变成空洞无物的抽象。

系统哲学以差异协同律为动力,联结自组(织)涌现律、层次转化律、结构功能律、整体优化律构成系统网络的主线,把诸范畴串联起来,构成了一个完整宏大的网络体系,构成了物质、能量、信息的宇宙世界的大系统(如下表所示)。从这个表中，可以看出：

1. 由于物质、能量、信息构成了系统物质世界，因此，不论是自组(织)涌现、层次转化、结构功能，还是整体优化、差异协同都离不开信息控制。信息控制使系统趋向一个最稳定的有序结构状态。系统为形成稳定的有序结构的这种差异自组织过程，就是系统的目的性(或随机性、或因果性)的运动过程，也可理解为"由信息反馈来控制的目的"。因此系统作为实现其目的自组织过程，就不断获取、加工、处理和使用信息(或熵)，使系统保持在有目的的状态中。在某些条件下，就是优化控制。信息有直线式的输入——输出，有循环式的输入——输出——反馈的形式，也有相互作用形成的全息式方法，等等。由于这些众多的不同的信息传递方式，也使系统获得了某种预决性，或者说使系统行为受到终态的制约。这五条基本规律相互作用、相互联系形成了非线性的耦合的立体网络系统，即以自组(织)涌现律为核心，以差异协同为动力，与层次转化律、结构功能律、整体优化律构成系统的主干线，把诸范畴串联起来，并通过信息控制实现系统与系统和要素之间的相互作用、相互联系，构成了物质、能量、信息的宇宙世界的大系统。

2. 宇宙系统的存在、大爆炸奇点的零时空、系统与过程、物质和运动、时间和空间的范畴，是这个体系的逻辑起点，系统(物质)和过程(运动)与时间和空间不可分割地联系在一起。在它们之下是五大规律把所有范畴贯穿成一个整体。五大规律之下是五大类型的十五组范畴，这些范畴是对客观系统差异协同、自组(织)涌现规律关系的延伸和发展。

3. 系统哲学的范畴体系之下，是自然、社会、思维三个领域的范畴，它们共同构成了系统哲学范畴的基础。它们按一定的方向发展，又回归到自然界发展的起点。但这种"回归"，不是一个简单的圆圈，而是辩证的循环，是新涌现整体的诞生。从自然到社会再到思维的发展，反映了客观世界发展的历史过程。人们通过实践，实现了从抽象上升到具体、逻辑和历史的统一，从而使人们实践认识的循环往复与自然发展的循环往复统一起来，使思维和存在统一起来。

4. 上述体系从自然的循环发展形成的箭头所指的圆圈和认识循环发

系统哲学规律、范畴体系表
（对唯物辩证法的发展）

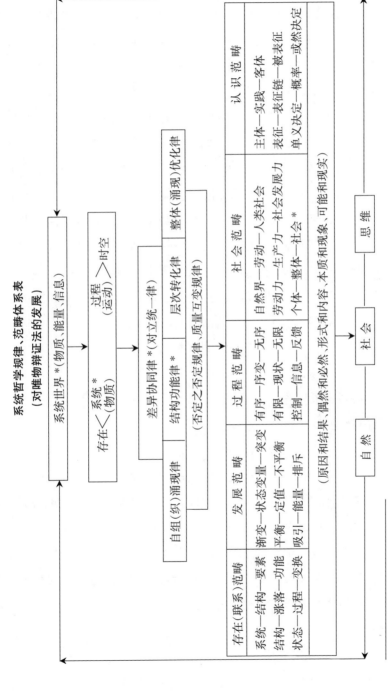

注："*"表示"核"存在的地方。

展的圆圈,构成了"双向循环的网络范畴体系"。这个双向循环相互一致,按中间箭头的方向无限地发展。这揭示了宇宙的演化、自然的进化是无穷的,人类的认识、思维的进步也应该是无穷的。我们的宇宙观、人生观、价值观应该建立在这样一个基础上。这些是我们对系统哲学规律、范畴体系的整体上、宏观上新的概括和说明。

5. 系统哲学规律、范畴体系表从理论的基本结构层次框架上作了交代。在这个理论体系之中,还有一个"核"、"环"与"链"的概念问题。本理论体系使用了五个"核":在系统世界中存在"宇宙核",可以设想这就是宇宙的奇点;在系统观中存在有"系统核"(整体核);在结构功能律中存在有"结构核",并由"剩余结构"而导致"剩余功能";在差异协同律中存在有"动因核",或叫差异协同子;在个体/集体——社会范畴链中存在有"社会核"。宇宙核——系统核(整体核)——结构核——动因核——社会核形成了有机的"核系统",它在不同客观事物中占据着主导地位和起着决定作用。比如"环"与"链"在范畴的联结方式上是客观存在的。"环"与"链"是"核"的展开与补充,三者之间有内在的关联性。以上概念我们将在本书不同的章节中逐一加以阐述。

实际上,了解了核的诸层次也就了解了宇宙的核心部分。这个宇宙系统的特征值就是 10^{39}。

恩格斯早在 100 年前就告诉我们:"包罗万象的、最终完成的关于自然和历史的认识的体系,是和辩证思维的基本规律相矛盾的;但是这决不排斥,反而肯定,对整个外部世界的有系统的认识是可以一代一代地得到巨大进展的。"[①]今天,几代人过去了,人类对自然和社会的认识有了巨大的进展,我们应该在现代科学技术蓬勃发展的当今时代,建立起一个新的理论体系,这是哲学和科学发展的需要,也是更好地认识世界、改造客观世界的需要,更是中国当代改革、开放、建设的需要。

---

① 《马克思恩格斯选集》第 3 卷,人民出版社 1995 年版,第 64 页。

第三章　系统哲学的基本规律

世界是物质的,物质世界是成系统的。系统涌现按照固有的规律在运动和发展着。当代新的科学成果和重要的新理论都证实了这一点,并且人们在实践中不断获得对这些规律的认识。系统哲学在唯物辩证法基础上,进一步研究和探讨系统物质世界相互联系、相互作用的普遍本质,揭示系统物质世界发展的内在源泉、本质与动力、基本状态和总的趋势,揭示支配自然、社会和人类思维的最一般的发展规律。这些规律有:自组(织)涌现律、层次转化律、结构功能律、整体优化律、差异协同律。

第一节　自组(织)涌现律

自组(织)涌现律是建立在普里高津的耗散结构理论、哈肯的协同学、艾根的超循环理论和芒德勃罗的分形理论,以及圣塔菲学派等理论基础之上的,它涵盖了从胀观到渺观的广袤宇宙空间物质,是宇宙系统最深刻、最具有概括力的一种规律,它是宇宙的第一规律与核心规律,它表明宇宙系统在胀观与渺观上的协调演化的规律性,它由自组织原理与涌现原理等构成。

自组(织)涌现律是宇宙系统——宇宙核(能量、物质、信息),由大爆炸奇点开始,从简单到复杂,从对称到不对称,在零时空量子涨落中,宇宙系统自行组织、自行演化涌现出新系统的一种机制。如,宇宙的演化、地球的形成、生命的起源、经济的发展、科技的创新、社会进步等等。它的大环境就是宇宙的有序膨胀。

一、从无开始的自组织

根据宇宙系统模型和奇性原理,宇宙的总能量为零。在宇宙的创生期,宇宙系统整体是一个虚时空的量子状态,时间与空间为零,宇宙半径也是零。这就是"无"生"有"的时代,正像老子讲的:"天下万物生于有,有生于无。""道生万物"也有同样的意思。这应该是道教"道"的真谛。老子的"无为而治",就是相信自然界本身自己可以协调,无须"上帝"之第一推动力,自然界本身会产生天然的活力向前演化。老子的思想实际上是最原始的自组织理论。

黑格尔"逻辑学"的起点是"有",也是黑格尔绝对精神的开端,它没有任何确定的规定性,也没有任何意义。因此"有"与"无"这两个互相排斥的对立面,在开端就合二为一了。这也是两者无差别的统一。因此,"无"生"有"的时代,也是"有"生"无"的时代。

从自然科学上讲:这个"无",不是什么物质都没有的真空,它存在着巨大的能量,是一种物质的存在方式。真空是一个很复杂、有结构的凝聚态。宏观的真空与微观的粒子是分不开的,以为知道了粒子就知道了真空,这种观点是不对的,只有真正知道了"真空",才能完全理解"夸克禁闭"。

霍金根据宇宙自足理论推出了"宇宙创生于无"的命题。他讲:科学预言不同类型的宇宙会自然地从虚无中产生。我们的出现只是一种偶然。分形理论的"芒德勃罗空集"同样揭示了时间维性,发现了万物生成从无到有、从隐到显、有无相生的规律。而且是正分维与负分维互存的生长整体,也正是不同的维性代表了科学认识的不同世界,而我们见到的现存世界都是生成的世界,而自身不被生成者只能是"无"。

那么,我们可以简单地讲,奇点既是"无",也是"有";它既符合现代的物理理论,也符合古代"智者"的直觉。

这时空间与时间以混沌的方式交织在一起,时空没有连续性及序列性。这就是奇点,是宇宙自组织、自演化的开始。奇点内部是一群群疯狂跳舞的粒子,这群粒子十分自在、自为、自由,它们不知道什么是时间、什么是空间,就像《西游记》中孙大圣大闹天宫的景象。

由具有时空的量子状态的能量场(物质场、信息场)的量子涨落而导致时空本身量子振荡而产生膨胀。这就是由大爆炸而到普朗克时代:引力首先形成,其余三种力仍是不可分的,夸克与轻子互相转化。从大统一时代到爆胀时代,夸克与轻子独立,产生强子。在夸克与轻子时代,电磁力与弱力形成两种力量。至此,宇宙系统由涨落差异而产生的自组织生成了序列的涌现者。

这批涌现者,是最原始的涌现、最原始的个体、最原始的系统(夸克、轻子、媒介子三大类共计约六十多种基本粒子)。

它们是宇宙演化、进化的全部内容的核心,是宇宙系统差异自组织的所有参与者,是宇宙演化的主要演员。它们是宇宙系统量子振荡的第一批序列涌现者。

我们应该伸开双臂,热烈拥抱它们,因为宇宙起始的那一瞬间,产生的涌现的不是两极对立的系统,而是物质系统多元化的、多粒子、多种力互相作用的系统。如果谈宇宙观,应该从这一刻谈起,而不是从一百多亿年后生成的地球以及生活在其上的人类的"宇宙观",因为人也是自然演化中的生成物,是自然演化中非常非常小的一个"分子"、"原子"、"粒子"。

整个宇宙,就是这些新的粒子、新的个体、新的系统,以及它们身上的四种基本力,在非线性的互相作用下,粒子不断地产生、湮灭、重组、生长,生成新的层次、新的整体涌现、新的演化,导演出宇宙间的悲喜剧。

这些粒子可以用质量、能量、动量、角动量、电荷、自旋、方向、速度、寿命等指标来描述。这是宇宙差异自组织剧中最主要的演员。这是 CAS(Complex Adaptive System,简称 CAS)理论中讲到的最具有适应性、有能力的主体,会学习、善创造的主体。这些主体是一群正在排演的粒子演员,时间对它们来讲,既没有起点也没有终点,它们正在等待外部的变化,一旦有起伏,有振荡,它们就有回应、有应急,外界的变化就是它们的指令。这也是亨利·帕格森讲的"生命冲动"和"原始推动力",是生物与非生物的共同根基,是万物的本原;是"道教"中的"道";是"儒教"中的"仁";是"佛教"中"常乐我净"的"涅槃";是基督教中的"上帝"。

这些粒子的特征是:

1. 它们生下来就是协同作战的、协同"作戏"的。在通常所谓的市场经济竞争中,胜利的一方吃掉失败的一方;在它们这里,这种"人吃人的现象"是不存在的。它们之间的协作、共利、重组、加和、放大是最根本的。

2. 在这个宇宙差异自组织演化中,开始阶段正粒子与反粒子是对称的。当大统一时代结束,宇宙系统的分岔机制把反粒子淘汰出局,反粒子从此退出了宇宙系统进化的舞台。所以我们现在的世界是以正粒子与正物质、正质子与电子为主的世界。不存在反粒子、反物质与正粒子、正物质对立统一的世界系统。如果现在我们的地球和宇宙是正物质与反物质对称的,正电子与反电子对称的话,我们人类本身早已湮灭了。我们人类自身的存在就说明了正、反物质的不对称。事实上,宇宙越进化,宇宙越不对称,不确定性越高,自由度越大。李政道讲,宇宙开始时,是绝对对称的,在膨胀后,不对称的可能性近于无限大。因此,从本质上讲,宇宙的趋向是不对称,因而导致了人类社会的以非均衡、非对称、非和谐的随机性为主的态势。

在宇宙演化之中,自组织是一个对称性不断破缺的过程,起始的对称性破缺,导致了引力的产生,进一步的对称性破缺产生了重力,第三步的对称性破缺产生了弱力、电磁力。

生命的起源是宇宙演化过程中重大的对称性破缺,而人的出现,是具有自我意识生灵的诞生,更是一次重大的对称性破缺。

二、自组织原理

自组织原理就是宇宙系统自我组织的差异协同的过程,是系统结构与功能在时空中的有序演化。

哈肯讲:"如果系统在获得空间的、时间的或功能的结构过程中,没有外界的特定干预。"这里的"特定"是指系统的结构与功能不是外界强加给系统的,那么,这个系统就是自组织的。

自组织或互相组织是一种典型的依次递增复杂性的物质系统的自我运动,自我发展的历史。也是从宇宙奇点混沌无序的状态到现在复杂性的、多样性的世界的演化过程。

自组织演化、进化的标志是对称性的破缺,系统的不断的演化,就是对称性的不断破缺的过程。自组织的产生有三个重要的条件:一是开放系统;二是远离平衡态;三是要素之间的非线性相互作用。

自组织交互作用的过程中有三个主要特征:第一,演化、进化的不可逆性,因为时间与空间一样是有形的,有方向的,每个粒子、系统、事物都有自己独立的时间与空间。自组(织)涌现有一个终极态,即耗能最少,体积最小,维数最少,自由能最小,势能最低,但效益最好的状态。第二,产生突变的可能性,即在分岔的临界点产生突变,涌现出整体性能,这个过程在本质上也是不可逆的。第三,现象的不可预测性,在分岔的临界点上,有多种的可能性,有多种的选择,取决于自组织与环境的选择,取决于它们之间的交互作用。

自组织作为一种普遍的系统演化过程有三种状态:一是从相对组织程度低到组织程度相对高的演化。称为自创生(从无到有),也是复杂性增长的过程,增长是超循环的,它的结果是间断性的突变。二是连续性的渐变,它包括自调节、自重组、自适应、自会聚等。增长主要是非线性的。三是维持稳定型,如一个人在 7 年中身体上每个细胞都会更新一遍,但是这个人还是这个人,增长主要是线性的。但是这三种状态通常是交织在一起的,只是有时以一种状态性质为主导,所以系统物质演化是一个极其复杂的过程。

自组织按不同的标准,有多种模式,但是最根本、最始祖的是:粒子的自旋为自组织,包括方向、速度、寿命、角动量、能量、动量、质量、电荷等。他粒子的旋转为他组织,包括粒子的其他物理量。四种力通过媒介子的交换都是互组织。这只是指在粒子世界中的相对区分,在人造系统与生物系统中区分自组织与他组织及相互组织比较规范。

普里高津的耗散结构理论揭示了贝纳德对流与"B—Z 反应"的本质，并为解决"克劳修斯"与"达尔文"的冲突提供了一个可行的模式，提出了一个三分子模型——"布鲁塞尔器"，它可以模拟宏观的自组织行为。

耗散结构理论把系统的方向性，复杂性，不确定性整合为一个自组织的动力学模型。

哈肯的协同学认为，系统的自组织是系统之间协同运动形成的，协同学就是给出这种协同运动的条件与规律。

艾根的超循环理论认为，如果循环反应本身构成了某种催化剂，那么就可以形成更高层次的催化循环，即催化循环本身作为催化剂的超循环。超循环有自我复制、自我选择的能力以及自我创生的能力。

在生态系统中，有声有色的超循环起着某种决定作用，这是生态系统的一种特色。超循环理论解释了在存在大分子自组织进化中，自组织在物理化学层次上如何涌现出生命的整体宏观现象。在超循环反应中，增长不是线性的，而是双曲线型的，它既能保持稳定，又能相对独立，既能竞争也能进化，最终达到新的涌现的产生。

艾根讲，超循环是一个自然的自组织原理，它使一组功能上耦合的自复制体整合起来并一起进化。

在自组织进化中，超循环是一个极普遍的有效形式，可以把循环归结为四种基本模式：一是物理反应；二是化学反应；三是简单与复杂的生化反应；四是超循环反应。

宇宙从简单到复杂，从无生命到有生命，都是循环及超循环的各种不同表现。每循环一次都产生一个新的涌现，而不是简单型的黑格尔的"三段式"的发展，也不是简单地通过一个圆圈一个圆圈地再回归到起点的发展。超循环理论不仅仅是分子进化的自组织理论，而且也是对宇宙演化在整体上的描述。

维纳讲，信息是组织程度的量度，那么人类的追求，无非是在每个层次上获得最大的信息量。自然界也是通过一个又一个涌现，积累信息，不断完善优化自己。

三、涌现（突现）原理

涌现的性质、功能与行为不等于各要素性质和功能、行为的简单相加。如果强调环境系统的作用，涌现的定义为：涌现的特性、功能、行为是要素间的非线性相干与自然系统选择的产物。如果从层次上定义：涌现是高层次具有低层次所没有的特性、功能、行为，也是这个层次上的极值、最优值。

自组织产生的涌现（性）就是相应层次的系统，新的相应层次的整体、新的层次、新的个体。这种机制是宇宙系统不断演化、不断进化的一种本能，一种自然的趋势，一种优化的驱动力，一种求极值的自然内在力。这种机制是世界多样性的基础，是系统自我优化、自我创造、自我设计、自我适应的最根本的属性。

涌现往往与整体性联系在一起，但涌现不是整体。涌现（性）具有整体属性，但整体不是涌现。一般讲，整体有两种，一种是加和性，另一种是非加和性。我们把非加和性与加和性的差额叫做"剩余功能"。这个"剩余功能"是由系统的"剩余结构"引发的，也叫"剩余效应"。第一种的整体没有有机结构，也可以说"剩余结构"及"剩余效应"等于零，具有静态性。第二种是有系统整体性的整体涌现，它有动态性，这个涌现整体有层次性，有结构性，有功能性，一旦生成，有不可逆性。因此涌现有突变特性及不可预见性。它是更高层次的要素，更低层次的系统。涌现是诸"适应性主体"之间与环境（客体）选择生成的整体属性，因此涌现具有强烈的动态性质和主体性质，而整体是构成的静态的存在。当然，也应该承认，这种区分都是在一定条件下，因而也是相对的。

比如，宇宙奇点处的大爆炸，最早生成的涌现：夸克、轻子、媒介子——各种粒子，这些宇宙创生时期到强子——轻子时代宇宙的第一批涌现者，它们都有一项或者数项天生的潜能，如：电磁力、弱力、强力、引力和质量、能量、动量、角动量、定向的旋转、速度、寿命等。这些潜能就是最原始的"冲动"，"原始的推动力"，构成涌现主动性的最基本的"力"。

这些涌现者(粒子或要素或系统)构成了首批具有适应性能力的主体。由于这些主体的能动、努力、艰辛;由于它们的差异自组织性、适应性、自创性演化出了我们现在的大千世界;我们的太阳系,我们的地球,我们的一切:繁荣与贫困,发达与落后,智慧与愚昧,公正与霸权,以及永不见缩小的马太效应。

不过,我们还是应该高呼:涌现万岁,它是上帝,它是宗教之祖。

在整体宇宙系统里,从大爆炸奇点到人类的产生,一直到宇宙收缩期为止,存在着数个的超大级的超循环及其不断创新的涌现。

涌现是系统自组织演化最辉煌的硕果,它是系统演化的根本基石,是宇宙之砖。这首批涌现者是下一个层次的催化剂,新的涌现又是再下一个的新的催化剂,往复循环以至无穷。

每一个新涌现的产生周期越来越短,速度越来越快,可预测性越来越低。当代科学与技术的周期、经济与社会的周期、人类智慧的周期都证明了这一点,人类社会的发展历史也证明了这一点。在 2001 年,科学家已经证明,宇宙的膨胀不是等速运动,它在 80 亿年后还在加速。

如元素的形成加速了自然界的进化;大分子的出现加速了生物的进化;细胞的出现加速了生物的生成;遗传基因的形成加速了意识的涌现等等。

如在生态系统,原始大气层的演变与生物的进化相互影响,形成相互加速的局面。

又如在物质与精神系统,哈肯讲:身体与精神终究是相互依存的,序参量就是我们的思想,子系统就是大脑神经之网络电化学过程。

人类意识的进步又大大加快了社会的发展。美国学者戴维·兰德讲,国家的进步与财富的增长,首先是体制与文化;其次是钱;但从头看起,越看越明显的决定性因素是知识。

历史学家汤因比讲,人类的关键装备不是技术,而是他们的精神。

中国改革开放就是在思想大解放的旗帜下取得成功的。经济的成功又推动了政治、文化的发展。人类意识、文化、传统不是一个平和、中性的涌现,它或是催化剂或是滞后剂。当代世界上一百多个国家、上千个民族以及地区的发展充分说明了物质与文化、政治之间相互交错、相互影响、相互加速（相互减速）的耦合关联、交互作用。中国的五四运动、辛亥革命、马列思想的输入等等都说明了文化思想的新涌现对社会发展的推动作用。

这种超大级的超循环所产生的新涌现都是历史巨大进步的平台，都与伟大历史事件联系在一起的，因为它们本身就是伟大的事件。

这是艾根超循环理论的扩展与延伸，是把它推进到整体的宇宙史。在自组织序列结构中，涌现是最关键的层次，系统选择消耗最少的能量，取得最大的效益和获得最高的速度。每一个新的涌现比旧的涌现都更节能，结构更优化，这是涌现的本质，也是涌现不断地去创新、去创造的驱动力。生物系统为了生存、发展、繁衍，在环境的整体作用下，以最少的能量取得最大的效益（生存的机遇）、最高效率（生存的空间），这是生物涌现的精髓。如蜜蜂的蜂巢，耗费最小，蜜容量最大，这是涌现的终极性与不可逆性。如最大最小原理：耗能最小，体积最小，势能最低，维数最少，自由能最小。在实践中，条件的不同有时只能到满意，不是最优，有时甚至只能是比较满意。这种求极值的趋势就是涌现方向性或方向原理。但这个方向不是任意的，只有符合量子理论中的量子方向，才是自组织涌现可能的演化方向。方向性原理源于宇宙首批涌现者具有适应性能力的主体——夸克、轻子、媒介子等等，以及它们具有的物理量和四种基本力。因此方向性对于涌现具有广泛的普遍性、重要性。

涌现的产生、演化、过程、模式和机制是系统自主的适应性学习、探索、创立和寻找新的涌现过程——这是超循环以及超大循环的真髓内核。自组（织）涌现律是宇宙系统最普遍的最广泛的规律，是宇宙系统第一规律，它涵盖了宇宙演化的整体。

如果宇宙停止膨胀，太阳系走出现在的最优状态，开始收缩，那将是人间的真正悲剧。

在分形自组织涌现中，从宇宙爆炸膨胀、混沌初开，大自然已经利用分形自组织的原则创造着世界。宇宙万物不仅以分形的自组织存在着，而且还以自组织分形的方式生成演化着。

自然界自组织的分形表现为：天上的闪电、雪花、星系、云彩，地上的河流山脉、海洋、花草树木；生物学上的重演现象、生物全息现象，它们的维数在 2.73—2.79。人的生理构造更是典型的自组织分形，血管是树状分形，人体中没有一个细胞与血管的距离超过 3—4 个细胞的大小，而血管和血液只占了人体 5% 的空间，人体的脏腑都是体积分形，人的肺是以最大可能的面织，占最小的空间，普通人的肺其面积展开后，比网球场还大，这完全符合自组织的基本规律：最大最小原理。时间分形如有机体胚胎发育过程中的简略浓缩方式，迅速重演其种族进化阶段。再如个体的认识过程都重演了人类认识的主要阶段，由此诞生了生物分形工程，这也说明了干细胞为什么有全能性。

中医穴位分形、穴位群，都是人体的缩影，因此系统的分形思维即系统的经络学说，它是研究中医的根本思想。大自然生成的奇怪吸引子，它有无穷嵌套的自相似结构，是一种典型的自组织分形现象。

自组（织）涌现规律在实践中有极其广泛的应用：

首先，在中国的经济体制改革、国企改革、金融改革等领域的实践中，所有的难点都与对自组织的认识有关，都与被改革的单位的"自组织"有关，都与用非自组织性原理而制定的政策有关。比如宏观上的自组织，包括国家宏观调控体系的形成，市场制度的规范与市场中介组织的建立等等；从过程来看，包括市场经济法规的逐步完善，社会自组织的进步，城市自组织的形成等等；在微观上，城市中社区的自组织，农村的村民自组织，企业的自组织是否有活力等等，这些都取决于被改革的相关机构的自组织结构是否优化。

其次，自组织原理在政治体制改革中，在国家宏观层面上，主要表现为制度建设、法规制定、党派规范、机构设置、分权管理及分权制衡等等。

在微观上，自组织表现为：乡镇、村、居委会、学校、医院、企业单位以及村民、居民的自我管理，自治的民主化机制，等等。

我们应该推动培养公民的自组织意识，而不是相反，等等。

凡是个人、单位、团体自组织有效率的时候，政府都不应该介入。凡是自组织无效的空间,他组织才能准入。

一种社会系统,或是一种生态系统,自组织化程度越高,这种社会或生态系统就越先进,越具有可持续发展的能力,进化也就越快。一个自然人也是这样。这恰好符合马克思毕生的追求:自由人的联合体。

比如,在我国古代的春秋战国时期,应该是中国古代社会自组织最发达的时期。秦朝的"大一统",汉朝刘彻的"罢黜百家,独尊儒术",明朝朱元璋的特务组织和每个县里的剥皮厅,清朝的"文字狱"。这些时期,中国社会皇权组织达到了顶峰,这些都是中国落后两千多年的根本。因此中国的改革与发展,是自组织的过程,是宏观、中观、微观自组织化协同进化的过程。这是历史的必然,这是社会发展演化的必然。

第二节　层次转化律

层次转化律是系统哲学的基本规律之一,是对自组(织)涌现律的直接深化与发展,是差异协同律和结构功能律的前提与不同层次上的表征。层次转化律揭示了系统物质世界存在的基本形式和系统层次变化的方式,即系统物质世界总是以层次转化的形式运动或是发展。这种以层次转化的形式和发展的道路又是曲折的,是系统发展的前进性与曲折性的辩证统一。层次转化律与自组(织)涌现律都是从不同的角度来揭示系统整体发展运动的方式与途径。

自然界、人类社会和人的思维是一个分层次类别的大网络系统,这个偌大的网络系统组成一个和谐的整体。任何一个系统都存在着不可穷尽的子系统,而各层次类别的系统相互联系、相互作用、相互转化,形成了活生生的大千世界。层次转化规律是对这一世界从又一个方面所作的概括,是描述系统物质世界本体演化的基本规律之一。

整个世界是一个由各种类型系统和不同等级的系统所构成的系统世界,即物质世界是系统的,系统物质内存在着无限多的层次。由若干个子系统所组成的大系统,具有层次等级的结构关系,或者说众多子系统必然组成一个层次分明的等级系统,也就是说系统内部结构是分层次的,系统本身层次是构成上一层次系统的子系统,又是构成下一层次子系统的母系统。系统的层次是相对而存在,并在相互作用下层次间相互转化。任何一个系统都是诸要素或子系统的集合,或者说都是作为要素集群或子系统的群体而存在,要素与系统的关系是一种"非加和性"的系统关系。处于同一层次上的要素具有一定的相同的性质,系统层次具有相对稳定性,但层次结构处于不断的运动转化中。

一、层次的客观普遍性

在任何系统中,整体性、结构性、动态性、开放性、预决性等都是有层次的,都具有层次性。层次是指系统内在组织结构有序的间断和连续,或是系统要素有机结合的等级次序。系统结构都具有层次性,是宇宙间系统存在的普遍现象。层次不仅是系统要素存在的差异,同时也是要素相互协同、进化的途径与方法;没有差异就没有层次,没有协同也就没有层次;没有层次也就没有协同。层次性强调的是系统要素在差异上的协同,也强调系统要素在协同中的差异。系统都是由低级层次向高级层次发展,低级层次孕育着高级层次,是高级层次发展的基础;而高层次又反作用于低层次,带动低层次协调发展。高层次包含着低层次的基本差异,但又具有低层次所不具有的差异,形成系统整体的差异协同运动。自然界、人类社会和人的思维在发展运动过程中,都呈现出层次性来,都以系统的层次转化来表征它们的存在、运动与发展。

恩格斯在《自然辩证法》一书中写道:"我们所接触到的整个自然界形成一个体系,即各种物体相联系的总体,而我们在这里所理解的物体,是指所有物质的存在,从星球到原子,甚至直到以太粒子,如果我们承认以太粒子存在的话。"①恩格斯在这里所指的"体系"就是系统,"所有的物质存在"

---

① 《马克思恩格斯选集》第 3 卷,人民出版社 1995 年版,第 347 页。

就形成一个系统,"星球到原子"和"以太粒子"是指一系列层次,这就揭示了系统层次的存在具有客观性和普遍性。从马克思主义经典作家那里可以看出物质世界是成系统分层次的,这是客观世界的基本属性之一。

当代的科学成果,阐明了世界不仅是系统的,而且是分层次的,系统层次间是相互作用和转化的。特别是系统论、信息论、控制论、耗散结构论、协同学、突变论等综合学科,从不同角度揭示了客观世界的层次转化规律。例如,宇宙论证明了宇宙是个大系统,具有整体性和层次性,并相互作用和转化。宇宙中的化学元素,特别是氢与氦的丰度是相同的,所有的河外星系、射电源和类星体对我们都有红移,宇宙 2.7K 波背景辐射是各向同性的。这就表明了宇宙是一系列巨大的层次结构,而且这些层次相互作用、相互转化,形成了不同层次的天体。

从生物系统来看,每一层次的存在是以层次的生长、衰老、消亡为前提的。马克思在谈到有机体、谈到社会的发展时说,这种有机体本身作为一个总体有自己的各种前提,而它向总体的发展过程就在于:使社会的一切要素从属于自己,或者把自己还缺乏的器官从社会中创造出来。有机体在历史上就是这样向总体发展的。它变成这种总体是它的过程,即它的发展的一个要素。

从人类社会发展史来看,各个社会的更替,都是遵循层次转化规律由简单到复杂、由低级向高级发展的。人类思维过程也是遵循主体——实践(主客体相互作用)——客体——认识——主体——再实践——再认识这一层次转化规律的。

在客观世界这个大系统中,存在着复杂多样、层层叠叠的子系统。不同层次的系统内部、系统之间、各系统不同的子系统内部与子系统之间,都存在着相互联系、相互作用、相互转化的差异运动。这种运动转化有特殊性,也有共性,这就决定了系统的多样性与统一性。系统哲学要求从系统层次转化过程中,去把握客观事物的特性与共性,去把握系统转化的方式与途径,并从中找出规律性的东西来,去认识和改造世界。

客观世界的系统层次不仅是普遍的客观的存在,而且客观世界的系统层次还是历史的产物,随历史发展而发展。无数旧系统层次在不断消亡,新的系统层次在不断诞生与发展,永无停息。

二、层次转化的守恒原理

系统层次的转化有"自然的转化"和"能动的转化"两种形式。恩格斯认为,社会发展史却有一点是和自然发展史根本不相同的。在自然界中(如果我们把人对自然的反作用撇开不谈)全是不自觉的、盲目的动力,这些动力彼此发生作用,而一般规律就表现在这些动力的相互作用中。我们把这种来自自然界中的相互作用,称为"自然的转化"。社会与思维领域的转化,包括人们实践和主观能动作用在内的转化,称为"能动的转化"。

恩格斯认为,地球的表面、气候、植物界、动物界以及人类本身都在不断地变化,而且这一切都是由于人的活动。这就说明了能动的转化是由于有人的活动,再加上自然界和一定的客观条件才能实现。对待转化,恩格斯有过精辟的论述,他指出,新的自然观的基本点是完备了:一切僵硬的东西融化了,一切固定的东西消散了,一切被当做永久存在的特殊东西变成了转瞬即逝的东西,整个自然界被证明是在永恒的流动和循环中运动着。他还认为,整个自然界,从最小的东西到最大的东西,从沙粒到太阳,从原生生物到人,都处于永恒的产生和消灭中,处于不断的流动中,处于无休止的运动和变化中。从以上论述可以看出,无论是"自然的转化",还是"能动的转化",都是客观的普遍的。

系统层次转化遵循的普遍性的法则之一,就是守恒。系统层次在转化过程中,遵循着物质不灭和运动不灭的定律,能量与物质都保持着某种不变性,即它的任何要素不会失掉,也不会无中生有。物质在它的一切变化中永远是同一的,它的任何一个属性都永远不会丧失。恩格斯认为,运动的不灭不能仅仅从数量上去把握,而且还必须从质量上去理解。他强调能量守恒定律是自然界"伟大的运动基本定律"。这个定律具有重大的普遍意义,它揭示了各种运动的转化与守恒。

系统的层次转化之所以遵循守恒定律,其原因和动力是系统层次间的相互作用,因为相互作用是事物的真正的终极原因。我们不能追溯到比对这个相互作用的认识更远的地方,因为正是在它背后没有什么要认识的了。

系统层次转化守恒是对质量守恒、能量守恒、动量守恒、动量矩守恒、电荷守恒、重子守恒、轻子守恒等定律的一系列转化过程中的守恒性的概括和抽象,是对自然界、人类社会和思维等系统层次转化的反映。恩格斯指出:"所谓客观的辩证法是支配整个自然界的,而所谓主观的辩证法,即辩证的思维,不过是在自然界中到处盛行的对立中的运动的反映而已,这种对立,通过它们不断地斗争和最后的互相转化或转化到更高形式,来决定自然界的生活。"①这就是说转化的最终结果是向"更高形式的转变"。

系统哲学对层次转化守恒概括为以下几点:

一是系统层次的运动是在守恒中的转化,在转化中的守恒。二是系统层次转化的动力和原因应归结于客观系统的物质——能量——信息的相互作用。三是系统层次的转化与守恒的具体形式是复杂多样的。如转化可分为"自然转化"和"能动转化";从状态上区分,又可分为渐变和突变;守恒的形式则更多。四是恩格斯指出:"一个事物是它自身,同时又在不断变化,它本身有'不变'和'变'的对立。"②系统层次转化与守恒是差异协同的表征。五是系统层次的产生、发展与消亡的全部过程,其物质系统的任何一种属性永远也不会丧失,也不会化为虚无,更不会无中生有,这就是系统层次转化的守恒法则。

系统层次转化还遵循着循环的法则,即是沿着循环的道路前进的。恩格斯在《自然辩证法》中,反复地强调了大循环的思想,他认为:自然界是永恒的流动和循环中运动着,这个循环只有在我们的地球年代不足以作为量度单位的时间内才能完成它的轨道,在这个循环中,最高发展的时间,有机生命的时间,尤其是意识到自身和自然界的生物的生命的时间,正如生命和

---

① 　恩格斯:《自然辩证法》,人民出版社 1984 年版,第 83 页。
② 　《马克思恩格斯全集》第 20 卷,人民出版社 1971 年版,第 672 页。

自我意识在其中发生作用的空间一样,是非常狭小短促的。

　　这说明在系统层次转化的过程中,系统层次具体存在的形式是相对短暂的,而系统层次及其运动的规律则是永恒的。恩格斯强调了不能把循环理解为形而上学的周而复始的简单圆圈,而应理解为是发展。他认为,物质运动永恒循环是个"无限进步的过程":在这个过程中,实际上它并不是重复,而是发展,是前进或后退,因而它成为运动的必然形式。这就说明了在系统层次转化过程中,有从低级向高级的发展,又有从高级向低级的演化,这种交互运动,形成一定的周期性。周期性是系统层次循环发展的表现方式,每一个周期都有一个新的层次的涌现。

　　通过以上论述可以看出,层次转化表现出循环性、周期性,而且是个历史过程。在不同的系统层次中,代表事物本质的系统总的发展趋势是波浪式前进,是螺旋式上升。但具体转化过程则体现出简单与复杂、无序和有序、上升和下降、进步和退步的统一。

　　总之,可以看出,系统层次转化呈现出的循环性、周期性是客观世界的普遍规律。在自然界中,地球的自转与公转,天体演化中物质聚集态的稀疏与密集、振荡与交替;在科学技术中,物理学中的卡诺循环,化学中的周期律,核物理与核化学中的核素图,生物学中的各种生物钟,地学中的潮汐与火山的周期变化;在人类社会发展史中,无论哪一个社会转化都有其产生、发展、消亡的周期过程;在人类思维过程中,由感性上升到理性的认识等等,都有其循环性和周期性。而这种循环性和周期性都要遵循系统层次转化守恒原理。

三、层次等级秩序原理

　　系统哲学把世界看作一个巨大系统的有机体,是由从微观到宏观、从无机界到人类社会的形形色色的系统组成的层次等级秩序体系。各个层次等级之间除了共性之外,还有着自身所独具的特性。由于系统是结构和功能的统一体,因此层次等级秩序体系中既包括结构上的层次性,又包括功能上的层次性。结构层次性一般是由要素与结构的相对独立性构成的,功能的层次性则往往是由功能与活动过程的相对独立性造成的。

贝塔朗菲十分重视层次等级秩序原理,他指出:"等级秩序的一般理论是一般系统论的主要支柱。"①他认为,宇宙是一个从基本粒子到原子核、原子、分子、高分子聚合物,到分子与细胞之间的多层次结构,到细胞、有机体,以及直至超个体的组织的层次等级系统。

系统复杂性是系统学中的重要概念,它是指存在着一种系统层次的等级秩序,上一层次都比下一个层次更加复杂,并具有在较低层次上不存在着的某些特征。各个层次所具有的组织是它们统一的基础。每一个层次上的组织都有着自身最佳规模和最优的状态,一个组织变得越大,通信线路就越长,起着一种限制要素的作用,并且不允许一个组织超越某个临界规模。

等级秩序原理是宇宙中普遍存在着的层次结构的反映。这个原理告诉我们,在分析系统对象时,要注意它的结构层次和功能层次。既要注意各层次系统之间的联系,又要注意某一具体等级上的系统所具有的独特结构与功能,从而采取措施,以便达到某一层次的整体优化。

四、层次中介原理

中介是客观事物之间联系的环节,是普遍的、客观存在的。在客观事物发展过程中,中介表现为转化或发展的中间环节。恩格斯指出,一切差异都在中间阶段融合,一切对立都经过中间环节而互相过渡……,并且使对立互为中介。列宁指出,一切都是互为中介,连成一体,通过转化而联系的。列宁还指出,要真正地认识事物,就必须把握、研究它的一切方面、一切联系和"中介"。通过以上论述,可以看到层次相互作用、相互转化之间还有一个中介。认识中介的存在、中介的地位和作用,有助于全面理解事物内在层次之间的复杂联系,有助于克服在对立统一规律上的简单化的二极倾向。

① 〔美〕贝塔朗菲:《一般系统论》,载《自然科学哲学问题丛刊》1934年第3期。

任何一个系统结构都包含着众多的要素、层次、中介;而系统层次存在的普遍性决定了中介存在的普遍性和客观性;系统层次内在的相互联系、相互作用、相互转化必须要有中介环节。层次转化并非是两极转化,而是多极的转化。在质量互变规律中,"度"就是指事物相互联系的层次,是中介层次。任何系统都具有结构方面和功能方面的规定性,同时也必须看到"度"与"中介"方面的规定性。我们常说任何系统层次的结构都是具有一定功能的结构,任何系统层次的功能都是具有一定结构的功能。除此之外,还必须看到"度"是结构和功能统一的中介层次。任何一个系统在层次上只有结构和功能,没有"度"这个层次,就不成其为系统。"度"及中介层次是系统保持自己结构的功能界限,任何"度"的两端或更多端都存在一定的界限及临界点。在"度"这个层次中,结构规定功能的活动范围和变化幅度,功能的变化迟早要破坏结构的限度,超出结构的功能界限。同时,在"度"的层次中,结构和功能是相互结合的、相互规定的。"度"是结构与功能的差异协同。

系统哲学把"度"看成是一个中介层次或是中介系统,这是因为中介层次是旧系统向新系统转化的一个过渡系统。因此,把握系统结构中的中介层次,就成为把握系统内在本质不可缺少的环节,这对于认识事物系统内部结构的转化是很重要的。例如,脊椎动物和无脊椎动物之间,鱼和两栖类之间,鸟和爬虫类之间,低等动物中的个体和群体之间,等等。总之,在自然界的一切差异之间、一切联系之间,无不存在着中介层次。把握住中介层次,去认识人类发展的历史,去看待自然界的差异与统一,去了解系统内部层次的联系等等,就有了科学的方法。又如,在社会主义初级阶段,所有制的结构呈现出其多样性:以公有制为基础的所有制形式,以外商独资的私有制形式,以集体、合资、合伙、入股的所有制形式,等等。这种所有制形式的多样性,是由生产力发展水平决定的。在这些多样性的所有制形式中,有的学者把它定为姓"社"或姓"资",但也有许多企业很难用两分法界定,它们既不姓"社",又不姓"资",而是具有多重属性、可变性和过渡性,而这种所有制形式则是有利于生产力的发展,有其存在的必然性和客观性。它们属于

"社会主义"与"资本主义"两种所有制形式之间的中介所有制形式。在我国政治、经济体制改革过程中,寻找一个从旧模式转化为新模式的中介过渡系统,就十分重要。这个过渡系统必须是符合我国客观事物发展规律的、比较有活力的系统,它也应该是符合人类社会总的发展规律的系统。在日常生活和工作中,先进与落后,开拓与保守,它们的根据与界限,都有一个中介层次。比如,爱与恨的对立统一系统,简单地可分为五个层次:爱、好感、平淡、反感、仇恨。在爱与恨的转化过程中须经过三个中介层次。在日常生活和工作中,人们表露出的情绪大量的还是属于中介层次。又如,微分和积分中的 $f(x) = e^x$,等等。

当然这个中介层次不仅是一个数量范围,而且也是要素的特性、量子涨落平均规模与放大效率、时空序三者联系的立体网络系统。它包括了"局部涨落"或"局部失稳"等。因此事物的变化即使超过了度的规定,如果没有"涨落"的诱因,也不会发生突变。依据突变论中的稳定理论,在严格控制条件的情况下,如果变化中经历的中间过渡态是不稳定的,那么它就是一个飞跃过程;如果中间过渡态是稳定的,那么它就是一个渐变过程。这说明中介系统有稳定与不稳定之分,因而也导致了事物变化有突变与渐变之分。因此结构层次性是层次转化律的动因,整体的层次是层次转化的阶段,系统的存在、发生、发展以至消亡,都是要经过中介层次的。

层次转化律是关于复杂事物中的层次之间的根本差异的理论。它要求人们在考虑每个系统层次时,既要考虑该系统层次的特性,又要同时考虑与之相近的一些毗邻层次。如在层次管理、层次决策中就要注意这些,这对我们系统辩证地认识客观世界和改造客观世界,都具有重要的指导意义。

第三节 结构功能律

结构功能律是对系统自组(织)涌现、层次转化的深化和发展,是系统事物内在性的规定,它揭示了系统物质世界内在结构的联系,揭示了系统物质的运动和发展总是表现为系统结构与功能两种状态的相互转化,系统结构与功能之间的联系是辩证发展的过程。结构功能律是系统物质世界的普遍规律,也是系统哲学的基本规律。

一、结构功能律的基本内容

系统哲学认为,系统物质都具有一定的结构和功能,都是结构和功能的统一体,不具有结构和功能的系统物质是不存在的。

系统的结构是指组成系统整体的诸要素之间时空相互联系的总和,它是一系统区别于其他系统的内在规定性。结构规定了系统本身的特性,使这一系统和其他系统区别开来。世界上的系统形形色色、千差万别,就是因为每一个系统具有不同于其他系统的结构。系统结构是隐藏在系统内部的,它是通过系统的功能及属性表现出来的,而系统的功能又是在一系统与他系统作用时表现出来的。因此要全面地认识系统的结构,就必须全面地研究一系统与其他系统的关系和联系。例如,酒精与水的联系,表现出它能以任何比例溶于水;与火相联系表现出它可以燃烧的特性;与空气相联系时表现出它能迅速挥发的特性。又如水的结构在电解作用时就会被破坏,水的功能及属性就会失去,又会出现氧和氢的新结构所决定的新的功能。

同一系统要素常常具有不同的结构,这是由系统运动形式多样性及系统与系统之间联系的复杂性所决定的。同一系统要素结构的多样性也就决定了系统表现出来的功能及属性的多样性。结构是系统物质世界本身所固有的。微观世界中基本粒子的结构,宏观世界中天体的结构,人类社会中的经济结构和政治结构,思维中的语言与逻辑结构等等,都证明结构无处不在,结构无处不有。如在奇点大爆炸形成的四种力的结构,三大类基本粒子的结构与由此产生的力与粒子的结构,这是宇宙进化的初始结构,最根本的结构,这个结构是宇宙之砖。

系统哲学认为,一定的系统结构可以使组成系统事物的各个子系统要素,发挥它们单独不能发挥的作用与功能。有什么样的系统结构,就有什么样的系统功能及系统属性。相同的系统要素由于结构不同,所形成的系统也不同。系统结构合理与否,会推动或延缓系统的发展。另外,系统的结构是相对稳定的,但是由于其构成要素的运动和外界环境的影响,系统的结构也会发生变化。而这种变化是系统本身通过自动调节来实现的。人们对系统的结构是可以认识的,并可以根据系统物质本身的规律,有意识地改变某些物质的结构。人类社会系统所以能够维持下去,是因为该社会结构能适应社会生产力的发展,并具有能满足人类生活所需要的功能。一旦社会结构不能适应社会生产力的发展,那它的功能也就不能满足人类生活的需要,这时社会的结构经过改革或者是革命,重新形成适应社会生产力发展的新结构。

简单地讲,系统的结构性质由三个因素决定:要素的特性、要素量子涨落的平均规模与放大效率、要素的联结方式即时空秩序(可以简称为时空量或者时空序)。这三个相近的因素在规定系统结构性质时所起的作用不同。首先,要素的特性作为一个相对独立因素而影响系统结构性质,从内在根据讲,不同性质的要素构成不同性质的系统结构;其次,要素量子涨落的平均规模与放大效率为系统结构性质的差异程度提供可能性;最后,要素的联结方式即时空排列秩序的变化,使系统结构性质的差异性转化为现实性。但是实践中,这三个要素很难独立分开,因为它是要素的相干作用及关系的综合。如果用"一分为二"的视角看系统结构的话,只能是:要素的质量、要素的数量,但缺失了要素的时空序。如果不计算要素的时空序,那么也能近似地用"结构质变律"代替"结构功能律"。但无论如何,要素在时空上的排列秩序是系统结构性质变化的一个重要因素,而这一因素在两极对立系统中是被忽视的。又由于各种结构在不断发生变化,也必然引起物质性质的改变,这是客观系统物质发展变化的普遍现象。在系统物质中,由于系统诸要素、诸层次的排列组合方式的变化,也会引起系统整体性质和功能的变化。一般情况下,结构功能有三种类型,即序列位移、要素重组和构型变换。

系统结构与系统功能的关系是辩证的。结构不能完全归结为构造,它还包含着要素之间的相互作用和要素的秩序,包含有物质、能量、信息的往来。结构不仅反映了系统物质的空间特性,也反映了系统物质的时间特性。系统的各要素通过结构才能组成为一个整体系统。结构越趋合理,系统的各个部分之间的相互作用就越协调,各部分的个性发挥也最佳,系统在总体上的功能才能达到优化。从某种意义上讲,结构是从系统的内部描述系统的整体性质,而功能却是从系统的外部描述系统的整体性质。当结构相同,有时也可能功能不同,这种情况和外部条件有关。还有结构不同,有时功能也可以类似,这也与外部条件有关,功能模拟法就是建立在这种相似基础上的。如电脑就可以代替人脑的部分功能。如果有可能以生物元件来模拟人脑,将会在功能上前进一步,因为生物元件比电子元件更接近人脑的结构。结构与功能的关系是相对的、可变的,结构决定功能,功能反作用于结构,形成耦合关联。系统的结构与功能是多向的非线性随机网。明显的例子就是石墨与金刚石,它们的元素都是碳原子,只由于时空序的不同,即时空排列不同,其物理化学性质也不同。类似的同素异构体极多,像正丁烷与异丁烷等。在同素异构体中还有立体、位置、官能异构及旋光异构,等等。再如细胞中的每一种蛋白质取决于氨基酸的组合与排列秩序。

在实践中还有大量例子:宇宙是三类基本粒子(夸克、轻子、媒介子)和四种基本力构成的序列结构,也就是不同的粒子与力逐步演化成的有结构的涌现。人是由九十多个元素构成的有机整体,但每个人都是不同的,是因为无穷多的层次结构都不同,结构在起作用。我们现在要调整的产业结构,其中重要的一项就是产业项目布局,即生产力布局的问题,这也是时空序的课题。再如我们常讲的调整领导班子结构,一般有两种方法:一是换人,就是更换部分或者全部领导成员;二是换位置,调整领导班子成员的位置,如可让"一把手"当"二把手"或"三把手"。两种方法都是结构与时空序的问题,都是领导成员排序问题。序列就是力量,谁排在前面,谁是一把手,谁就有更大权力,这里没有量变和质量的问题。DNA 是四种不同的核苷酸(A、G、C、T)在时空中不同排列,四种不同的核苷酸构成了二十多种氨基酸,这二十多种氨基酸构成了全部的蛋白质,决定了生物的多样性,包括高级动物的人。一只眼睛只能看 6 厘米,两只眼睛就能看 6—8 倍,也由于结构不一样。在社会学中，苏共拥有 20 万党员的时候取得了十月革命的胜利；拥有 200 万党员时打败了德国法西斯；而拥有 2000 万党员的时候，由于党员的结构从合理到不合理，苏联垮台了，成也是结构，败也是结构。在人类社会中，像"三个和尚没水吃"、"三个臭皮匠顶一个诸葛亮"，都说明了时空序的重要作用，因为系统的要素没有发生变化，只是时空序有了变化。可以看出，在一般情况下，当时空序和要素的相互影响小到可以忽略时，物质的质变才取决于量变。比如，在汉语文字中，所有汉字是由"一"、"丨"、"丿"、"丶"、"㇇"、"㇏"6 个要素构成的，共计 9 万多字，其中量变到质变的有"金"与"鑫"、"木"与"林"和"森"、"水"与"淼"、"石"和"磊"等，这样构成的汉字不多，90%以上的汉字是由结构以及时空序决定的，如"吴"与"吞"、"呆"与"杏"、"未"与"末"、"土"与"士"、"犬"与"太"等等，这些字的构成元素都一样，只是时空布局不同，而导致语意完全不同。在汉语中还有抑扬顿挫的四声，用不同的音调读出来就有不同的词意（如：妈、麻、马、骂）；又如在西方拼音文字里，20 多个字母通过不同的排列构成了所有单词，表达了各种各样的不同思想。在音乐中有 12 个音调，在算术中有 10 种符号，在美术中有三原色，这些都说明了时空序的重要作用。它们都是由结构性质所决定的，这里当然没有量变到质变的位置。可以看到结构功能律大大地扩大、发展了质量互变规律。只要结构形式相似，即使成分、数量不同，也可以具有相似的性质。如氟、氯、溴、碘、砹，原子系数分别为 9、17、35、53、85，其外层电子均为 7 个，结构相似，因此其性质也近似。再如，与化学分子式为 C_2H_5OH 相对应的化合物有两种：乙醇、二甲醚。由于它们的时空序不同，则它们的物理、化学性质也不同。

在中国古老的百科全书《易经》中，八卦就是由阴爻"‑‑"与阳爻"一"两个要素构成，比如震卦（☳）、艮卦（☶）、坎卦（☵）等等都是一个阳爻"一"与两个阴爻"‑‑"的组合，要素的数量一样，但组合顺序不一样。因此它们代表的意义也不一样，决定的事物也就不一样。矛盾思想（阴阳）与系统思想的高度融合是《易经》的奥妙所在。如果八卦相互重叠，就是六十四卦。

要素的特性、要素量子涨落平均规模与放大效率和要素的时空序的有机结合可称为"结构核"，这三者之间是作为一个有联系的系统而存在的，都不能孤立地起作用，而是通过三者相互的、非线性的随机协同而起作用。在质与量的两元系统中，往往没有注意到时空序量所起的作用，当要素多于两元时，时空序量的作用就非常重要了。

在改造客观世界的过程中，不仅要正确认识和区别不同物质的质、量、度，尤其要紧的是把握系统物质的不同结构，这具有重要的实践意义。认识与把握系统的结构核的规定性，把不同系统区别开来，更具有重要的认识论意义。没有区别，或是只讲有质、量、度的区别，没有结构的区别，都不能全面系统地认识客观事物，因而也不会有正确的决策。因此，紧紧把握住系统的内在结构与功能的相互关系，以及与外界环境的相互影响，是对唯物辩证法中的质量互变规律的补充和发展。

二、系统的耗散结构

耗散结构理论，是系统哲学的结构功能律立论的一个重要的理论基础。

宇宙中包括自然界、社会和人类思维在内的各种系统结构，无一不是与周围环境有着相互依存、相互作用和相互转化的开放系统，而耗散结构理论研究的主要对象是开放系统。系统哲学用耗散结构理论来揭示系统的结构功能规律，具有重要的理论与实践意义。

耗散结构是指一个远离平衡态的开放非线性系统，系统通过不断地与外界交换物质、能量和信息，会自动产生一种自组织现象，组成系统的各子系统会形成一种非线性相互作用，从原来的无序状态在控制参数达到一定阈值时，通过涨落转变为一种时间、空间、功能的有序结构，这种非平衡态下的新的有序结构称为耗散结构。系统的这种耗散结构因为与外界交换物质、能量和信息，是一种非平衡动态稳定有序结构。对于平衡结构来看，它具有生机勃勃的生命力，是一种运动着的稳定有序的"活"结构。

出现耗散结构的条件包括：开放系统与外界不断的物质、能量、信息的交换;系统必须远离平衡;系统必须有相互作用。

闭合系统与外界只交换少量能量,不交换物质,也不能形成"活"的有序结构,只能形成"死"的有序结构。

开放系统远离平衡状态,与外界交换大量的物质与大量的能量和信息。在系统内部要素协同作用下该系统的涨落放大达到特定阈值时,就能形成一种"活"的高度稳定有序的耗散结构。我国目前进行的经济体制改革就是要打破封闭与闭合性的经济系统,建立起开放的耗散结构的经济系统,使我国经济发展更有活力。开放系统开放程度大小决定着系统内部结构协同力的大小。由于开放系统要维持与外界不断交换物质、能量和信息,可以形成一种负熵流,从而产生一种促进系统内部各子系统相互更好作用的力量,这种力量就是协同力。对外界交换能量和物质越频繁,则负熵流越大,因而协同力也越大。相反,系统开放小,与外界交换也小,则系统内部结构的协同力就越小。

系统内部结构之间总是存在协同作用力的,这种协同作用力可以为正、负、零。为正时可促进系统内部结构层次间协同作用,有利于耗散结构的形成;为负时,则破坏系统内部结构的协同作用,造成系统走向无序或者混乱;协同作用力越大,则越有利于形成高度稳定有序的"活"系统结构。

当开放系统形成耗散结构时,系统本身就有抗干扰的能力,一般性的涨落(波动)会被耗散结构本身所吸收,这是耗散结构的涨落回归原理。

当开放系统的一个子系统与较大的耗散结构系统相互作用时,外来子系统不足以使耗散结构崩溃或者解体,则子系统总是被耗散结构系统吞并,融合于大系统中去,使原系统扩大范围,但并不影响耗散结构的基本有序性,这是耗散结构的吞并融合原理。耗散结构的转化过程,由系统外部或者内部的突然事变危及已形成的耗散结构系统,此时耗散结构所具有的协同力不足以抵制这种突变,巨涨落就会造成耗散结构的解体或者崩溃,促进系统运动走向另一个阈值,形成另一种新的"活"的稳定有序的耗散结构。这种新的耗散结构可能比原耗散结构更协调、更高级。随着时间的不可逆性,上述过程可一再重复,使耗散结构向优化方向发展。

耗散结构理论是结构功能律理论的基础，它涉及许多复杂的理论问题。我在这里只是做一点破题性的介绍，以便有助于认识结构功能律在理论与实践上的重大意义。

三、结构功能律与质量互变律

结构功能律与质量互变律既有联系，又有区别。质量互变律是结构功能律的一个特殊方面，结构功能律概括和发展了质量互变规律。

结构与质、结构的变化与质变，两者所揭示事物的角度不同。质是对应于量而言，它是揭示事物的性质，并区别于其他事物的规定性。结构是对应于功能而言，它揭示系统差异各方面相互作用的方式和秩序。它侧重于表征系统由哪些要素组成，这些要素之间相互作用呈现怎样的形式和时空序关系，并进一步揭示了系统具有某种属性和功能的物质基础和存在方式。两者所包含的内容也有所不同。质固然是以一定的量为基础，但从它相对于量而言，毕竟不是量。而结构不仅需要揭示各要素之间的定性关系，而且也需要揭示各要素之间的定量关系，以及要素之间的相互作用、要素之间的排列秩序即时空序量。经济结构不仅包含生产、交换、分配、消费等各部门不同质的成分的组合，而且它还包括种种量的关系，更重要的是还包括各经济部门的相互关系和布局。水分子的结构不仅包括氢与氧原子间质的组合，而且也包括种种量的关系以及空间秩序及相互作用。

结构与量是密切相关的。任何结构总是由一定量的要素构成。结构的规模、尺度，各要素间的空间距离和复杂程度等，都表征着结构的量。自然界的生物千差万别，就是由于核酸和蛋白质结构的多样性，进而体现出遗传物质的多样性。至于社会结构、人口结构、教育结构等等，也都有一定的数量、比例与布局关系。结构的变化也总是离不开量变。在有机化合物烷烃系列中，每增加一个原子团，就会变成结构不同的化合物。甲烷（CH_4）增加一个 CH_2，就变成乙烷（C_2H_6），乙烷再增加一个 CH_2 就变成丙烷（C_3H_8）。当然，量变不仅是结构内部各个成分或要素的增减，而且还包括结构存在发展的规模、有序程度和各要素间的空间布局,等等。还以甲烷为例,它不仅有分子结构中碳与氢在组合上的量的关系,而且由于它是一个四面体的立体结构,还相应地具备一系列量的特点。如碳原子的 4 根价键之间键角相等,各碳氢链的链长也相等。又如企业中的产品结构革新,不仅有产品的改变、提高,而且也还有在产量的关系上所要做的重新配置,和产品如何合理布局与产品的生产、销售。结构与量在内涵与外延上并不相同。量变是事物存在和发展的规模、速度、程度,其中包括结构中各要素在相互作用中的物质量、能量和信息量,而结构则是指事物各要素的组合和相互作用的方式。结构的变化不仅有量变,而且还有质变、还有时空序以及要素之间关系的变化。例如,在分子结构中,各原子之间的距离呈现着量的关系,但是原子之间空间配置不同就呈现着不同质的关系。化学中的旋光异构体就是因为要素在空间排列顺序不同而具有质的区别。19 世纪法国化学家巴斯德发现:在偏振光通过酒石酸时,旋转的角虽然都一样,但方向不同,有的向左旋,有的向右旋。由于运动的方向不同,分子里的原子排列左右不对称,其性质就不同。分子结构中各原子空间配置的差异,就有了不同的旋光性,决定分子结构有不同的性质,这种例子十分普遍。

从以上论述中可以显而易见地得出:结构功能律,深化和发展了质量互变律。为了更令人信服地认识这一发展,我想再归纳如下几点,作进一步阐述。

1. 结构功能律具体发展了量质的已有规定性。它从排列组合和秩序上具体揭示了物质各要素之间,在时空上质的规定与量的规定,并赋予质与量更为丰富的内涵。物质的质并不是各要素质的相加,而是各要素在相互作用中形成的一种系统结构,即具有整体性的结构。物质的量也不是各要素量简单相加,而是具有丰富多样的量的关系。还以水分子结构为例,它不仅精确地揭示了水的要素氢与氧之间质和量的关系,具体反映了水的系统结构,并且它的结构还比较精细地表明了水的气态分子与固态分子在质与量上的差别。再如城市的产业结构,在空间上是一个由第一、第二、第三产业组成的有机整体;在时序上,随着不同发展阶段,而进行产业结构的不断优化调整,其产业结构的性质、规模、相互关系、时空序都会发生新的变化。国民经济的稳定、平衡和发展,在某种程度上要依赖于产业结构的调整。功能是系统内部结构与外部环境相互作用而表现出来的特效和能力。功能的内涵不仅包含质的外在表现——属性,而且还包含着效能、行为,还反映着结构与环境相互作用中量的关系。这是由于功能必须通过物质、能量和信息量交换所致。功能与属性又有区别。属性是与质相对应的,属性的总和就是质。物质具有什么样的质就有什么样的属性。而功能与结构相对应,物质具有什么样的结构就有什么样的功能。结构与功能丰富了质与量所不能包含的物质规定性。例如,我国当前所有制结构的重大改革,虽然不是一种社会主义的根本质变,但是通过改革,却可以使社会主义所有制结构更好地适应生产力和商品经济的发展,发挥社会主义所有制结构的功能优势。

2. 结构功能是质量互变的基础,也是质量互变的内在根据。一切事物的质变与量变都与结构变化紧紧相连。结构从一个方面揭示了质量互变的内在机制。系统事物的性质与功能是由结构所决定的。普里高津的耗散结构理论揭示,事物无论从混沌走向有序,或从热力学平衡态走向非平衡态,都与结构变化有关。一个远离热力学平衡的开放系统结构,在与环境交换物质、能量和信息并达到特定阈值时,结构就有可能从分岔引起质变,从热力学无序的平衡结构变为新的有序的耗散结构。物质内部各种成分的量的增加,同时包含着结构中量的方面的变化,当量的变化超出结构的关节区时,质变也就到来了。以元素周期表为例,随着原子核电荷的量变而带来元素质变的同时,必然带来原子核外电子层结构的质变;另外,元素每种化学性能也都可以从它的内在结构中找到本质原因;原子电子层结构的复杂性,对元素性能的多样性起着决定作用。结构的变化还可以增强或削弱质的外在表现——属性。

3. 结构功能的层次性又丰富了质量互变规律的层次性的内容。系统内部在结构上总是呈现出并列与层次,这是任何系统普遍存在的规律。在自然界、人类社会和思维等结构中,总是以并列与层次的现象而存在。自然界中的元素,在固态时有很多是晶体结构,在这个晶体中原子都是规则排列的,把晶体放在 X、Y、Z 坐标空间中,从 X—Y 构成的平面坐标来看,原子排列是并列的,并列原子的规则排列构成晶面。从 Z 轴看,诸多晶面的层状叠加构成晶体,这就是晶体结构的并列与层次。晶体是自然系统中最为简单的结构方式,但对于大多数较为复杂的系统,其并列与层次的构成也是极其复杂的。社会系统结构同样具有并列与层次的特点。在社会系统中,一个高层次组织带动一组并列低层次的组织,便使系统扩大一个层次,而这个系统又是高一级系统中的一个子系统。如企业中公司——工厂——车间——班组——生产工人等,都呈现出并列与层次的结构。以此类推,就形成了由多层次构成的复杂的社会系统。

系统不仅在空间坐标中有结构,而且在时间坐标中也有结构。宇宙的时间结构就是宇宙的发展史,社会的时间结构就是社会发展史。从宇宙发展史来看,到目前为止,据人们所了解的有三个大层次,即无生命系统、生命系统和社会系统。从社会发展史来看,基本上可分为五个层次,即原始社会、奴隶社会、封建社会、资本主义社会和社会主义社会。时间结构是空间结构的发展。从时间结构来看,系统是有层次的,也是有联系的。空间结构是时间结构的轨迹。系统的空间结构也是系统在时间上的发展所遗留的轨迹。由于系统是由小到大的发展,各系统的发展又是不平衡的,因此系统在时间发展上遗留的轨迹可分成两类:一类是由于系统由小到大发展过程中遗留的轨迹;另一类是由于系统发展不平衡所留下的层次态轨迹。实际上许多复杂的系统则兼有这两类层次结构。

寓于物质中无限层次的结构,揭示了物质相对不可分与绝对可分的统一,物质内容的无限与具体形式的有限的统一。结构是一个动态过程,它有一个从低级到高级、从简单到复杂的演变与发展过程,因而总是呈现时空上的层次性。结构又是事物多样性有机统一的存在方式。物质要素不同的相互联系、相互作用,形成物质不同的结构,并由此形成性质不同的层次。比如,与物质基本运动相对应,就存在着机械结构形式、物理结构形式、化学结构形式、生物结构形式、社会结构形式。再分层次,生物结构又可分为生物圈、群体、生物个体、器官、组织、细胞、亚细胞、分子和原子等不同层次。高一级层次包括低一级层次的结构,而低一级层次的结构又作为要素,成为高一级层次结构的有机组成部分。结构的层次性科学地揭示了物质世界的普遍性和运动发展深化的无限性,同时结构的层次性又揭示了其质的差异和质的多样性。分子、原子、原子核、基本粒子,作为单独的层次结构都有它们相对独立的特殊性质。层次结构的转化,无论对于原子、原子核或基本粒子,又都是质变。这与物理化学中一级相变、二级相变是相同的。相变是一种质变。一级相变是分子层的质变,二级相变是较深的原子层的质变。所以结构的层次性也可以成为结构的差异性的根据。

结构功能律更深刻、更全面、更丰富地揭示了系统物质运动发展的基本形式和状态,对于质量互变律,无疑是个很大的发展和伟大的飞跃。

第四节　整体(涌现)优化律

整体优化律是系统哲学的基础规律。它从系统整体出发,到系统整体内在要素构成的相互作用,揭示了系统运动的趋势和方向。整体性是系统的本质属性。这里的整体性不是机械地简单相加,而是有机地相互联系和相互作用,以及各个过程中相互影响的系统整体。优化是系统乃至整个客观世界发展的趋势和方向。对社会各系统结构功能的优化,是人类不懈的价值追求。系统事物总是由低级向高级发展的。客观系统事物由其内部根据和最适条件相结合而出现优化状态、系统的优化过程和优化功能,是系统普遍的必然规律,这个规律在系统哲学中表现为整体优化律。它是自组(织)涌现规律的延伸与发展,是每个层次上的涌现优化,是差异协同在整体上的表现,是结构功能的整体属性,是层次转化的结果。

一、整体优化律的基本原理

整体优化律是建立在它的许多基本原理的基础之上的,其中最重要的基本原理是：系统整体性原理、优化原理和整体大于部分之和原理。

（一）系统的整体性原理

马克思主义经典作家对黑格尔的辩证法进行了唯物的批判，继承了其合理内核，科学地阐明了系统的整体观。恩格斯在《路德维希·费尔巴哈和德国古典哲学的终结》一书中，分析了自然科学的发展历史，指出世界表现为一个有机联系的统一的整体，因而自然科学的本质就是关于过程、关于这些事物的发生和发展，以及关于把这些自然过程结合为一个伟大整体的联系的科学。这就深刻揭示了客观世界从自然界到人类社会，任何事物都是由各种要素以一定方式构成的统一整体。

系统哲学的系统整体性原理包括以下内容：一是系统整体是基本的，而系统的部分是构成整体的基础。没有部分就没有整体，统一整体是系统各部分相互联系的过程与结果，系统各部分在整体制约下相互联系、相互作用、相互影响和相互转化。二是系统部分按照系统整体的目的，发挥各自的作用。系统部分的性质和功能是由它在系统整体中的地位与自身结构的规定性来确定的，它的行为是受整体与部分的关系规定的。三是系统整体是由物质、能量、信息构成的综合体，整体内在结构是由要素、层次、中介构成的。四是系统整体与部分都处于运动发展变化中。系统的局部的变化总是以整体联系为前提；整体的变化，又总是在局部变化的联系中实现的。总之，不管是什么样的系统整体，都具有整体性即整体联系的统一性。

系统的整体性原理除了整体联系的统一性外，还有一个共同的属性，就是整体的有机性。

1. 存在于整体中的部分，只有在整体中才能体现出它具有部分的意义，一旦离开了整体，部分就失去了它作为整体的部分的意义。正如黑格尔所说，割下来的手就不再是手。整体的有机性，正是整体与部分关系的反映和体现。整体的部分是指整体中的各个要素，都存在着构成系统整体的那种特性和内在根据。

2. 构成系统的要素所具有的那种整体特性，只有在运动中，按照一定的规律进行着整体与部分、部分与部分、整体与环境，以及不同层次之间的信息、能量与物质的交换，系统整体才能体现为一定的结构性质与功能的规定性。系统的要素，只有在运动中，才能使要素存在的那种构成整体的特性得以体现。如果整体在运动中，物质、能量、信息的交换遭到部分或全部破坏，系统也就会部分地或完全地失去它原来的整体性。

3. 整体的有机性还表现在与外部环境的联系上。系统过程在时间上的持续性的联系，反映系统整体存在和发展过程中环境、整体、要素之间的有机联系。任何系统整体，它又是更大系统的部分，并具有构成更大系统整体的特性。一切系统整体性都表现为环境、整体、要素的有机联系和辩证统一。环境、整体、要素如果没有有机性，也就不成为系统。同时，整体有机性程度，也就是整体的结构自组织化程度，有机程度越高，则整体的自组织化程度就越高；否则，系统是紊乱的、无序的。随着系统有机程度的提高，系统整体也随之由低级向高级的程度发展。

综上所述，系统整体性原理揭示了各个要素是按一定方式构成的有机整体，其要素作为整体的部分，要素与整体、环境以及各要素之间的相互联系、相互作用，使系统整体呈现出各个组成要素所没有的系统性质，因而具有各个组成部分所不具有的功能。

（二）系统的优化原理

系统哲学把揭示系统优化的本质及其特征，上升到整体优化规律高度来研究，这无疑具有重要的意义。所谓优化是指系统整体具有一种由低级到高级，由简单到复杂的发展方向和总趋势。优化具有客观性、相对性和条件性，只有很好地把握这些特性，才能真正把握优化的性质、优化的方向。

系统优化的客观基础是优化本身在实际中存在着，这已被不同学科所证实。首先，肯定自然过程、社会过程、思维过程或系统存在着优化性质或状态；其次，承认自然事物、社会、思维的优化状态和过程是可以认识的；再次，优化的实现与否受着多种条件的制约。优化的规定性是指自然界、社会、思维系统，由于其内部根据和条件的相互作用，总可以在一定条件下，使整个系统或该系统的某个方面最大限度地（最小限度地）接近或适合某种一定的客观标准。各种不同的物质系统，都处于物质、能量、信息永不停息的运动变换中,并依据系统所处的最适条件,或趋向最完美的某种结构形态,或是选择最简短的运动路线,或显示出最佳的特定性质和特定的功能,并都以不同的方式实现着优化的存在状态或优化的发展过程。以上这些就是系统优化原理的基本内容。

系统优化原理如何在实践中去把握,关键在于认识优化的客观性、相对性和条件性。优化的客观性,指的是一个系统的优化或劣化,其区分是客观的,而不是主观的。系统的多种形态和过程相对于一种客观标准进行比较,会有不同的结果,其中总有一个结果最接近或是最适合所确定的标准,那么这个结果就称为优化。这是系统哲学价值观的基础。也就是说只有比较的标准是客观的,所得出的系统优化才是客观的。优化是由系统结构和功能所固有的差异性和运动的不平衡性决定的,有着不以人的意志为转移的客观内容。

优化的相对性,一是指优化只有相对于一定的标准才有意义。标准的确定,或是某些固有规律的要求,或是某些内外部条件的限制,或是可能出现几率的大小。二是指某一对象的优化,而不是一切都优化,或者只是相对于一定标准某一个或几个方面的优化。三是某一对象的优化不是固定不变的,而是随着时空与内外部条件的变化而变化,优化是过程的优化,是动态的优化。四是在肯定某一方面优化的同时,也包含了其他方面的不优化,优化与不优化是相对而言,相比较而存在的。

优化的条件性,指的是优化事实的实现,必须要有一定的条件,特别是最适条件。优化的实现,是环境条件特别是最适条件和内部联系相互适应、结合的产物,是系统内部根据与外部条件的统一。单有系统内部根据,而无外部的必要条件,系统的优化是不能实现的;相反,只有外部最适条件而缺少内部根据,优化也不能实现。在把握系统整体性原理和优化原理的同时,又密切注重实现优化的客观性、相对性和条件性,那么系统整体优化的实现就是可能的了。

(三)整体大于部分之和原理

在系统物质世界中,建立在单元体要素的全息性,或分形元是系统发展的基础。由于系统诸要素、诸层次的有机联系和有序结构,系统整体结构和功能优于部分的结构的总和与功能总和,因此在系统自组织、自适应、自创生、自复制、自催化、反馈和环境的质量、能量、信息的交换下,系统朝着熵减少和有序程度提高的方向运动和发展,并逐步达到系统整体的最佳状态。黑格尔的"正、反、合"与亚里士多德的"整体转移"都是这个意思。黑格尔认为,第三个范畴"合题"是前两者的真理。他强调真理是综合的成果。亚里士多德最有名的一句话:"整体大于部分之和",就表达了这一思想。一般来说整体与部分之间的关系有四种不同情况:整体功能大于各部分功能的总和;整体功能小于各部分功能的总和;整体功能是各组成部分都不具备的功能;整体的功能等于各组成部分功能的总和。系统整体演化为第一或第三两种情况时,系统整体就处于一个优化阶段。这是优化后的系统的"增值",这个"增值"就是在自组(织)涌现中的"剩余功能"与"剩余结构"。处于第二或第四两种情况下的系统整体,是否还受整体优化律的制约,我们的回答是肯定的,但是这里的"剩余功能"是负"剩余功能"。处于整体等于或小于部分之和的劣化系统,在整体优化规律的作用下,有三种发展趋势:一是处于劣化阶段的系统整体,在自身固有规律与外部环境作用下,系统结构进行有序的调整,克服部分系统要素劣化的因素,补充新的创造有序结构,使原系统整体在新的有序结构中达到新的整体优化。二是处于劣化阶段的系统整体,在自身固有规律与外部条件作用下,系统整体结构进行重组,把所有系统要素的劣化因素进行淘汰,形成新的有序结构,达到新的整体优化。以上两种情况表现在有性繁殖过程中;在人类和两性动物的物种中,基因被重新组合两次。三是处于劣化阶段的系统整体,在客观系统、内在要素的相互作用下,使原系统结构解体,让位于新的合理的系统整体,形成新的系统整体与整体优化,比如领导班子的重组。在这里需要说明的是,要素的优化与劣化,不等同于系统整体的优化与劣化,劣化总要被优化所代替。这是整体优化作用的结果。永存的劣化系统整体是不存在的,优化系统整体常常受到劣化因素的干扰却是常见的。我们的世界观是发展与演化来代替停滞与愚昧,而不是相反。同理,我们用整体优化律来揭示客观世界的内在联系与发展,它不仅有利于我们认识世界,更有利于我们改造世界。

在分形现象中,由分形元生长成为整体,不是相反相成的过程,而是相似演化的过程。这里强调整体自相似于部分的原理。部分被放大后,又可能成为整体,在生物体的"穴位群"中"分形"是功能上的分形,即整体的"微缩",也叫"嵌套结构"。每一新层次的相似体,应优于上一层次。

一般情况下,系统的整体性在以下几种情况时呈最佳状态。第一,环境系统处在动态平衡的时候,更确切地说是子系统之间或要素之间比较协调的时候,这时系统的整体性比较好。它的动力取决于系统内的各要素的优化组合而形成的合力。比如,人的生命到青壮年时期,新陈代谢相对稳定,也是内环境稳定阶段,人体呈最佳健康状态。第二,物质系统相互作用系数最大时,反馈性能最强,整体性也就越强。如训练有素的军队组织体系就是如此。第三,系统的性质主要取决于时空序量时,只要调整要素布局整体效益就能好。如社会主义初级阶段的经济效益的提高,主要取决于经济结构、产业结构、产品结构、企业组织结构的优化。又如金刚石的坚硬性质取决于它本身的结构。汽车、轮船、航天飞机的设计等,都要求整体结构的优化。还有领导班子、人才的合理组合,都决定着这个群体整体功能的发挥。再如城市系统、经济系统的整体结构都决定着该市、该地区的经济、社会效益。当系统演化超过了优化阶段,系统整体性开始减弱和衰退下去,旧的统一体消失,新的统一体形成。事物的系统在转化过程中,如果两个系统对立并处在非常极端的状态时,用矛盾观分析它比较简单适宜,因为事物对抗性矛盾暴露十分明显和尖锐。如中国的抗日战争和解放战争、第二次世界大战、20世纪中叶开始的世界范围的无产阶级夺取政权的斗争,但也少不了统一战线的形成与同盟军的参加,否则取得彻底胜利也不可能。又如人到老年期内环境的稳定被破坏,等等。不过在这些特殊和极端的情况下,系统的转化也要经过中介(或双值区、或分叉、或汇流)去实现。

整体大于部分之和的原理、整体性原理、优化原理,表述了整体优化律最本质的内含和基本的内容。整体优化律主要揭示系统本身发展的总趋势与总的方向。有时候,系统整体也会演化到等于或小于部分之和的,处于劣化的阶段,这是客观现实。但是,处在等于或小于部分之和,即劣化阶段的系统整体,这是暂时的现象,比如生物个体进化时,系统整体总要在内部结构的作用下,在其环境因素的选择下,向整体大于部分之和的优化阶段发展,有生命、无生命的系统都是这样,这是不以人的主观意志为转移的规律。达尔文的进化论由此可以得到完美的解释。

二、整体优化律的普适性

整体优化律作为系统哲学的一条基础规律是根源于自然界、人类社会和思维科学之中。它与自组(织)涌现律结合在一起,就成为宇宙系统的最普遍最具有规律品格的规律。

在天体系统中,各星系都有自己的分布、结构、状态和运行轨道,并以整体优化在演变着。以太阳系为例,太阳位于中心,发光、发热,有很大的质量;外围有九大行星在同一平面、沿同一方向、以各自的速度、按各自的椭圆轨道运转;除水星与金星外,其他行星都有自己的卫星、小行星和管星在绕其运转。这种现象按照万有引力的标准来分析,就是一种整体的优化。在地学系统中,地球结构如地核、地幔、地壳、水圈、生物圈、智慧圈等有序合理的排列;春夏秋冬的冷暖热的交替;五大洲四大洋的地理分布等,是一种整体的优化。在其他自然科学系统中,物理学中的理想气体、绝对黑体、理想实验、惯性系统、各种临界点、平衡态等,就其各自的目标函数来说都是一种整体的优化;化学中的元素周期表,每一个周期都有最强的金属性与非金属性,有最弱的金属性与非金属性,其化学性质也有最强和最弱之别,这也表现出各种元素整体的优化。在生物学中,达尔文所揭示出的优胜劣汰、自然选择、适者生存等都是整体优化的结果。凡是被淘汰的系统事物都是因为失去了最优状态。现存的一切事物(系统)不一定是最优的、最合理的,只有系统差异协同的自组织与外部环境选择的相互作用才能产生最优状态、最优过程、最优功能。有人讲恐龙灭绝能是整体优化吗? 我们如果把恐龙类作为一个封闭系统来看,它的灭种是一种劣化,而且是一个整体的劣化。

如果把恐龙类作为大自然的一个要素来看待，只有它的灭绝才有可能使其他自然界的动植物得以生存与发展，使自然界整体优化。恐龙的灭绝是受自然界规律的内在根据、外在条件作用的结果。假如在当时的条件下，恐龙超越自然规律的约束而生存下来，那则是自然界整体出现劣化。

在人类社会系统中，从人类发展的历史过程来看，由原始社会、奴隶社会、封建社会、资本主义社会，直到更高级的社会，社会进步显示出整体的优化。

在人们的思维系统中，已经由单值思维、两值思维发展到运用系统辩证的思维，使人类的认识能力越来越接近客观世界的本来面貌，显现出思维方面的整体优化。

整体优化律的客观普遍性，并不排除在局部要素上，在系统发展的某个短暂时期内产生劣化，出现整体小于或等于部分之和的现象。这些问题并不影响整体优化律的客观普遍性，整体优化律作为自然界、人类社会和思维的基础规律，在其发展中起主导的作用。某些个人的疾病与死亡，不会影响人类群体的整体优化。相反正视这些劣化现象，给予科学的研究，寻找劣势的机理，给予医治，将会使人类群体的整体优化表现得更完美。有人问，"三个和尚没水吃"能叫整体优化吗？我们回答是不叫整体优化，而是部分要素的劣化，而且这个劣化只是暂时的表现。如果我们把"三个和尚"看作是一个封闭的系统，三个和尚都不去担水，他们因没有水吃而要死亡，这个封闭系统就不存在了。自然界生物生存的客观规律要求三个和尚作出这样的回答，是渴死还是找水生存，三个和尚的回答是后者而绝不是前者。三个和尚为了生存，总要向有水吃的方向努力，而不是向一个和尚担水吃、两个和尚抬水吃、三个和尚没水吃的方向发展。三个和尚只能以最佳的组织方式合理承担取水任务，保证三个和尚有水吃，这才是系统整体的优化方向。"三个和尚没水吃"这个典故，正好从反面阐明了整体优化规律的客观实在性，整体优化是事物发展的必然趋势。

整体优化律包容着差异性与层次性，即整体优化在实现过程中总是表现出它的千差万别、千姿百态，表现出这种差异性与层次性在整体优化过程中的和谐性、有机性与协同性。差异性与层次性是整体优化的前提，没有差异就没有优化，也没有协同，更不会有整体优化。差异协同律是整体优化律的基础规律，其内容是相容的、互补的、相通的，但又各有其界定的范围。在客观世界中，整体优化律带有很强的实践性、主体性与能动性；不仅如此，整体优化律还带有很强的客观实在性与主体性。

三、整体优化律是系统哲学的基础规律

整体优化律之所以是系统哲学的基础规律，就在于它们是从有意义的整体出发，到整体构成中仍起作用和仍有意义的部分的思维方法。它是排斥那种绝对的分解、分析的思维方法的，因为它们最后得到的是一个"彼此分离的整体"，而不是透视方法所得到的活生生的"整体形象"和其活生生的部分的形象，及它们之间的能动的有机的联系。因为系统具有要素所没有的性质，不可能通过孤立地研究它的要素就能揭示出系统的性质。对于说明系统的形成与发展来说，分析是必要的，但却不是最充分的。系统整体思维特别强调事物是多要素构成的，这种多要素（及其结构）不仅仅讲"根据"引起事物（系统）的变化，而且讲它决定系统（事物）的发展方向。恩格斯说："这样就有无数互相交错的力量，有无数个力的平行四边形，由此就产生出一个合力，即历史结果，……一个总的合力。"①而这个"合力"，必然会导致系统整体优化的趋势，也就是它们的预决性和必然性或自组织性。人类一切活动的目的，是通过各种优化结构以达到整体的优化。人们破坏一个旧事物，无非是为了加速旧事物的解体，加快新事物的整体优化。自然界、人类社会、经济、生产力、科学技术以及文化思想领域，都无一例外。寻找最合理的结构，达到最大的整体效益，也就是实现最大的稳定性。在生物序列和非生物序列中不稳定的形式是无力进行生存竞争的。维纳认为："在生命现象和行为现象中，使我们感兴趣的是相对稳定状态，而不是绝对

① 《马克思恩格斯选集》第4卷，人民出版社1995年版，第697页。

稳定状态。……或者至少可以这样说,在这些状态附近,变化非常之慢。正是这种近乎平衡的种种状态,而不是真正的平衡状态,和生命、思想以及一切其他有机过程联系着。"①这也正是系统哲学所要揭示的一个重要问题。

四、整体优化律与否定之否定规律

整体优化律发展了否定之否定的规律,它在更大范围和更深的层次上,高度地概括了系统物质世界进化的特性,更深刻地揭示了客观世界的本质。

1. 整体优化律深化了系统事物发展的自我完善过程。否定之否定规律揭示了事物经过两次否定、两次转化,使事物发展到更高一级的阶段,"仿佛"是第一阶段的"回复"。这在一定程度上反映了事物的自我完善过程。而整体优化律还认为,每一个周期在同一层次上的空间表现形态可以看作是整体,是一个新的涌现。每一个否定之否定过程,即旧的整体让位于新的整体,然后开始下一个否定之否定过程,使事物的整体一次又一次地优化,一直到事物系统的整体优化。优化阶段过后,就是劣化开始,这样循环往复,以至无穷。个体是这样,群体也是这样,大循环、小循环、微循环、超循环都是这样,形成整体优化的层次序列。

2. 整体优化律揭示了否定之否定规律所没有的多向性及合力网络动因。它深刻地揭示了物质运动过程是一个系统化过程,即有序化、组织化、多分支化和整体优化的复杂过程。这种过程,充满各种形态的涨落而导致为进化性与退化性的统一,从无序到有序、从无组织到有组织,到越来越有序化、组织化、系统化,越来越高级、复杂、越来越多的分支化。这种多分支化过程不同于一分为二,它是多方向的非线性的。它可以在不同层次上、不同功能上和不同方向上,揭示事物发展的复杂性、多样性及整体优化性。如:麦粒——麦株——麦粒的分支化只是发生在机体层次上的分支化,其实麦粒的发育是多方向性的。

① 《控制论哲学问题译文集》,商务印书馆1965年版,第60—61页。

生物的演化不是线性的过程；真核生物的出现，是生物从低级向高级演化的关键点；真核细胞的产生使动植物发生了重大的分化，以至于从植物分化出动物则又是在另一方向上的不同结构的分化过程。这种进化运动表现为由单系统发展到多系统，由无机系统发展到有机系统，由生物系统发展到社会系统和思维系统，越来越高级、越来越复杂、越来越系统化和组织化，以达到整体优化。事物就是由低层次逐步向高层次多向性的发展，整体就是一次又一次地在逐步优化。如地球地壳的演化，海底地壳是有生有灭、不断更新的。首先，因地幔中的高温岩浆的对流作用在大洋中脊（海岭）的中央裂谷不断上升、溢出，经过冷却而固结，可塑的硅镁物质变成刚性的大洋地壳。地壳上的板块就是在劣化优化中和螺旋式发展中优化着自己。人的知识结构整体优化更是如此。优化——劣化——再优化，每循环一次，事物都在向更高级的程度进化发展。其发展的状态及方向，不仅仅是否定、肯定两极，而是多极、多元的网络。

3. 否定之否定所揭示的是在平衡态下有序范围内的有序联系规律，而整体优化律还揭示了在事物非平衡态下，从无序到有序的运动规律。它使否定之否定规律扩大深化到无序——有序——新的无序——新的有序这样更为广阔、更为深入的领域。有序——无序——有序所表现得比否定之否定过程更为复杂、更为深广。它在人类认识和改造世界的过程中起着极其重要的指导作用。

第五节　差异协同律

差异协同律，是系统物质世界最具有概括力的规律，也是系统哲学的表征规律。它揭示了系统物质世界的源泉和动因，指出了系统发展的原因在于系统内部要素结构涨落的差异性、协同性、和谐性、放大性与自组织性，也是自组（织）涌现规律的外在表征，就是在差异中协同自组织。它揭示了系统物质世界存在、联系和发展的内在必然，深刻地说明了系统哲学的其他几个规律的内在根据。差异协同律贯穿于系统物质世界相互联系的一切方面和一切过程中，构成了系统哲学诸范畴的最本质的联系，同时也表现和反映着系统的各范畴，而各范畴则都是对差异协同自组织的补充、表现和具体化。

一、差异概念的哲学意义

差异存在于一切客观事物系统及思维的过程中，并贯穿于一切过程的始终。这是不同于互相排斥、互相对立的矛盾的基本点。

恩格斯讲："同一性自身中包含着差异，这一事实在每一个命题中都表现出来。"①

恩格斯讲，两极对立在现时世界中，只是在危机时期才有。非此即彼是越来越不够了。

否认事物系统的差异，就是否认了一切，就是否认世界上所有的存在，这是粗浅共通的道理，古今中外，概莫能外。

（一）差异的普遍性

黑格尔讲："同一过渡为差异，差异又过渡为对抗。"②

以及他的反思规定的同一——差异——对立——矛盾的公式。这里的同一，应该是宇宙大爆炸前的起始点——奇点；就是奇点的状态，就是奇点的零时空，也就是量子引力时代的虚时空。

在奇点内聚集了450多种的粒子和这些粒子所携带的四种基本力（引力、强力、电磁力、弱力），这是原始粒子所带来的原始差异，可以称为"自在的差异"，也是奇点的差异。

这些差异引发的随意量子涨落、放大效应，在系统内外自组织、自协调的作用下诸差异转化、湮灭，产生新的粒子、新的涌现、新的差异，以及许许

① 《马克思恩格斯选集》第3卷，人民出版社1995年版，第323页。
② 〔德〕黑格尔：《逻辑学》下册，人民出版社1974年版，第64—65页。

多多的层次、结构、功能、系统。在新的差异系统基础上继续演化,慢慢地会形成一种特殊超循环的序列结构。这个差异的超循环结构有自我选择和自我创新的能力,它的进一步演化出现了超大级的超循环系统,并逐步地形成了我们现在的大千世界:浩渺灿烂的宇宙、繁荣与不公的人类社会。

没有差异的普遍性,也就没有现在的世界和现存的一切。没有差异,一切现实存在的东西都无从谈起。

极其微小的差异可能会被放大,从而导致一个简单系统爆发出惊人的复杂系统,如蝴蝶效应。

我们可以从宇宙的创生期开始研究。

在普朗克(宇宙创生)时代:

实时空形成,即时空量子化、粒子形成,时空可以测量。引力产生,强力、弱力、电磁力还不能分开。轻子与夸克相互转化。但是与引力、轻子和夸克的互相排斥、相互对立的"矛"与"盾"并没有出现。只有粒子之间的差异与引力的差异,这里出现的是粒子与力差异的普遍性,而不是矛盾的普遍性。

在大统一时代的后期:

强力从统一的强力、弱力、电磁力中分化出来,轻子与夸克独立。这时期产生的重子数多于反重子数,即产生了正物质与反物质的不对称性,也就是非对称性差异的产生。如果没有这一非对称性差异,那么正反粒子成对湮灭后,在宇宙中不会留下任何东西。我们现在只能观察到宇宙的辐射,因此,今天的世界是以正物质为主的世界,不是正物质与反物质矛盾对立统一的世界。

在夸克与轻子的时代:

电磁力与弱力分为两种力,这是两种力的差异,不是两种力互相排斥的矛与盾。

在强子与轻子的时代:

宇宙进入轻子与正反粒子湮灭时刻,重子中只剩下质子与中子,这里也只有粒子的差异,没有互相排斥、对立统一的矛与盾。

在辐射的时代：

正负电子湮灭转化为光子，辐射脱耦宇宙变得透明，进入以正物质为主的原子时代。

与此同时，在星系、恒星和行星的形成过程中，重元素和各种分子相继形成。

在整个自然界演化的过程中，产生了一系列的对称性破缺，即产生了一系列的非对称差异。如果没有这种非对称差异的过程，宇宙仍然停留在高温、高压的状态，对现存的世界来讲是不可想象的。四种基本力的相互作用差异，使宇宙多极分化，同步演进，导致了渺观、微观、宏观、宇观、胀观分岔的出现，但彼此相互同步演化。这是自然界最奇妙的现象之一。

这些非对称的差异为人类的生命奠定了基础。比如：有机分子旋光性的非对称差异，导致了真正生命的出现；遗传密码和遗传信息流的非对称差异是原始生命产生与延续的根据；细胞内部与细胞之间的非对称差异，是生命进化的必要条件。如果没有这些差异，就不能产生生命。这里不存在互相排斥两极对立的矛盾，只是存在着普遍的差异性及目前演化的协同性。

根据以上的论述，我们可以得出以下几点：

（1）宇宙在开端时，即在奇点，宇宙内部是绝对对称的，宇宙越进化，也就越不对称，即非对称差异也越多。宇宙膨胀后，非对称差异、不确定性及自由度近乎无限大，因此我们的世界是差异统一的世界，而不是矛盾对立统一的世界。离开差异统一的世界，宇宙是不存在的。

（2）从宇宙的创生到现在我们的自然界、人类社会差异是普遍存在的，而非对称差异的出现对自然界、人类社会、对我们的生命都有决定性的作用。没有这么大量的非对称差异的发生，我们人类社会与自然界的生存是不可思议的。这一点对我们的理论和认识、对我们的实践都有十分重大的意义。孔子的"和而不同"也是这个意思，即在差异上（不同）的统一，而不是无差异的同一，这是宇宙存在的根本。

（3）它澄清了数千年来，有关差异与矛盾认识的误区。以往许多学者，尤其是黑格尔的差异就是矛盾的观点，影响了人类认识数百年。应当承认主要是科技发展的局限才使人们的认识产生偏差，当然也有人文政治的原因。

差异不是矛盾，矛盾也不是差异，矛盾只是差异的一个特殊激化的阶段；也不是每一差异都必然演化发生的一个阶段。矛盾没有普遍性，而恰恰相反，差异具有普遍性的品格。对差异与矛盾的看法，是我们传统理论中的一个根本误区。

（4）差异是自然界人类社会的根本动力，是一切动力之源。没有差异就没有量子涨落，没有自组织、没有演化、没有系统、没有生命。没有差异就没有一切的存在，没有多元化的世界，没有人类的进步。

它证明了恩格斯关于动力是无数个力的平行四边形而形成的一个总的合力的论断，而矛盾和斗争只是"总的合力"中的一个"合力"，而且它也不是主要的"合力"。

普里高津认为："非平衡是有序之源。"哈肯指出："控制自组织的方程，本质上是非线性的。"这里的非平衡与非线性就是非线性差异。

意大利哲学家克罗齐讲："宇宙万物就是一个差异的统一体。"他讲，真与假、美与丑、善与恶、利与害，这些对立与矛盾不过是局限于相异概念内部的东西，不能作为辩证法的原则。

苏联的德波林院士学派认为，事物开始时只有差异，并无矛盾，过程到了一定阶段才能产生矛盾。其实，当代的科学技术已证明在组成我们的现实世界中，我们只发现了450种粒子和这些粒子所携带的四种基本力，但它们之间只存在差异，并无互相排斥互相对立的矛盾，这也是差异普遍性的根本依据。

在管理中，没有管理跨度的差异，就不会有真正的管理学；在经济学中，没有市场交易成本差异，也就没有经济学；在政治学中，没有权力差异，也就没有政治学；在生物学中，没有基因差异，也就没有生物学，等等。在物理学中，没有粒（力）的差异，也就没有物理学；在化学中，没有元素的差异，也就没有化学；在数学中，没有数的差异，也就没有数学，等等。

差异是能量、是信息、是物质、是系统。差异是外在的系统，系统是差异的内在结构。系统是差异存在的根据,差异是系统存在的表征。

（二）差异的特殊性

我们放眼人类社会和自然界,满目林林总总的系统事物,没有一个系统是相同的,只要有系统就有差异,每个系统都有一个不同于另一系统的差异。

莱布尼茨讲:"世界上没有两片树叶是完全相同的。"泡利不相容原理讲:在每一个原子里,没有两个相同的电子,甚至是两个细胞、两个双胞胎都有差异。每个人都是独一无二的,两性的差异始于子宫终于坟墓。

差异分为内在差异与外在差异。内在差异,主要是指要素的特性、行为,要素的平均涨落和其放大效率及要素的时空序,即要素的结构差异。外在差异,主要是指要素的功能的差异,与环境涨落互相作用的差异。两者的总和可以称为系统的差异。

差异也可以表现为过程的差异,状态的差异,上下系统层次之间的差异,等等。

不同要素之间存在着许多差异,每一种差异都可能引发量子涨落。因此系统内部许许多多的涨落,哪个涨落能够放大,并主导这个系统不仅取决于该系统内部要素的互相作用,还取决于该系统与环境涨落之间的相互作用,这是系统生成不同于另一系统的主要原因。

差异分有生命的差异和无生命的差异。有生命的差异发生的自组织与涌现,具有整体有机性,它是一种物质之间有机生命体的关系。无生命的差异发生的自组织与涌现,在一般情况下没有整体有机性。而多数的复杂机器有整体性,但不具备有机性,如:飞机、汽车、机器人等。不过有生命的差异与无生命的差异本身也是相对的,它取决于环境的条件性。

系统的存在、系统的运动、系统的发展、系统的演化,必然依据差异的存在、运动、发展和演化为前提。

有差异才有涨落,而涨落是对系统事物平衡的一种偏离,是发展过程中的差异因素、不平衡的因素。通过涨落而达到系统事物的有序态,这是系统演化的机制,这是一条永恒不变的规律。

李政道讲,宇宙的演化越复杂,不对称性就越高。其实,也就是非对称差异越多。非对称差异在演化中起着决定性的作用。

诸差异的特殊性、协同性、普遍性生成了世界。系统事物的差异法则是系统哲学的根本法则。

在复杂系统中,有许多的差异和许多的系统,如果不认识差异的普遍性,也就无从发现系统事物运动发展演化中的普遍原因与根据。如不知道差异的特殊性,也就无从确立此系统与它系统事物的本质区别。

二、协同和谐原理

协同论是德国著名理论物理学家哈肯在 20 世纪 70 年代初期提出来的,以研究完全不同的学科之间存在着的无序和有序相互转化的共同现象为目的的一门综合性的新兴学科。其基本内容:协同论研究的对象是非平衡有序结构系统,也就是说,从具体地分析各种可能形成的非平衡有序结构入手,建立其共同的数学模式,并对其进行动力学和统计学两方面的研究,从而认识非平衡开放系统的稳定有序结构产生的条件、特性及其规律。随着数学模式的推广和深化,钱学森认为,哈肯用统计力学的办法,来解决复杂系统有序化的问题,称得上是关于整体性定量化的理论。这一理论已越来越多地解释和预言各种系统的非平衡有序现象,具有哲学的一般意义,因而系统哲学把协同原理作为差异协同律的重要立论内容之一来研究。

系统哲学认为,协同原理适用于客观系统物质世界。它从系统的整体性、协调性、统一性等基本原则出发,揭示系统内部各子系统与要素围绕系统整体目标的协同作用,使系统整体呈现出稳定有序结构的规定性。协同原理适用于整个系统物质世界,具有普遍性和客观性。在自然界、人类社会和思维中,普遍存在着整体性、统一性、协同性、合作性等现象,这种内聚吸引、合作、相互作用的普遍现象,是由系统内部诸要素的差异与协同来完成的。

协同与和谐是彼此相互联系、相互作用的系统事物,彼此互为目的与手段;协同以和谐为基础,和谐是协同的阶段与目的,和谐与协同结伴而演化;协同与和谐是系统事物不同层次的表征。和谐是协同内在表述,也是协同演化的高级阶段,一种优化的趋势。

(一)协同的基本内容

协同原理由协同放大原理、协同进化原理、协同开放原理等组成。

1. 协同放大原理

协同放大原理是指开放系统内部子系统围绕系统整体的目的协同放大系统的功能。系统功能的放大导致系统整体合作行为,或者说使"剩余功能"发挥到最大值,使整体大于局部之和,呈现出 1+1>2,或非可乘数的关系。例如,经济学的乘数原理,就业乘数、均衡乘数、累计乘数等;管理学的倍数原理,政府乘数;力学的加速原理;数学中的乘数论;物理学中的共振现象;人文科学中的"三人一条心,黄土变成金";近代史中的抗日战争中的人民战争;在经济体制改革中的优化组合。这些都是开放系统内部呈现出的要素结构的有序,使系统整体功能放大。

非平衡系统的开放性,使系统内部结构与外部作用产生共鸣与涨落,这是促进系统内部协同放大的外因。那么,系统内部结构的差异的非平衡性,非线性作用是产生系统功能协同放大的内因。这种内因取决于系统内部要素性质与要素结构的差异性。一个开放的非平衡复杂系统,是一个多要素、多变量、多能极、多层次、多功能及其相互有差异的系统。假若要取得系统整体协同放大作用,就要注意到多变量、多要素的协调放大;就要注意到改变要素的内在结构,使其成为有序的状态,整体功能才能协同放大;还要注意到同能级、同层次、同结构的协同放大。系统的非平衡性决定了系统内部物质、能量、信息的差异性,这种差异性的相互作用使系统要素之间与子系统间具有动态的非线性作用,而这种非线性的相互作用导致差异系统协同放大,并促使有序结构的迅速形成,以实现系统整体优化目的。

2. 协同进化原理

宇宙进化中,宏观的演化与微观的演化互为条件,相互对应和相互协调。宏观是微观的外部条件,微观是宏观的内部机制。宇宙的演化是宏观的分化与微观的整合相互对应的一个协同进化的过程,是系统改变了环境、环境又影响系统的交互作用。如奇点的大爆炸是"最大"与"最小"尺度的起源的交叉点;如宏观演化岩山的出现与微观演化晶体出现的交叉;如社会发展与生物个体发展的交汇——人脑;如昆虫与植物的协同进化;如微观上的血吸虫与哺乳动物宿主的协同进化;同一行业的竞争者汇集在一条街上,并卖同一类商品;分散的居民点汇集到一起形成城市;人与人之间、社团之间,他们的共生、合作、协调地竞争,比你死我活的斗争更加重要;等等。物理学家狄拉克认为,从宇宙到人,所有的物质世界不同尺度的结构、形态都取决于物理常数,这个常数就是协同的本质。这个从胀观到渺观的差异协同进化是宇宙进化的最根本的核心。

3. 协同开放原理

一个封闭系统是不能产生有序结构的。尽管封闭系统也可以处于非平衡状态,但这只是暂时的,封闭系统的发展趋势必定是自动地趋向无序的平衡态。而处于平衡态的封闭系统,也可以在一定条件下,呈现出有序结构,即静的有序结构,而处于非平衡的开放系统则是在一定的条件下,才有可能出现动的有序结构。只有系统内部具有非线性时,有差异涨落时有序才能产生,而产生有序结构的根本原因,则是系统内部各子系统之间的相互差异及其涨落。由此可见,开放性是产生有序结构的必要条件,而子系统非线性的相互作用即协同作用则是产生有序结构的基础,只有协同作用才是产生有序性的直接原因。

4. 非平衡开放系统的协同作用

一是只有当某个外部参量达到一定临界值时,新的有序状态才能出现,而且是突然出现的。

二是新的有序状态具有更丰富的时间结构、空间结构、功能结构,如呈现出周期性变化或空间样态等。

三是只有持续不断地从外界供给物质和能量信息,这些新的结构才能够继续维持下去。

四是新的有序结构一旦出现,就具有一定的稳定性,即不因外部条件的微小改变而消失。

五是序参量是具有宏观行为的量,它规定了整个系统发展状态,起到支配全局的作用,主宰整个系统的运动。任何系统必定有一个或几个序参量起支配作用。

(二)和谐的基本内容

黑格尔讲:"和谐一方面见出本质的差异面的整体,另一方面也清除了这些差异面的纯然对立,因此它们的互相依存和内在联系就显现为它们的统一。"①

是差异的要素之间的相互作用,消除了它们之间的对立,彼此融合和渗透构成一个新的有机整体。和谐整体的特性与功能不等于各要素之代数和。因此,和谐就是指系统内部差异的要素在协调一致时的一种关系或属性。一种趋向极值的阶段。

和谐是差异协同律中的一项重要内容。自然界、人类社会尽管纷繁复杂、气象万千,然而又是那么和谐统一。和谐整体的本质特点,揭示了自然界系统中的物质统一性的本质,即差异世界中的统一。

系统哲学认为,和谐是指系统之间、系统与要素之间、要素与要素之间、结构层次之间内在的各种差异部分,在整体中呈现出的协调一致的系统要素的属性。系统整体是和谐的基础。系统整体中各个差异部分要素之间,发生着一定的有机的相互联系和相互作用,这就消除了它们之间的决然对立,形成彼此中和、融合、渗透,表现出系统物质世界整体优化的方向和总目标的一致性,成为具有系统性质的整体,在一定条件下,数量比例匀称协调,结构合理而有序,从而按系统整体功能优化的趋势和方向发展。因此说系统整体的有机性是和谐的基础。

用一句话来表述:凡是符合"最小作用量原理"的物质系统都是和谐的。或者,凡是满足"最小熵产生原理"的物质也都是和谐的。

---

① 〔德〕黑格尔著,朱光潜译:《美学》第一卷,商务印书馆1979年版,第180—181页。

1.和谐原理是多样性的统一

和谐有起点的和谐(如奇点),有过程的和谐(如共同进化、相互促进共同放大),有结果相对的终极态的和谐(如各种对称)平衡态,相似的重复循环等。

自然界是有规律可循的多样性差异美的和谐。各种运动形式之间,中观、宏观、微观各领域之间,四种基本力之间以及自然、社会、思维之间的协调演化,是对自然界多样性及过程和谐统一的最深刻的概括。也是自然界"内在和谐"和"内在美"的外在表征。

乐队中五音调和好听,饮食中五味调和好吃,美术中七色调和好看等等,都说明了差异中的多样性统一与和谐的关系。

有机的多样性的差异整体是和谐的基础。系统事物的多样性,多方向性是和谐美的根源。

比如一个差异统一体的多样性的生态系统生物链:

①绿色植物是第一层次的生产者及消费者;②食草的动物是第二层次的消费者,如蚂蚱;③食肉的动物是第三层次的消费者,如田鼠;④二级食肉的动物是第四层次的消费者,如鹰。

它们之间的关系是:A∶B∶C∶D=1∶0.1∶0.01∶0.001,称为"生产率金字塔"。在这样的条件下,整个生物链是合理的、有序的、稳定的,是和谐统一的。类似这样的链还有许多,如野兔与猫、三叶草与土蜂和蛇组成的生态系统的周期振荡,它们在追求一个比较相对稳定的、终极态的和谐统一系统,这就是生态文明的根据。

有机物与无机物的多样性的统一,也是自然界内在的和谐。在生物界一切生物的多样性的和谐都表现在统一的遗传规律和遗传物质系统的基因中。

古希腊著名科学家毕达哥拉斯认为:音乐是杂多导致统一与和谐。

2.对称性的和谐

对称性是系统事物内部互相作用产生的自然美的一种和谐,也是一种可能的、阶段性的终极态的和谐。它是系统事物在演化过程中产生的一种对应和谐,差异的相互作用越强,对称性也越高。

系统整体中的对称性是系统物质内部诸要素之间的和谐。对称性从一般意义上讲,是指系统物质世界和过程都存在或产生它的对应方面,即形态上对应、结构上相似、功能上相仿。从宏观到微观,从生命到非生命都有这种对称。例如,对一切晶体物质来说,经过各种对称因素和对称动作的计算,从外形看,不变单位对称群有 32 种;从内部结构上看,不变单位格子的对称群有 230 种。这些对称群从具体联系形式上和内部规律上揭示了一切晶体的相似、不变性和共同规律性。比例协调和结构合理是系统内部各种差异关系的和谐。

凡是有规律性系统的事物都可能产生对称性美的和谐,对称性本身就是差异系统美的和谐。比如,在自然界中有许多重复性、周期性的规律,如"节律"、"季节"、昼夜四季更替、生物的全息律、生物活动的"生物钟"。

19 世纪的门捷列夫的元素周期表,是按其内在的和谐规律与对称性,把自然界中的组成元素统一起来,成为化学中一个重要的基础理论。它揭示了元素化学性质的差异,主要取决于原子结构上的:①核电荷的大小和核外壳层电子数多少;②电子层的数目及价电子层的电子数;③电子层之间、电子层与核之间的距离之间的差异。

自然界中的对称和谐统一的天然美,也反映到数学中,如牛顿力学的引力势、电学中的静电势都可以用二次偏微分方程式来描述。

宇宙的对称和谐这一理念给哥白尼与开普勒的宇宙理论学说提供了思想资源。爱因斯坦在建立狭义相对论时,就把对称和谐的思想作为他的科学方法,并把物质世界的统一性称为"内在和谐性"、"内在完美性"与"神秘的和谐"。因此应该承认物质系统"内在美"就是和谐,物质系统的"内在和谐"就是系统事物的"外在美"。其实,对称性本身就是差异协同和系统的外在美。

规律性是系统物质运动、变化、发展中的和谐,符合规律就和谐,否则就不和谐,因此规律性是和谐的标志。各种守恒定律是自然界中统一和谐的表征,我们的任务无非是促进系统事物的过程,向我们确定的和谐方向发展。因为系统事物有无数个差异,就有无数个方向,而且我们要清楚,即使在同一方向,也有许多不同的目的。系统呈现出的和谐性是相对的,是在一定系统物质层次内的和谐;和谐是有条件的、有范围的,是系统自身转化的一种过程。

相似性也是系统物质内在差异的和谐,包括现象、形态、性质、结构和规律表现出的相似。

上述协同原理与和谐原理为差异协同律的立论提供了重要的科学理论依据,此外超弦理论中"自洽原理"与"靴袢原理"也说明了事物的差异引发量子起伏与涨落而通过协同自组织产生新的有序结构。

三、差异协同律与对立统一规律

系统哲学把对立统一规律的基本内容,作为差异协同律对比的基础。

马克思主义哲学认为:首先,一切事物和现象都是相互联系、相互作用的。整个世界是由无数相互联系、相互制约的事物所构成的统一体,任何事物都是这个统一整体中的一个成分和环节。其次,一切事物和现象都是在运动、变化和发展的。恩格斯指出:世界上除了发生和消灭、无止境地由低级上升到高级的不断的过程,什么都不存在。再次,一切事物和现象的联系与发展的实质在于它的矛盾性。世界上任何事物、任何过程、任何思维都无不包含矛盾和处于矛盾关系之中。另外,对立统一律的主要内容是:统一物之分为两个互相排斥的对立面以及它们之间的相互关联;矛盾的对立面又统一又斗争,由此推动事物的运动和变化;有条件的相对的同一性和无条件的绝对的斗争性相结合,构成了一切事物的矛盾运动。

系统哲学认为,系统物质世界是一个差异协同体,简称差异协同子或协同子。差异是指系统内整体诸要素、诸层次、诸功能在结构核和在时空中的差别。差异是系统存在、自组(织)涌现、层次优化、协同发展的内在自组织非线性相干机制的渊源。系统的发展是系统内部要素差异协同的非线性相干的运动,是系统结构功能差异耦合的结果。比如,宇宙的演化是在四种力量(引力、强力、弱力、电磁力)和三类基本粒子(夸克、轻子、媒介子)共计六十多种基本粒子差异协同中生成的。按李政道的话讲,过程也是差异协同作用的硕果,是四种不同力量和六十多种不同基本粒子"协同作战"的成果,"力"之间的差异性与粒子之间的差异性是进化、演化的本质,是动力,是宇宙最根本的精髓。因此多样性是进化的源泉,协同是必要的手段、必要的工具和不可或缺的机制。差异协同就是世界的本质,世界(宇宙)就是一个序列差异协同体。差异包含矛盾。差异是矛盾的前提和基础,没有差异就没有矛盾。差异存在于矛盾范畴的对立、斗争、转化的一切方面和一切过程;差异也存在于协同范畴的和谐、同一、融合和涨落、选择、相互约束、非线性相干、放大等的全过程。差异是普遍的,是一切的开端,是奇点内在的规定性。矛盾是差异的特殊阶段的特殊表现。系统的差异协同是普遍的,没有矛盾的阶段,就存在着差异,矛盾的对立斗争则是个别的和相对的。矛盾是差异发展的特殊阶段。矛盾分对立阶段、斗争阶段、转化阶段。差异是普遍的,对立是少数的,斗争是个别的,对立与斗争是有条件的,无条件的对立与斗争是不存在的。转化是表示旧系统的消亡,新系统的产生。差异包含着矛盾的可能性,但矛盾不等同于差异。差异是系统存在的主要形式和主要阶段与普遍的形式。差异并非一定都要激化而转变为对立。差异在一般条件下能够协同、融合、和谐、一致、放大。差异只有在特定条件下才激化为矛盾。差异存在于系统物质世界的一切方面、一切过程和过程的始终。自组织通过涨落差异、协同产生涌现是系统物质世界发展的根本原因。比如,人类社会的发展是各民族文明差异相互作用的结果。

任何系统都是差异和协同的整体、统一体。差异与协同是辩证的统一。协同总是以差异为前提而存在,而任何系统内在差异又总是和协同相贯通、相联系。系统间的差异在一定条件下是绝对的,协同是相对的,差异与协同之间既存在相互依赖和相互联系,又存在相互作用和相互渗透,即非线性相干。系统在同外界交换物质、能量、信息的条件下,差异与协同相互转化和产生非线性相干。

差异协同律引用差异原理、协同原理和自组织原理来阐述系统物质世界运动的规律,深化和发展了对立统一规律。差异协同律对于传统理论中"一分为二"的理解,已不是传统意义上的理解,而是系统的、整体的、多极的、非线性的、耦合循环的理解。传统理论中"一分为二"的"一"是指统一事物,"分"是指事物内部存在着两个互相排斥的矛盾的对立面;实际上系统物质不仅有分的一面、有合的一面,还有不分不合的第三面;等等。按传统理论"二"是指组成矛盾群的两个方面、两种属性、两种趋向及其相互关系。实际上系统事物不仅存在着两个方面,而且是多系统组成的。习惯上,人们用"一分为二"以通俗、形象、简洁的方式揭示事物的矛盾及其发展的内在联系,对于理解矛盾辩证法起了重要的作用。但它并不能揭示事物存在发展的全过程、演化的全部内涵和全部结局,也不是最科学的表述。差异协同律认为,"一分为二"加"合二而一"才是矛盾范式较为完整的表述。既然是辩证法,只讲把"一"分为"二"、不讲把"二"合成"一"、把"多"合为整体,这本身就不符合客观世界发展的客观规律,也不符合辩证认识论。只讲分不讲合,"二点论"变成了"一点论",必然把事物的差异经过"分",都变成激化了的矛盾,都理解为对立、对抗、斗争一直到你死我活,一个吃掉另一个为止,这就演变成了片面的斗争哲学。

首先,差异协同律认为,系统物质世界由一般差异发展到斗争阶段,是差异中的一种可能,并不是必然,而这种可能只有在系统内部非线性相干作用和外部环境选择的状况下,才会变成现实。在实际中,绝大部分的差异、差距、不同、不一致等现象与问题,不会轻易转化到对立斗争矛盾这一阶段。而系统内部的差异,大都是通过竞争、涨落、协同、选择、融合、共振、对话转变为合力与动力,来推动系统物质世界和谐一致的发展。协同产生合力,协同产生动力,合力大于分力,合动力更能比分动力推动系统整体的发展。差异是系统存在的基础和发展变化的动力源;对立是差异发展的一种可能的特殊阶段,斗争是差异发展的非常阶段。差异孕育着对立和斗争,但绝不等于就是对立和斗争。差异的竞争、涨落、放大、并存、服从、协同、融合、同归于一的现象,比对立、斗争更具有普遍性和客观性,更接近系统物质世界的本质。差异更能促使系统诸要素产生协同与和谐。例如,人类社会"比、学、赶、帮、超"，"取长补短"，市场经济与政府的宏观调控、社会保障体系、政治文明中的法制与民主、人才的"竞争机制"以及生态系统中生物界的共生、寄生等都是解决差异向协同方向发展的具体途径，并能取得整体优化的结果。对于处于对立与斗争阶段的各种要素的差异，只要从系统整体优化出发，也会出现协同发展、和谐一致的可能，例如中美对话、劳工纠纷、暴乱的和解等。差异协同律是系统整体和谐发展的哲学。"一分为二"只讲分不讲合，分的结果，使人们只见树木不见森林，只见个别不见一般，只见部分不见整体，只讲斗争不讲协同。中国的"文化大革命"就是这一理论的产物。因此，系统哲学认为，差异协同哲学、和谐发展哲学比"一分为二"的"斗争哲学"、矛盾哲学，更具有生命力，更能揭示系统物质世界的本质属性，更有利地建立和谐社会、和谐世界。

差异协同律认为，不论是物质世界还是精神世界，也不论是微观世界还是宏观世界、生命体还是非生命体，系统形态都存在着对称与非对称的问题。正电与负电、北极与南极、正数与负数、作用与反作用，这都是系统的二重对称。一般来说，由于这种对称是比较直观的，加之受科学认识水平的限制，所以长期以来人们对这种二重对称现象为主的矛盾对立统一规律予以突出的注意。应当承认，这一点在今天仍然有其一定的科学价值。但是，我们也必须看到，系统联系的对称是多种多样的，是"一分为多"的，是"合多为一"的。如有三重对称(光的三色就是一种三重对称)、多重对称(化学元素的周期是多重对称，其中有八重对称)等。就一个具体事物来讲，也有不同的对称，如晶体中大量的是三、四、六重对称，植物花序普遍有五重对称，基本粒子、原子核有多重对称，还有四种核苷酸(A、G、C、T)的四重对称，人体则有偶对称、五对称(手指)等。李政道讲："最高的对称性就是最多的不对称的可能性。"因此，除了二重的对立统一规律及其思维方法而外，还应有多元素的、多重的差异协同及其思维方法，通俗地讲就是"一分为多"、"合多为一"的方法。后者就是系统思维的基本着眼点，它是人们思维发展到一定阶段才能认识的规律和所形成的思维方式。现在的科学研究已经从对称发展到非对称系统的研究，由简单系统到复杂系统的研究，因此，更需要多元文化的思维方式。

其次,还涉及"真"与"假"二值逻辑的适应范围及其局限性问题。例如一个命题,按二值逻辑,其答案只能是:或者是真的,或者是假的。但从实际来看,还有可能是第三者,这个第三者就是"中介",就是"多元"、"多因素"。由于系统物质世界的复杂性,有简单的二元的线性的对立统一系统,也有多元素的非线性的差异协同系统。我们不能说形式逻辑过时了,不能讲"两极的矛盾对立统一"规律过时了,也不能说多元素的整体性、系统性思想是唯一的正确的思维方式,因为它们适用的范围不一样,近似初等数学与高等数学的关系一样。系统哲学的差异协同律可以说明世界系统物质的复杂性,它既能说明简单二元的线性的对立统一系统,更能说明多元素的非线性的差异协同系统。所以它是一个比较完备的理论。

差异协同律对于运动、斗争是绝对的,静止、统一是相对的这一命题的看法,首先承认它只是对立统一规律的基本内容,但不是唯物辩证法的全部内容,更不是系统哲学的内容。因此,只有在描述矛盾属性(既斗争,又统一)的两个侧面的结合方式的时候,才可以说,同一性是相对的,斗争性是绝对的。但绝对的斗争性又存在于相对的同一性中,这是它们之间的一种联系,因此对于事物的发展过程来说,同一性和斗争性都是起重要作用的,它们的区别是相对的。世界上包括物质系统和观念系统在内,没有抽象的纯粹的绝对的东西。事物、过程、系统都具有绝对的一面,又有相对的一面,还有相互转化的一面。因此,它们既是绝对的又是相对的。它们有产生的那一天,必然也有消亡的那一天,正如恩格斯引用德国诗人歌德所讲的,一切产生出来的东西都一定要灭亡。更重要的是在产生与消亡之间还有生存的那一长过程,而这一过程是我们特别关注的。比如个体人的一生,每个人都知道自己有死亡的一天,但每个人都在拼搏有限的时空,期盼身心健康和有意义的工作、生活。人类是这样,地球是这样,太阳系也是这样。

对于任何事物只承认产生与消亡两面是不够的,更重要的是要承认它发展、演化着的那一面,在研究产生与消亡的同时,更注重研究生存的合理、稳定与优化,这些都是系统哲学对马克思主义哲学的丰富和发展。

系统哲学认为事物的进化发展是差异协同的系统进化,而其原因是多方面的。主要有以下几种:

1. 由于系统内部物质、能量、信息在交换过程中,内在的随机涨落与环境选择因素的相互作用相适应、相统一,便出现系统内在涨落的协同放大,使系统的无序结构逐步转变为有序结构。这种由旧结构的系统进化到新结构的系统的主要原因是来自系统外在环境和内在要素涨落的随机性。这种随机性的非线性的耦合涨落及其放大是系统进化的主要原因,这叫做随机进化。如复制中基因的错位(基因分离、基因连锁、基因自由组合)、股票的涨落、一般市场中物价的起伏、人脑中的认知活动等。

2. 由于系统内在诸因素之间的相互作用、相互联系之间,受初始条件的影响和稳定的外部条件的规定,系统有一个必然的确定的发展变化方向。在外部条件稳定的影响下系统的诸要素之间的非线性相互作用达到某一个阈值时,系统就发生突变,使旧结构的系统进化为新结构的系统,这种演变达到一定的程度,新结构就会涌现出来,使系统发生进化。外部条件影响和内部各因素的互相作用是原因,涌现与系统进化是结果,这叫做因果进化。这种演化一般都可以预测,因此它要求外部条件是极其稳定的,系统的初始条件也有相对的决定性意义。如地球的自转、公转等,这种进化可以满足拉普拉斯的决定论。

3. 由于一切系统都有一种从无序到有序和自组织的明显趋势,一种求极值的态势(求极值的自然力就是高效节能最优的稳态,即最大最小原理),即从简单到复杂发展的过程,从对称到不对称的过程,系统通过自身自组织结构的演化,不断适应环境的变化,从而达到确保其生存的目的。许多生态系统都是这样。系统的这种进化,是由系统自组织的自创性的飞跃和系统的起初条件来决定的,并通过系统活动行为来达到实现系统的目的,这叫做目的进化,以使系统达到稳定的进化,也即选择性进化。

目的进化都有一个终极态的吸引子,如正维数的点吸引子、周期吸引子和分维数的奇怪吸引子。

在渐变演化中,随机的涨落放大与其进化融会于全过程,甚至在分岔的临界点上,它的过渡态是稳定的,而突变正相反,这是区别渐变与突变的根本。这是简单系统与复杂系统重要的区别之一。

因果进化主要是在人工系统及稳定的自然系统中。

目的性进化主要在生物系统,尤其是在人类社会、经济、文化系统。系统的差异自组(织)涌现有一种求极值的自然力、一种趋势。要素的差异导致过程与状态的差异。差异是信息,也是能量、质量,因此它是一切进化的基石,差异的存在和在演化过程中的差异的基础上,协同才是进化的动力。因此在系统演化中随机性、因果性和目的性往往融合在一起,有时一个或者两个起主导作用。

这三个动因综合表现为系统的协同性与竞争性的辩证差异的统一,也可以说是通过协同性和竞争性产生演化的。因此,我们把随机——因果——目的称为系统演化的根本原因,即"动因核"。利用"动因核"来分析认识系统演化的原因,研究系统演化的机制具有重要的方法论和认识论的意义。

在系统差异演化中,要正确认识和把握协同与竞争的相互关系,两者之间既相互依存,又相互区别。协同是在竞争基础上的协同,竞争是协同基础上的竞争。也就是说,在协同引导下的竞争,在竞争基础上的协同。竞争有两重性:一方面它能引起内耗,使系统呈现出增熵的消极作用;另一方面,竞争能激励系统各要素的能动性,使系统呈现出抗熵的积极作用。协同也有两重性:一方面它能使系统出现有序结构,抗御外部干扰,整体放大显示演化;另一方面它能抑制要素的能动性,诱发惰性,引起熵的增加。把协同与竞争有机地结合起来,使其成为互补的关系,各取其有利的积极因素,使消极方面的作用尽可能减弱到最低程度,整个系统便呈现出整体优化的发展趋势。

差异协同律与对立统一律的区别,主要表现在以下几个方面:

1. 两者认识问题的角度不同。对立统一律侧重于把矛盾当作一事物的核心,认为矛盾是普遍的、是推动事物的动力。它强调事物中两极的对立和斗争;而差异协同律侧重于指出问题的全局和整体,及整体中诸要素的差异与协同,并认为差异是普遍的。当然,不仅是个认识的角度问题,由于时代科学技术发展的局限,还有一个理论认识的广度和深度问题。比如人的手指,在紧握拳头的情况下,大拇指在一边,四指在另一边,可以说一只手分两个方向,或叫"一分为二";在手指伸开的情况下,一只手的五指都向同一方向,也可以说是一分为五,一分为多。由此看出了两者认识问题的角度和视野不同,结论也不同。这只是一个粗浅的比喻。

2. 两者解决问题的方法不同。对立统一律强调认识和解决问题只要抓住事物的主要矛盾和矛盾主要方面,问题就会迎刃而解;这种方法往往认为,部分是原因,整体是结果,部分决定整体,部分优,则整体亦优,否则相反。而差异协同律则要求认识和解决问题必须考虑系统的要素、结构、功能,以及系统与外部环境所进行的物质、能量、信息的交换情况,从复杂的众多因素中求解出整体优化的方案。

3. 两者处理问题的结果不同。对立统一律主要强调矛盾的对立双方,只有经过斗争,使一方战胜另一方,消灭对立面的一方,不想求和只想求同。而差异协同律则比较强调诸元素之间的整体性、结构性、层次性、协同性,注重系统的各要素、各元素围绕整体优化进行协同——和谐——竞争——融合。系统发展的结果是多方面的,并有其随机性、因果性和目的性。

4. 两者在发展问题上,矛盾论认为事物是"三段式"的发展,"主要是内在的否定";而系统论认为演化与发展是临界点的分岔和涌现的生成。

5. 两者在认识性质上,矛盾论认为事物性质取决于量变到质变;系统论认为,主要在于事物系统的内在结构以及环境的选择。

6.两者在应用对象上,矛盾论主要是针对战争或敌我政治斗争中;系统论可用在现代战争及国家建设、自然科学和社会科学等各个领域。

7.两者在事物演化的动力上,矛盾论认为事物前进的动力是矛盾与斗争;而系统论认为事物的前进是差异的协同,是涨落、组织和协调,它的动力系统有三个方面:随机性、因果性和目的性。

8.两者的侧重面不同,矛盾分析法比较注重定性的分析,并强调分的思想。系统论则强调整体的思维与优化的思维。

9. 两种理论产生的时代、背景不同。

从以上可以看出，差异协同律发展和丰富了对立统一律。系统哲学一开始就把唯物辩证法的基本原则作为自身立论的基础，但又不满足于它，并综合和发展了它。因此，我们应当学会运用差异协同律，去研究当今世界出现的新情况、新问题。

在论述完五大规律之后，还可以加上许许多多其他规律，因为我们研究的系统是属于开放系统。所以我认为最有规律品格的可能是："系统开放演化律"，其他的规律留给读者自己去寻找吧。

第四章 系统哲学的范畴

　　系统哲学的范畴是反映系统物质世界的本质联系的思维形式,是各个知识领域中的基本概念。各门具体科学中都有各自特有的范畴系统,是人们在实践基础上概括出来的科学成果,转过来成为进一步认识世界和指导实践的方法。不同系统有不同的范畴,有各自特殊的内容。但它们在以下几个基本方面又有着本质上的共同性:它们都是系统物质世界的普遍本质的反映;各范畴都是差异协同的关系;都在实践基础上随着人们的认识的发展而发展,反过来又指导人们的认识和实践。

　　各范畴之间不是彼此孤立的,而是紧密联系的。在系统辩证思维中,范畴也不是单独存在着,而是一系列范畴与自组(织)涌现律、层次转化律、结构功能律、整体优化律和差异协同律等基本规律一起发挥着作用。范畴是规律的补充、表现和展开,二者共同构成系统哲学完整的体系。这一体系的形成,是在唯物辩证法诸规律和范畴的基础上,对现代科学技术新成果和理论成就概括总结的结果。系统哲学的诸范畴是从当代科技成果中循序渐进地抽象总结出来的。这些范畴,不仅适用于系统物质世界的某一层次和范围,而且在自然界、人类社会以及人们的思维中都具有客观性和普遍性。这种层层抽象的过程,既不是简单的"引进"、"照搬",也不是仅仅举几个例子就向高层次"飞跃",而是对客观事物本身具有的系统辩证性质进行科学抽象的产物。

　　系统哲学的范畴系统不同于传统的以成对方式出现的范畴系统,而是以成对、不成对和链等多种方式出现的范畴系统。它具有多样性、广泛性、动态性、普遍性等特征。这种新的范畴系统,是科学技术的迅速发展和人类认识不断深化的结果,是时代发展的要求。它将有力地促进人们从"二极思维"转向更接近系统物质世界本质联系的"多极思维"和"系统整体的思维",克服以往人们在认识系统物质世界上常常出现的主观性、片面性和僵化性,进一步揭示系统物质世界普遍联系的有机性、系统性和整体性。

系统哲学的范畴是人类认识发展的历史产物,它标志着人类对客观世界的认识已进入系统思维阶段。目前这一范畴系统还处于起始阶段,还只是个框架,很不完善,但是它必将随着人类社会实践和科学研究的发展而逐步丰富和完善起来。

鉴于以往人们已对成对的范畴作了许多研究,在本书中将着重探讨非成对的,特别是以范畴链出现的各种范畴。

第一节 存在(联系)范畴

一、系统——结构——要素

系统经过结构的中介联结方式与要素组成了系统物质世界,它是系统的本质属性和存在方式。系统与要素之间如果没有结构的联结,那就不成为系统,同时也就不成为要素。没有中介环节的存在,系统与要素的相互联系与作用就成空白,因此也就成为不可思议的了。所以系统哲学把系统——结构——要素组成一个范畴链,就更能有声有色地揭示系统物质世界是一个有机联系的整体;揭示了系统的非线性有机联系、耦合联系、层次结构联系、功能联系、差异协同联系等多样性及其规律;揭示物质系统运动和发展的具体过程。这一范畴链为现代科学认识提供了重要的原则,为现代科学方法丰富了新内容,把握这一范畴链在理论和实践上具有重要的意义。

(一)系统、结构与要素的含义

1.系统的含义。所谓系统,就是经过结构这一中介环节由若干相互联系、相互作用的要素组成的有机整体。这个定义说明系统要具有要素、结构、功能三个方面,缺一不可。系统是一个有机的整体,整体性是系统最基本的特性。在一个系统中,系统整体不等于各孤立要素的部分之和,系统整体的特性和功能在原则上既不能归结为组成它的要素的特性和功能的总和,也不能从有关组成成分中推导出来。系统整体特性和功能,是各组成要素在孤立状态下所没有的。系统整体的特性和功能,只有当它们作为整体存在时才表现出来;把整体分解为孤立要素时,系统整体的特性和功能也就失掉了。同理,整体与结构、要素与结构都变成各自孤立的部分,系统整体的特性和功能就不存在。组成的要素与中间环节的结构,只有在系统整体中,才有意义;一旦它们离开了系统整体,也就失去组成要素和结构的意义。例如,生命是一个复杂大分子系统,而不是核酸和蛋白质等化学大分子简单相加。只有当以核酸为主的遗传体系与以蛋白质为主的代谢体系之间出现了耦联作用,多分子体系内部建立了信息传递、控制与调节的新关系及中间联系环节结构时,才能出现新陈代谢、自我繁殖、生长发育和遗传变异等生命特征。当核酸和蛋白质离开了生命这个整体,彼此孤立存在而又不具备联结的网络结构时,它们就不具有生命整体的作用和功能了。这就看出,系统、要素、结构的相互关系及整体有机性。当要素与整体确定下来,那么作为中介联结的结构则成为决定的条件了,只有这个条件的存在,才能够维持整体的有机性。

2. 要素的含义。所谓要素,是指构成系统的组成单元。要素是系统的基础和实际载体,系统如果离开了要素,就成为无源之水和无本之木。系统的组成单元具有以下特点:可分为不同的层次;越复杂的系统,其组成单元划分的层次越多;在一个特定系统内,要素之间相互独立,彼此外在,有着差异性;要素之间按一定比例和时空序,相互联系和相互作用,形成一定的结构;同一个要素在不同的物质系统中,其性质、地位和作用有所不同。在一个可分为若干子系统的系统中,要素具有二重性,除了要素自身的地位与属性外,还同时具有子系统的地位与属性。

3. 结构的含义。所谓结构,是指系统与要素之间的中介联结方式。如因果结构的联结关系、层次结构的联结关系、功能结构的联结关系、起源结构的联结关系和非线性的联结关系等。结构在这里已不仅仅是它本身所具有的结构概念,它还是系统与要素联系的中间环节。它的特点是:结构在系统与要素这个范畴链中,是联系与作用;不具有对称性,是客观的普遍的存在;它总是以物质、能量、信息等多种形式存在着。

(二)系统——结构——要素范畴链的辩证关系

1. 系统与要素通过结构相互联系和相互作用。系统、要素与结构三者相互依存、互为条件。没有系统,也就无所谓要素与结构;没有要素,也就无所谓系统与结构;没有结构,也就无所谓系统与要素;没有三者之间的依存与作用,也就没有联系的手段和通道。在系统物质世界中,系统——结构——要素总是相互伴随而产生、运动和消亡,不能单独一方产生、运动和消亡。

在系统处于平衡稳定的条件时,系统的整体性作用通过结构来控制和决定要素的地位、时空序、作用性质和范围的大小,并决定着各个要素的特性和功能,协调着各个要素之间各种关系等。

另外,系统对要素的依赖性,同样要有结构做联结才存在这种依赖性。在结构联系的条件下,要素对系统也有反作用,就是说要素通过结构相互联系、相互作用综合地、辩证地影响系统的特性、功能与规律。各要素间的结构联系的多序量、多维性、多层次的非线性联系,决定了系统整体功能的多样性。

2. 系统与要素在一定条件下通过结构实现相互转化。系统——结构——要素之间的性质和地位的区别是相对的,它们在一定条件下可以发生转化。一方面,当系统通过结构和周围环境在相互作用下,按特定关系组成了较高一级系统时,原系统便转化为较高一级系统的组成要素。另一方面,任何一个系统本身的组成要素,通过结构的相互作用,又可按一定关系组成较为低一级的系统,这时原系统中的要素本身便转化为较低一级的系统了。例如,原子与原子之间通过结构按一定相互作用结合成分子时,原子这个系统就转化为分子系统中的组成要素;进而原子中的组成要素原子核和电子在一定结构下,又可转化为新的核子系统和电子系统。正是由于系统——结构——要素之间地位和性质关系的相互转化,便构成了自然界中一级套一级、一层套一层的等级性和层次性的序列结构。

复杂系统与其要素在结构的作用与联结下,相互转化关系更为复杂。例如,人体这个整体大系统,分化出神经系统、消化系统、循环系统、运动系统等相对独立和特定的功能部门,它们分担了生命整体的活动功能。这种情形,可看作系统整体功能通过人体不同结构及其结构本身,向要素局部功能的有限的、部分的转化,也可以认为是整体功能通过结构向要素局部功能的某种分化。这时的结构是由整体提供的能量和信息来构成的,转化才能进行。还有要素的局部功能向系统整体功能的转化,也必须要通过结构这一环节转化才能实现。例如,人体的内分泌系统受到干扰和破坏,通过神经与人脑这个联结结构,使人体整个生理功能紊乱和失调。这时的结构是因果结构关系,局部功能经过这种关系转化为系统整体的功能。

(三)系统——结构——要素范畴链的意义

系统——结构——要素这一范畴链的产生,是人类曲折、复杂和漫长地认识历史和现代科学技术发展相结合的产物。

从 20 世纪 40 年代以来,科学技术的发展出现了整体化的趋势,各门科学之间相互渗透、紧密联系成为一个统一整体,这时候,形成的系统等综合课题,成了现代科学认识的一种必然趋势。自然科学抽象概括出系统与要素这对范畴,而系统哲学进而抽象概括出系统——结构——要素这一系统范畴链,对于丰富和发展马克思主义哲学范畴具有重大的理论意义;对于人们从事认识世界和改造世界的活动具有重大的实践意义。

1. 系统——结构——要素反映和深化了马克思主义哲学关于事物普遍联系的原理。系统哲学不仅承认世界是物质的,物质世界是成系统的,系统是由要素单元组成,要素单元又是经过结构联系成为系统,而且要素的联结方式是呈层次的,系统——结构——要素形成有机的系统整体。这一世界观即反映和深化了事物普遍联系的原理。

恩格斯指出,我们所面对着的整个自然界形成一个体系,即各种物体相互联系的总体。对于这段论述,系统哲学有这样几点看法:一是恩格斯对普遍联系有了系统思想,但还不完整、还不系统。二是"体系"即系统,"各种物体"即要素,"相互联系"在这里没有作具体说明。三是恩格斯没有提出科学概念的"系统"、"要素"及它们的联系途径和手段,即结构。系统——结构——要素范畴链也没明确地提出。这些课题只有到了今天才能解决,这不能说不是对马克思主义哲学关于事物普遍联系原理的发展。

这一范畴链深化了关于联系的看法。系统哲学把联系看作系统与要素之间、要素与要素之间、系统内各层次之间、系统与外部环境之间通过中间环节结构而相互作用来联系的。这就使联系有了网络和网络结构,使系统物质世界有了立体感,因为物质世界本来就是立体网络结构。

2. 系统——结构——要素范畴链反映了现代科学认识论的重要原则。系统使人们的认识对象由"实物中心论"转向了"系统中心论",由"矛盾中心论"转向"差异协同论",使人们的思维方式由二极转向三维与多维思维。这一转化标志着人们在认识结构上的变革,在一定程度上改变了人们观察和认识世界的原则:系统——结构——要素——结构——层次——结构——回归系统——结构——外界环境……一方面,人们从系统整体出发,经过要素、层次,又回到系统整体,这恰好符合人们认识系统世界的原则,即差异的系统整体是人们认识的起点与归宿;另一方面,结构使其联系和作用由空洞无物变为实实在在的系统存在,而且是人们认识客观世界的中间环节。

系统世界具有丰富的内容:系统的整体性、复杂性和有机性;系统与要素之间、要素与要素之间、系统与环境之间的结构联系与作用;系统运动、变化和发展的规律性;系统结构、功能和运动过程的优化;等等。系统哲学的世界观可以把马克思主义哲学的某些原则定量化和精确化,从而一方面把哲学理论推向更高级的发展阶段即系统哲学阶段,另一方面更有效地为解决实际问题服务。

系统——结构——要素这一范畴链为科学认识提供了整体性原则、非线性的相互联系原则、有序性原则、动态性原则、优化性原则。坚持把这些原则用于现代科学技术和其他各个领域,就是科学的系统方法。

3. 系统——结构——要素范畴链丰富和深化了分析——综合的科学方法。用传统分析法、综合方法和思维方法,往往得出部分功能好则整体功能也一定好、部分功能不好则整体功能也一定不好的逻辑结论。在复杂的系统物质世界中,这样的结论一般是不完善的。

系统——结构——要素范畴链在方法上赋予了传统的分析法和综合法以新的内容和含义,丰富和深化了辩证逻辑的分析——综合法。它强调从整体出发,在对整体结构、功能等初步综合的前提下,通过结构中间环节,再对要素进行具体分析,建立必要模型,再回到整体的综合。在思维方式上:第一,把综合作为出发点和归宿,以彻底认识事物的复杂性为目的;第二,把分析与综合通过中间环节比较,紧密结合起来同步协调。分析与综合在结构这个基点上找到了同步协调的路子。值得注意的是综合——比较——分析再综合,这一范畴链已不是二极思维,而是三维思维或多维思维,并且在分析中都以综合为指导,而不是先于综合。同样,在综合中也贯穿着必要的分析,而不是脱离分析的综合。在这里比较则是贯穿于综合与分析全过程之中。我们在复杂系统的研究中使用综合——比较——分析再综合的方法,更具有重要的意义。

二、结构——涨落——功能

结构——涨落——功能形成范畴链,这一范畴链是系统物质世界的本质属性,是系统哲学范畴的核心范畴。

(一)结构、涨落和功能的含义

1. 结构的含义。所谓结构,是指系统物质世界内各组成要素之间的相互联系、相互作用的方式。它是要素与要素之间相互联系和关系的总和。相互作用的方式是指各要素在空间内的一定排列和组合的具体形式,是指各要素之间的具体联系和作用的形式。

系统物质世界总是以一定的结构形式存在着、运动着和变化着。在自然界中,物质与结构总是不可分割的。非生命界的总星系、星系团、星系、恒星、行星、宏观物体、分子、原子、原子核和基本粒子等都有结构;生命界的细胞器官、组织、个体、群体等也都有自身的结构;人类社会的科技、政治、经济、文化、思想等构成社会整体结构;又由第一产业、第二产业、第三产业和信息产业等构成动态的经济结构;还有家庭、工厂、商店、学校、团体、党派、阶级等都是有结构的整体;人的能力也是有结构的,如观察力、注意力、理解力、想象力、思维力以及工作能力等构成人认识和思维领域中的结构。所以说,结构在系统物质世界中具有普遍性和客观性,并处在运动转化中。

系统要素的结构形式不同,从而形成不同性质和功能的物质。要素之间经过涨落的具体联系形式不同,致使各个要素在空间的排列顺序、距离和方位也不同,形成了不同的结构形式,也就形成了不同性质和功能的系统物质。结构具有三要素,即要素的特性、要素的量子涨落的平均规模和放大效率、要素结合的方式和组织程度,即"时空序"。结构三要素是结构的实体基础要素,结合方式和组织程度是结构的实质和核心内容。

结构相结合的方式和组织程度取决于结构力。结构力有引力、电磁力、强力和弱力四种基本相互作用力。这是结构存在的根本原因,它使系统诸要素间发生相互联系和相互作用。结构力对要素有相互限制作用、要素间相互筛选的机制作用和诸要素的相互协同作用,它是系统差异协同的动力所在。

诸要素在结构力的作用下,一旦形成有机的系统,就具有:整体性、层次性、核心性、有序性、稳定性、变异性和功能性等;除核心性外,其他几个特性都在本书有所交代,在这里就不再表述。系统结构具有核心性,它是指当系统的诸要素在结合时,物质、能量、信息在时间和空间上的分布往往不是绝对均匀的,而总是有稀密之分、繁简之别。在它的某个部位或发展的某个阶段上,要素的能量、信息比较密集、复杂,而在其他部位或阶段上,则相对比较稀散、简单。这种密集、复杂处就是结构的核心,也是物质、能量、信息的核心,如核能可称为结构核。结构核是普遍存在的。例如,银河系有银河核,太阳系有太阳核,地球有地球核,原子有原子核,细胞有细胞核,人脑是人体的核心,首都及中央所在地是一个国家的政治核心。结构核是决定整个结构的核心。因此,要改造结构,首先要改造结构核;要构建新结构,关键要创造新的结构核。系统越复杂结构核越多,形成一个核系统必须要有一个具有核心地位的结构核,这是系统物质世界的普遍规律。如,中医的穴位图就是一个有力的证明;又如,中国的改革无非是从村、乡镇、县、省到中央建立一套政治、经济、文化的宏观可调、微观灵活高效的管理核系统,就如同人体穴位的管控系统。

2. 功能的含义。所谓功能,是指系统物质整体具有的行为、能力和功效等。功能分外部和内部功能两种。外部功能,是指系统物质整体与外部环境相互作用时,所具有的适应环境、改变环境的作用、能力、行为和功效等。它是系统自组织结构的外在表现。内部功能,是指系统整体对要素的作用、能力、行为和功效等。例如,人脑的内部功能是协调两个半球和各个分区,对摄取到的信息进行储存、加工、整理;而人脑的外部功能则是控制、调节、制约机体对外部刺激作出相应的反应。功能是系统物质世界普遍属性的本质概括,功能是多样的和分层次的。复杂的系统物质,其功能也就呈现出多样性。

3. 涨落的含义。所谓涨落,在结构——涨落——功能这一范畴链中,其含义是指结构与功能在系统内联系的方式。系统要素在结构力的作用下,使要素结合在一起,出现结构。而结构方式决定了结构功能,而功能的显现,又要靠内部的和外部的环境与系统作用、联系,而这种作用、联系则是系统结构显现功能的涨落;反之,功能在涨落中才把结构的作用显示出来。因此,涨落是结构与功能之间相互联系、相互作用的中间联结方式。它是客观存在的,并在结构与功能之间起作用。结构与功能通过涨落相互联结、相互制约、相互规定(如下图所示)。涨落是结构振荡和功能振荡的波动与变化。从下图可以看出,结构通过涨落规定和主导着功能,而功能通过涨落又影响和改变着结构。在系统物质世界的发展过程中,结构和功能通过涨落形成结构决定功能,功能改变结构的无限动态序列。

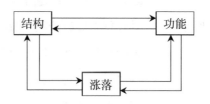

（二）结构——涨落——功能的辩证关系

1. 结构——涨落——功能是相互依存和相互制约的,结构与功能通过涨落相互联系是复杂的和多样性的。常见的联系有三种类型:第一种,同构同功。有什么样的系统结构,就有通过涨落联系的特定功能。相同的结构,在涨落中表现为相同的功能。例如,尿素不论是天然的还是人工合成的,都具有同样的结构,经过与土地相联系出现涨落,尿素促进农作物生长的功能就能显示出来。尿素不与土地联系,涨落也不会显示出来,尿素的功能也就不能显示出来。第二种,同构异功或一构多功。如果一种结构的某种功能消失,决不意味着会存在没有功能的纯结构。实际上,其他形式的功能还依然存在,结构系统还是继续表现出功能性。这种结构的功能继续显出,涨落总是伴随结构、功能产生、发展和消亡。第三种,异构同功。结构不同,但却有相同的功能。如塑料瓶子与玻璃瓶子结构不同,但两者都能在涨落联系中,显出装油、水或其他液体的功能来。

结构与功能是通过涨落相互制约的。一方面,结构决定功能,系统有什么样的结构,就表现出相应的功能。系统的稳定结构规定着、制约着系统功能的性质和水平,限制着系统功能的范围和大小。如在力学中,用同样 M 根木条,用钉子把它们钉为字母"N"、"H"和"A"的形状时,其稳定性有很大差别。这说明在涨落作用下,木条的结构功能才显示出来。另一方面,功能又具有相对独立性,可以反作用于结构,当然也必须通过涨落来进行。功能与结构相比,功能是相对活跃的因素,而结构则相对保守。功能在各种外在因素及涨落影响下,可以不断地发生着变化,这种变化反过来影响结构。功能对结构的影响可分为两种情况:一种是功能优化、进化影响结构有序进化。例如,牛咀嚼大量草本植物的长期最佳"功能锻炼",便引来臼齿的增加,腭增长和整个头部的结构都发生了一定的变异。另一种是功能退化影响结构退化或消失。例如,寄生虫中的牛绦虫,由于寄生虫在牛肠内,适应吃寄生的"现成饭",而长期退化的"功能锻炼",它的消化器官的结构消失,神经系统的结构也发生了退化性变异。功能的反作用证明功能和结构之间是既相适应、又相差异的协同体。结构要支配控制功能大小、范围、性质和水平,而功能在环境影响下变异,反过来又影响结构,引起结构的变化,甚至突破原有结构的束缚。

2. 结构与功能在涨落条件下相互转化。结构与功能在涨落条件下,是可以相互转化的。一方面,结构——涨落——功能这一范畴链彼此相通,包含转化的方面。结构本身可构成一个系统,因此结构系统又有它自身的功能。同样,功能本身也可构成一个系统,功能系统又有它自己的结构。结构通过系统包含了功能,功能也通过系统包含了结构。另一方面,结构——涨落——功能的因果关系的转化。结构变化之因导致功能变化之果。结构变,功能也变,旧事物转化为新事物。反之,功能变化之因导致结构变化之果。结构与功能互为因果。功能的变化是由结构变化的原因所引起;反过来,功能的变化又是引起结构变化的原因。这是一个可逆非线性的双向过程,但它具有规定的条件性。生物进化过程中的遗传与变异过程,就是一种典型的结构与功能通过涨落在自然界特定条件下互为非线性的因果关系的例证。

(三)结构——涨落——功能范畴链的意义

1. 结构方法是认识和研究系统物质世界规律重要的普遍的方法。结构方法,就是把结构范畴的理论转化为科学的认识方法和研究方法,就是结构法。这一理论为自然科学和社会科学提供了认识与研究方法。系统哲学揭示的结构——涨落——功能这一范畴链,丰富和发展了结构方法。当研究结构与功能时,必须把研究对象放到涨落中去研究,才能有更大的实践与理论意义。

结构方法对自然科学研究带来指导和帮助,有两个方面的意义。第一,研究系统内部结构,就是研究系统的规律。因为系统的内在规律就是系统内部结构的概括和总结,并且还要通过系统的结构反映出来。人们掌握规律,获得自由,也必然要表现在对系统物质世界内部结构的认识上。结构——涨落——功能范畴链在本质上是一种从相互作用的终极原因上揭示系统内在规律的方法。第二,研究系统的结构形式,解决同构异素问题。所谓同构异素问题,指在某种情况下,尽管系统在内容上各不相同,但在形式上都具有相似的结构形式。如不管哪种球体,我们都称为"球形"。研究球形体积与直径之间结构形式关系,只要从中导出球体体积公式,不管是何种要素的球,均可利用该公式求出其体积。

2. 结构——涨落——功能辩证关系为人们认识世界和改造世界提供了重要原则和方法。根据结构决定功能,功能反映结构,又反作用于结构的原则,可以根据已知结构推导出它的功能;或是根据已知对象的功能,推导出它的结构。

人类可根据同构同功原则作指导,来创造同天然物相同结构和功能的人造物。1965 年,我国根据天然牛胰岛素具有天然胰岛素的结构,在世界上首次人工合成了牛胰岛素。这个人工牛胰岛素也具有天然胰岛素的生物化学性能。

结构——涨落——功能系统关系的基本原则,是建立现代化功能模拟法的理论基础和指导原则。根据这一原则,人们开辟了向生物界寻求科学设计思想的新途径。例如,苍蝇的眼睛是由 4000 多个小眼睛组成的,分辨率极高。人们模拟苍蝇的这种功能,制造出一种蝇眼式的照相机,镜头由 1329 块小透镜黏合而成,一次可以拍摄 1329 块照片,分辨率高达每厘米 4000 条线。这种分辨率的照相机和苍蝇眼睛的分辨率相同。

3. 结构——涨落——功能系统关系为社会变革提供了原则和方法。当前,社会变革遍及整个世界,是现代实践的重要内容。社会变革,就是在一定社会思想和价值取向的支配下,实际上就是创造社会人造物。改革经济体制,就是要改掉不佳的经济结构及其功能,建立更科学的、促进生产力发展的经济结构。社会变革的价值取向,是从被改革领域获得新的职能或功能。而新功能的获得,必须从改造其结构入手,尤其是改造结构核入手,即从政府结构入手。例如,要充分地提高政府部门的指导职能、服务职能、协调职能、监督职能、控制职能,就必须调整其机构或结构。职能是通过机构发挥作用的,不调整和改革阻碍职能发挥的机构,职能的发挥就失去了保证。可见,结构与功能问题,是当今社会改革关注的中心问题。

结构——涨落——功能这一范畴链的提出,是在现代科学和实践的基础上,提炼、升华出这一范畴链的,是马克思主义哲学发展的必然。

三、状态——过程——变换

(一)状态、过程和变换的含义

系统物质世界可分为若干层次。在系统内各层次间普遍存在着在高一层次不发生质变的条件下,低一层次则可出现方式或表现形式的变化。

1. 状态的含义。状态是指表征系统物质所处的状况。所谓状态,是指在一定时空内,一定系统物质在性质不变时的存在方式或表现形态,这种存在方式或表现形态是一个过程。

系统物质状态和系统物质本身有着质的区别。状态不能离开系统而存在,而任何系统物质总要表现为一定的状态。状态是系统物质的属性,是系统物质存在的方式或表现的形态。系统物质属于高一层次的范围,而状态则属于低一层次的范围。在系统物质不发生结构改变的情况下,它的状态的改变相对于这个系统物质则只能是一种数量的变化。例如,以原子看,原子属于高一层次,而其中电子所跃迁的各种轨道能极状态则属于低一层次。对于原子层次来说,这种能极状态的跃迁都是一种数量的变化。

在系统物质世界中,状态具有客观普遍性和多样性。一种具体状态的出现,都有它的数量和质量界限,都有一定的关节域。在一定的关节域内,状态可能出现一定程度的变化,但这种变化只有数量上的增减而无性质上的改变。例如,在水分子的化学性质保持不变和一定的大气压下,水可以有固态、液态、气态三种物理状态。这三种状态都有自己的温度界限,当在一定界限内发生温度变化时,这三种状态仍保持不变,这时,水的温度的变化对于水的物理状态来说是一种数量变化。

2. 变换的含义。变换是指表征一个系统物质在其状态层次上的某种改变。所谓变换，是指状态间的转化或更替。这种转化或更替可以发生于两个状态之间，也可以发生于多个状态之间。变换与系统物质性质的变化有着质的区别。系统物质性质的变化属于高一层次的范围，这种变化一旦发生，一个系统物质就向另一个系统物质转化了。变换属于低一层次的范围，它与系统物质的变化也存在着从属的关系。变换是系统物质变化的一种形式，即物态的变化。状态的变换相对于这个状态所从属的物质系统是属于量变。状态的变换相对于发生改变的状态本身则是质的改变。在变换中，一种质的状态转变为另一种质的状态，是由新的状态代替原来的状态。例如，在原子性质不变的情况下，其中电子由一种轨道能极状态跃迁到另一种轨道能极状态时，能极状态之间发生的变换，对于原子层来说，是一种量变，而不是质变。然而，它对于电子的能极状态，则是电子能极的跃迁，是由一种能极状态转变为另一种能极状态，属于状态之间的质变了。

状态、变换与高一层次的系统物质及其变化的关系，都是一种从属的关系。状态是从属于系统物质的，变换是从属于系统物质变化的一种特殊形式。在高一层次系统物质不发生质变的情况下，状态的变换属于高一层次中的量变；状态的变换在状态这一低层次中则属于质变。

3. 过程的含义。所谓过程，是指状态和变换作为物质系统的两种表现形态，它们之间的变动关系可以看作是态与态之间相互转化。物质系统就其自身存在的方式来说，可以把原状态视为相对稳定的态，而把一种状态向另一种状态的转化过程，视为状态和变换两种表现形式之间的中介，或把这种转化过程视为一种动态。由变换过程的动态，又向新的相对稳定的态转化。由一种状态到另一种状态的转化作为一个整体过程，其中包括两个阶段：即从相对稳定的态到动态的转化以及由动态到稳定的态的转化。如果动态之中出现了亚稳定态，那么，稳定的态和动态之间的转化就更清楚了。我国北方山地暗针叶，由杨桦向针叶林的转变，中间经过一个杨桦的混交状态，这就是转化过程或称为亚稳定态。任何物质系统在性质不变时所表现的形态的稳定性态是相对的,其中包含了转化因素。当转化因素达到一定界限时,物质系统就由旧的状态变换到新的状态。这一系列的转化表现为过程,它是状态变换的中介。

(二)状态——过程——变换的辩证关系

状态和变换具有不同的性质和特点。一个系统物质,在某一范围、某一层次来考查,其状态和变换具有确定的界限。但是两者在一定条件下又相互依存和转化,具有统一性。

状态与变换是相互联系的。状态是变换的基础和根据,没有状态就无所谓变换;离开了一定的状态,任何变换都不可能发生。变换是状态的一种动向和表现,离开了变换,状态也就不能在同一层次的因果关系等诸多联系中存在。状态与变换之间具有不可分割的过程关系,归根结底来自高层次上的系统与运动之间的关系。因为状态是系统物质的存在方式或表现形态;变换是系统物质存在方式或形态的转化、更替,是一种形式的改变,状态必须经过转化过程才能实现原状态物质系统向新状态物质系统的变换,所以,由物质和运动之间不可分割的关系,就派生出了状态——过程——变换之间不可分割的关系。

状态发生变换的情形是十分复杂的。在同一层次内,一种状态经过不同的过程往往可能发生多种变换。如一种化学反应的平衡状态,在增加反应物浓度的条件下,平衡状态可以向正反应方向移动;反之,在减少反应物浓度的条件下,平衡状态又可以向逆反应方向移动。状态变换可分为积累式和突发式两种类型。前者是通过新要素的积累和旧要素的逐渐消失,而实现由一种状态向另一种状态的变换。后者是当变换的条件一旦出现后,旧的状态即迅速转化为新的状态。不同稳定状态的生态系统之间的层次过渡就是一种积累式交换。一定条件下固态硫向气态硫的升华,就是一种突发式变换。与此相反的情况也同样存在。同一种变换也可能来自不同的状态。在通常的条件下,固态的碘可以升华为气态碘;同样,只要条件具备,液态的碘也可以蒸发为气态碘。状态和变换的这种相互依存的关系,使我们认识了物质系统的状态,也就认识了状态的变换,从而就确定了状态。同时还认识到任何系统物质状态的变换,都需要一个转化过程,忽视状态变换过程的存在,状态的变换就将成为不可能。

状态与变换是相互转化的过程。在同一层次来看,这一过程可以发生地位和作用的转化。状态在一定场合下,可以转化成为变换。反之,在一定条件或关系下,作为变换的东西,也可以成为状态。任何状态都是一定条件和过程的产物,现阶段的状态即是过去状态发生变换的终点,又是下一阶段变换的起点。随着内部差异及其外部条件的变化到一定程度时,任何状态都会发生变化。状态变换(动态)过程新的状态过程新的变换(动态),如此循环往复,这就是系统物质存在的方式或表现形态的基本发展过程和趋势。

(三)状态——过程——变换范畴的意义

状态、过程与变换这组范畴在哲学上的重要意义,是丰富和发展了质量互变规律,补充和完善了结构功能规律。

质量互变规律,揭示了同一层次的事物在总的量变过程中存在着部分质变,揭示了同一层次中事物量变过程的多样性和复杂性。这些原理对于人们认识自然界物质运动变化过程的规律,具有重要的指导意义。状态过程与变换这组范畴,进一步丰富发展了质量互变规律中的某些原理。

1. 它在一个系统层次中的量变和质变关系的基础上,进一步考察了高低两个层次中的量变和质变的关系,揭示了两个层次中存在着在高一层次物质系统不发生质变的情况下,低一层次在一定条件下可出现量变与质变的两种形态,在这两种形态变化中,有一个转化过程。

2. 低一层次中的量变与质变的两种形态和过程,又反过来揭示了高一层次中系统物质量变的复杂性、曲折性和可能的方向性,揭示了人类社会、自然界的量变不是单纯的量的增加或减少,而是以一种非线性的多因素的方式进行的。

3. 揭示了低一层次中量变质变过程的多样性及其联系和转化过程的规律性。

状态、过程与变换这组范畴,还从物质与运动关系的一个侧面或一个方面提出了高低层次之间关系的研究新课题。各门自然科学不仅要研究本门学科所涉及的主要物质层次中的运动、变化和发展的具体规律,而且要研究物质层次之间的关系和规律;研究在高层次质量互变的情况下,低层次内的运动变化和发展的规律;研究在高层次规律指导下,低层次内的运动、变化和发展的特殊规律;研究高级运动形式规律支配之下的低级运动形式的特殊规律。

状态、过程与变换这组范畴,又为自然科学进一步形式化的研究提供了方法论的指导。只要在高一层次系统物质性质不变的情况下,任何一个低层次的运动和变化的过程,都可作为它对某种状态的一系列的变换。由于系统物质所表现出来的状态是有相对的稳定性,所以,只要任何一种确定的状态存在,就可以把这种状态形式化、定量化和精确化,找出表征状态的形式规则来。同样,由于两个状态之间的变换只是一种形式的改变,而事物本身的性质没有改变。因此,这种变换也就同样可以形式化、定量化和精确化,找出变换的形式规则来。随着人类认识的深化,对物质系统状态、过程与变换关系的描述也将日臻完善,而这组范畴的日益精确和丰富,意味着人类对客观世界认识的不断深化和发展。

第二节　发展范畴

一、渐变——状态变量——突变

渐变和突变是系统物质运动变化和转化过程中十分普遍的现象。对于这一现象加以概括就形成了渐变——状态变量——突变的范畴链。

（一）渐变——状态变量——突变的基本含义

渐变是不明显的、缓慢的、在较长时间内完成的变化过程。其基本特点是,相对于同一系统结构层次上的突变过程,一般表现为较长的时间跨度,较缓慢地进行变化,变化的量比较小,变化的质比较弱,并且通常可以用一条连续变化的曲线形式表示出来。渐变普遍存在于物质世界的运动中,在生物中表现尤为突出,生命的起源和发展、大多数的物种的形成、胚胎的发育等都是一种缓慢的逐渐的和连续的变化过程。

突变则是明显急促的、在短时间内完成的变化过程,是指在物质结构某种层次上,一种突然迅速发生的剧烈运动形式。其基本特征是,突变过程的时间跨度相对于同一层次上的渐变过程比较短暂、变化的强度迅速激烈、变化的量大,而且一般都表现为一种间断性的形式。诸如火山、地震、超新星爆炸、物体间剧烈碰撞、太阳发生的异常爆炸、洪水、冰期、原子的聚变和裂变,等等。

渐变和突变同量变和质变一样是事物发展的两种状态,量变是一种逐渐的、不显著的变化,即渐变。质变是根本性质的变化,是事物由一种质的形态向另一种质的形态的突变。渐变和突变同量变和质变一样,它们的相互转化都是系统事物发展的普遍规律。量变与质变相互转化的中介是度,渐变与突变相互转化的中介是状态变量。

状态变量这一概念是系统哲学吸收了突变论这一当代最先进的理论成果而赋予渐变——状态变量——突变范畴链的一种新的含义。系统事物为什么有的不变(相对而言),有的渐变,有的则是突变。突变论通过对状态变量的研究广义地回答了这个问题。控制变量和状态变量是突变论中两个最基本的概念。控制变量是指那些作为突变原因的连续变化因素;状态变量是指可能出现突变的量,当控制变量不变时,状态变量处于稳定状态。当控制变量变化时,状态变量也随即变化,一般是渐变状态;当控制变量达到某一数值时,状态变量原有的稳态消失,发生突变。例如,在水的物相变化中,控制变量是温度和压强,它们始终是连续变化的;状态变量是水的密度。在一个大气压下,到摄氏 100 度,水就沸腾,从液态变为气态;到摄氏 0 度以下,水就由液态变成固态,成为冰。这是突变的典型例子之一。突变论的创始人托姆经过严格的推导,证明了当状态变量小于 2 时、连续变化因素小于 4 时,大千世界形形色色的突变过程,都可用七种最基本的数学模型来表达。它们是:折造型、尖点型、燕尾型、蝴蝶型、双曲型、椭圆型和抛物型。这些模型为进一步认识质态转化的过程提供了科学依据。它提供的突变模型表明,质变可以通过飞跃的方式来实现,也可以通过渐变的方式来实现,并给出实现这两种质变方式的范围和条件,从而为考察一个过程是渐变还是飞跃提供了新的判别方法。在严格控制条件的情况下,如果质变经历的中间过渡态是不稳定的,那它就是一个飞跃过程;中间过渡态是稳定的,那它就是一个渐变过程。它回答了在一定情况下,只要改变控制条件,一个飞跃过程可以转化为渐变,而一个渐变过程也可以转化为飞跃。这就为人们正确认识、利用并改造客观世界提供了新的方法。

(二)渐变——状态变量——突变范畴链的辩证关系

渐变向突变的转化,往往是在系统达到某种极端的状态之后出现的物极必反,系统达到高峰就会向对立面转化。看来是完善稳定的系统,通过某种随机因素,某种扰动或涨落,猛然间会出现突发性雪崩式的变化。突变向渐变的转化不同,突变向渐变的转化,往往是在系统发生突变后,在新质规定下,出现平稳的变化状态,系统完成突变后,激烈的变动结束了,新的变化周期开始了,这时,微小的扰动或涨落,对系统没有明显的影响。

系统的渐变和突变,既相互对立,又相互统一。所谓对立就是说渐变和突变无论在空间和时间上,还是在强度和方式上都表现了系统物质运动形式的两种不同性质的差异,各自具有不同的规定性。在运动变化着的系统物质结构的同一层次上,突变就是突变,渐变就是渐变,二者有严格的界限,所以渐变和突变是一组对立的概念。

但是,渐变和突变除了对立的一面,还有统一的一面,这种统一性主要表现在下列三个方面:

1. 渐变和突变是相对的。如同日常所谓的慢和快、小和大、上和下等概念都具有相对意义。事实上要想在系统事物中找到一定结构的规定性,分化出来两个差异概念的绝对界限是不容易的。因为系统总保持着自身的连续性,总在一切差异中所反映的客观过程中存在着中间过渡环节,或中间层次,这就是常说的中介。所以从这个意义上说,一切差异都是相对的。地球演化过程中所表现的突变就更具有相对性。比如喜马拉雅山的隆起,至今仍然以每年2厘米的速度上升,地质学家认为这是一种急剧上升的造山运动。然而如果与日常见到的物体运动速度相比,显然可谓是一种极缓慢进行的渐变。同样,一次地震或一次火山爆发,对于局部地区,无论从规模上,还是从能量的释放程度上都是一次突变。但对于整个地球而言,或对于整个地球内部蓄积的全部能量而言,却又只是微小的渐变,因为一次地震或一次火山根本不能使整个地球结构形态或整个地球内部的能量发生明显的变化。

渐变和突变无论在空间规模上,还是在时间速度上,或结构、形态及能量变化程度上,或采取的形式上,都是有相对意义,无绝对界限。渐变与突变的绝对性存在于这种相对性之中。

2. 渐变和突变是有层次的。所谓渐变和突变的层次性,就是指在系统的发展演变过程中,由不同性质的变化方式所构成的演变结构。对于同一具体事情的演变方式来说,具有紧密联系的渐变形式和突变形式就构成了一个层次。例如,基因突变相对于几千年保持稳定状态的基因是一次突变,这种突变与基因的相当稳定的、缓慢的微小变化构成了同一层次。在同一层次中,突变与渐变具有绝对意义。但是由于有利的基因突变,在自然选择作用下经过漫长时期的积累,旧种态逐渐发生质变形成新种态,这就进入第二个层次。在第二层次中,每一次基因突变只不过被看作是形成整个新种态的渐变过程中的一次极其微小的渐变,而且正是第一层次的微小突变构成了第二层次的长期的渐变过程。也就是说,第二层次的渐变是由第一层次的突变转化而成,它包含着第一层次的突变。对于不同的层次来说,渐变和突变无绝对界限,两者是相对的。在新种态形成之后,可能在几万年甚至几亿年间都处于缓慢的、连续的、为人类所不能察觉的逐渐变化的过程中。但是当某些物种所栖息的环境发生剧烈变化的时候,或者是在生存斗争中某些物种处于劣势的时候,或者是当地球上发生大规模的剧烈灾变事件的时候,就会造成一批物种或大批物种的灭绝,从而中断一些物种的渐变性演化过程。由全球性的灾变造成的大批物种绝灭,甚至会导致在生物进化史上出现断层,即暂时的退化现象。物种的这种局部的或大规模的绝灭现象所表现的突变(激变)与物种演化过程中发生的基因突变,显然不是同层次上的突变。它和整个物种的缓慢演变过程属于同一层次,也可以说这种突变属于宏观上的突变。

同理可知,上述宏观上的突变,又可以说是第二层次上的渐变。对于更高层次上的物质运动也不过是渐变过程中的一次微小事件,因为在地球上,无论发生多么巨大规模的突变,对于整个太阳系、银河系,整个宇宙来说,都不过是其漫长演变过程中的一次微小波动,根本不能使太阳系、银河系及整个宇宙发生本质上的突变。

从渐变和突变的层次上可以看出,两者的统一性就在于高层次(序数大的层次)上的渐变包含着低层次上的突变;低层次上的突变构成了高层次上的渐变。在同一层次上,渐变和突变具有严格界限;在不同层次上,渐变和突变就没有严格界限。没有低层次上的突变就没有高层次上的渐变,没有高层次上的渐变,也就谈不上低层次上的突变。所以孤立地看待渐变与突变是一种形而上学的观点。渐变与突变既相互转化,又相互依存、相互渗透、相互统一。

3. 渐变与突变相互统一性还表现在二者的相互转化上。在一定条件下渐变可转化为突变,突变也可转化为渐变。又由于渐变和突变只是在一定条件下相互转化,因此在许多情况下,渐变不一定转化为突变,突变也不一定转化为渐变。例如,海水的蒸发,可以说,从始至终就是一个渐变过程,即逐渐蒸发的过程,就目前所知地球上还没有什么力量能使海水的蒸发发生突变。又如两个正负电子相撞,迅速湮灭生成两个光子,这样的突变就不一定转化为渐变。此外,突变也不一定都由渐变引起,可以说,由偶然原因导致的突变,不存在作为突变发生原因的渐变过程。如日常所见到的偶发性事件,预先都不存在一个与该突变有直接因果关系的渐变过程。渐变和突变的相互转化是错综复杂的,正是这种复杂性表现了系统发展变化形式的多样性。

(三)渐变——状态变量——突变的意义

渐变——状态变量——突变范畴,是基于突变论的崭新理论,其应用范围很广,涉及自然科学和社会科学的广泛领域。尽管目前在社会科学中的应用争论较多,但其前景是诱人的。国外有的学者把突变理论用于研究股票市场的崩溃、局部战争或冲突的突然爆发;用"战争代价"与"威胁"的变化来解释国家在战争与和平之间的抉择;用犯人的"紧张心理"和"孤独感"的变化来解释狱中的暴乱或平静局面的出现;用"经济效益"与"人口密度"的变化来解释古代某些城市的兴衰盛亡;还有用突变理论来研究人脑模型、大都市模型和城市发展模式;等等。至于如何运用这一理论来控制社会中的突变,关键是要把握量变到质变的"度",也就是渐变到突变的"状态变量",这是国际社会学者正在致力探索的问题。

科学上对渐变和突变的研究告诉我们,只以渐变为基础的理论,或只以突变为基础的理论,都是不完善的。实践证明,渐变论和突变论("突变"也被译为"灾变"、"激变")各自反映了事物发展变化的一个侧面,都含有一定的合理成分。托姆所提出的突变理论就是把二者结合在一起的产物。他虽然仍沿用了居维叶所使用的"突变"一词,但他的基本思想却和居维叶的灾变论截然不同。他对渐变引起突变的各种复杂现象,进行了较为深刻而全面的理论说明。有些学者把突变理论的产生称为"又一次智力革命",是"用精密的数学工具描述生物、社会科学等复杂现象的一次突破"。因此,正确认识渐变——状态变量——突变这一系统运动的表现过程和表现形式,对于深入认识人类社会和自然界的发展演变规律,有着十分重要的意义。

二、平衡——定值——不平衡

宇宙间千差万别的系统物质,都表现为平衡和不平衡(非平衡)状态。其中,任何一个系统物质的客体自身,又都存在着平衡和不平衡的差异协同,又都经历着平衡到不平衡,再到新的平衡的周期运动和发展过程。整个宇宙系统处处呈现出平衡和不平衡、相互联系和相互转化的系统辩证的关系。

(一)平衡、定值和不平衡的含义

平衡——定值——不平衡是标志事物差异协同运动状态的范畴。任何事物内部都存在着差异的诸因素,诸因素之间又总是构成一定比例和关系。自然物的诸多因素在比例关系上达到和维持在某一定值时,诸因素之间表现出协调、和谐、一致、适应或均衡等关系,这时该系统物质所处的状态就谓之平衡状态。反之,自然物的诸多因素在比例关系上不在那个应有的定值之内,诸因素之间表现出不协调、不和谐、不一致、不适应或不均衡的关系时,这时该系统物质所处的状态,就谓之不平衡状态。平衡与不平衡的相互转化之间有一个很重要的概念"定值",即为这一范畴的中介。"定值"是个最一般的概念,根据事物的具体特性,又可表述为"比例量"、"协同力"、"负熵值",等等。对于一个具体的平衡态来说,其协调比例的关系不是绝对不变的,而是相对不变的。协调比例关系中的比例量(定值)可以发生多种情形的变化,但只要维持其比例值不变,则物质系统仍然处于平衡。所以平衡可以是一种变动中的平衡。同样的原则,也存在于非平衡态中。在这种非平衡中又存在无限多级的物质系统层次,其中每一级稳定的物质系统层次,就是一种处于平衡状态的一大类系统。具有结构的稳定性的任何一个系统,也处于不平衡。

但是,任何物质系统的自身运动,又存在着平衡与不平衡的差异协同过程,经历着平衡——不平衡——再到新的平衡的交替的周期循环。既不存在自始至终的单一平衡过程,也不存在单一的自始至终的不平衡过程。如在地球上经常是剧烈运动和相对静止的交替。个别运动趋向平衡,而整体运动又破坏个别平衡。正是这些平衡和不平衡的交替和循环,地球经历了古生代、中生代到新生代的发展史,地球上的生命也就在这种循环中,由低级逐渐向高级优化方向演化。

各式各样的平衡态大体可分为三种类型:第一种,对当平衡。这是指物质系统内部差异着的诸因素在正反方向的作用量相抵消、中和、相等时,所形成的一种相对静止态。或者诸因素在作用量上保持其代数和为零,而使诸因素的比例关系在总体上表现静止、平衡、均势时,这时的系统物质就处于对当平衡。对当平衡既可表现为静态平衡,又可表现为动态平衡。第二种,转化平衡。这是指物质系统内部诸因素、诸方面在一定条件下发生相互间的转化。当相互间的转化到诸因素、诸方面的比例在量上达到某一特定值时,诸因素、诸方面的关系表现出均匀、平衡或一致,这时物质系统处于转化平衡。这一类平衡除了包括正反方面或正反因素之外,还往往包括多种因素和各个方面,其特点是在发生转化后才能造成系统物质宏观上的平衡。第三种,协调平衡。这是指系统物质内部的差异诸因素、诸方面复杂的相互作用以及系统和环境的相互作用中,诸因素、诸方面按一定数量比例而相互间形成协调、和谐、适应的关系,从而使系统整体形成一种有序结构的稳定状态。协调平衡中包含了对当平衡和转化平衡的因素,但不能归结为对当平衡和转化平衡。协调平衡往往更普遍地存在于复杂和高级的运动形式之中。

恩格斯曾经指出,在活的机体中我们看到一切最小的部分和较大的器官的继续不断的运动,这种运动在正常的生活时期是以整个机体的持续平衡为其结果,然而又经常处在运动之中,这是运动和平衡的活的统一。有机体自身内部的平衡,是有机体内部各个组成部分运动的结果。这些组成部分的运动不是相互抵消、相互中和,而是彼此协调、和谐、适应。有机整体上的平衡,是在其相对独立的部分的协调运动中求得的。如在生物系统中,生物因素如动物群落、植物群落、微生物等和非生物因素如土壤、空气、光、温度、水、二氧化碳、氧、风、雪、电等之间也存在极其复杂的相互作用和相互制约,组成一个开放系统,物质和能量在这个系统流进和流出,它们之间不断发生转化补偿和交换的作用。当能量和物质输入率等于输出率,系统内部的物质库存量出现相对稳定时,各因素间保持一定的比例关系,相互协调和谐和适应,这时就出现了生物和环境之间的稳定而有序的状态,出现了食物链的结构和功能之间的协调而有序的状态,出现了生物的种群之间规模合理和相互协调的关系等等,这种稳定而有序的生态系统就是一种协调平衡。

(二)平衡——定值——不平衡的辩证关系

平衡与不平衡是相互依存的,是互为条件而存在的。从任何系统物质的内部差异的诸因素的比例关系来看,它们不是永恒不变的,即当诸因素维持在一定比例关系协调一致处于平衡状态时,其中个别因素总可能在量上增加或减少,多少有些偏离原来的比例关系,出现质量、数量、时空序量的某种变化,这就是平衡中的不平衡。如在一个总体上处于平衡的大生态系统中,总是有火山爆发、地震、天灾等不平衡因素存在。这种不平衡,反过来又影响总体上的平衡。反之,当诸因素不能维持一定比例关系,破坏协调使系统物质总体上处于非平衡态时,其中少数因素在局部范围和在一定条件下,可以组成一种暂时的协调比例关系,造成相对的、局部范围内的暂时平衡。如在一个由长时期的天旱造成总体上处于不平衡的大生态系统,其局部地区则因森林茂盛、自然调节气候和人工降雨结果,就可能出现局部地区的相对的和暂时的平衡。所以,自然界系统物质发展的过程中,必然表现为平衡和不平衡的相互依存和相互作用。没有存在不平衡的绝对平衡,也没有存在平衡的绝对不平衡。一个系统物质的平衡或不平衡,只应视其占统治地位的诸因素的相互关系来决定。由于平衡系统中包含了不平衡的因素,不平衡系统包含平衡的因素,因此,在一定条件下,平衡与不平衡又是可以相互转化的。当在平衡系统中缺失或增加一个因素,或改变一个因素的强度和结构到一定值时,就可能破坏原来的协调、适应的相互关系,使平衡转化为不平衡。反之,当在不平衡的系统中改变个别或某些因素的数量和性质,也可以使原来相互失调的关系重新转化为比较协调的关系,使原来的不平衡转化为平衡。例如,人们如果砍伐森林和毁坏草原超过一定阈值时,就可能造成物质和能量的输入率不等于输出率,破坏原来各因素之间的协调、适应的相互关系,造成气候失调、水旱灾害、水土流失、土地沙化等严重后果,使原来的生态平衡变为生态不平衡。反之,如果人们能够对森林和草原加以科学的开发和利用,积极保护原来的并努力发展新的森林和草原,就可以在新的基础上,建立协调的相互关系,变不平衡为平衡。在平衡与不平衡的辩证关系中,尤为重要的一面是它们具有相对和绝对的系统辩证关系。平衡是在一定条件下转化而来的,总是相对于不平衡而存在,因而具有相似性、近似性和不完全性;平衡是不平衡的局部或特殊表现。相对静止是运动的一种特殊状态;平衡是有条件的,任何平衡的建立总离不开一定的条件,如热力学平衡的出现就必须要有一定的临界条件和温度、压力等,当这些条件一旦失去,系统的平衡便被破坏,系统就由平衡转化成为不平衡。

在近代哲学史上,绝对平衡论时有表现,如孔德、斯宾塞和杜林等人,都曾经把力学上的均衡律绝对化,硬说均衡才是正常状态,而不平衡运动则是暂时的、不正常的状态。在生物学中,现在有的人仍主张机械平衡论,否认了生物和环境之间协同进化中存在着一种稳定而有序的动态平衡、协调平衡。因此在看待平衡与不平衡的关系时,还要反对割裂二者辩证关系的绝对平衡论和绝对不平衡论。

(三)平衡——定值——不平衡范畴链的意义

平衡——不平衡——新的平衡的周期发展规律,为人类认识世界、可持续发展和改造世界提供了客观依据。任何系统物质内部诸因素相互保持协调一致的关系总是暂时的、相对的,其中总有不平衡的因素存在。当系统内部不平衡因素的作用和性质变化到一定程度时,或者增加一个因素或减少一个因素时,就必然要打破原来协调一致的相互关系,破坏原来的平衡,出现不平衡。不平衡推动着系统物质进一步发展,诸因素又可在新的条件下获得新的统一和协调,进入新的平衡态。由此可见,平衡与不平衡是系统物质发展的必经阶段和重要环节,平衡——不平衡——新的平衡是系统运动和发展的普遍规律。客观事物发展过程中出现的平衡与不平衡,一般来说,都有两重性,它们对系统都有推动和促进的一面,又有破坏和促退的一面。因此,我们不能主观随意地认为哪个好,哪个坏;哪个积极,哪个消极。应该依据实际情况,对系统作出客观分析和科学的全面论证,找出有效的办法和措施。

动态平衡的规律为人类认识世界、可持续发展和改造世界提供重要的方法。人们对待平衡可以有不同的方法:一种是继续维持平衡系统内外部原有要素、结构与层次的数量和比例关系,使平衡仍为旧的平衡状态;另一种是改变平衡系统内外部要素、结构与层次的各种关系和一定条件,使旧平衡态转化为新平衡态。而改变平衡系统又可以有不同方向:一种是提高系统内外部各要素的结构和功能、关系和条件,建立更为高级的平衡或积极的平衡;另一种是降低系统内外部各要素的结构和功能、关系和条件,建立较为低级的或消极的平衡。但无论采用哪种方法或选取哪个方向，都要以是否符合客观规律和对人类有利为准则。以合成氨的生产为例，在常压下，平衡常数小，产量低；增高压力，平衡常数增大，氨的产量高。在一定温度和压力下，氮与氢的比例量不同，会影响产量的高低。当它们的当量浓度是 1：3 时，平衡常数大，氨的产量最大。在没有催化剂时产量低；有铁基催化剂和温度在 500℃ 时产量大大增高。因此，人们可以把上述化学动态平衡的规律转化为科学的方法，综合各种条件和因素，力求在节约资源的情况下建立整体优化的动态平衡，从而得到最佳的物质产品，实现人类认识世界、可持续发展和改造世界的宏伟目标。系统事物协同进化是人类认识世界、可持续发展和改造世界的一条重要法则。凡是一个有利于人类的平衡态，它的内部各要素的结构总是适度和恰当的。但是，还应看到，这种协调、和谐、适应的相互关系也不是绝对不变的和唯一的，而是可变的和多元的。人们要认识和掌握对人类有益的平衡，就应该按照上述法则，注意物质运动每一阶段中的重大相互关系，自觉控制各种要素在结构功能上的适度，并使各因素之间继续保持和增强协调、和谐和适应的相互关系，从而促进系统整体向着越来越有利于人类的方向发展。

　　20 世纪以来科学的发展，特别是非平衡自组织理论的发展，使人们的认识从平衡态进入近平衡态再到远离平衡态。普里高津的耗散结构理论，揭示了系统从平衡态到近平衡态再到远离平衡态的发展过程。我国经济研究工作者胡传机运用这一理论，提出了非平衡系统经济学。非平衡系统经济学认为，国民经济系统是一个宏大的"耗散结构经济"系统，它一方面要求不断从外界交换各种原材料和能源；另一方面又要求不断输出各种产品。这样内外双方形成物质、能量和信息的对流，整个国民经济才有活力，才能保持稳定而有序的状态。为达到这个要求，在整个国民经济系统中，要逐步建立"内向开放系统"和"外向开放系统"，并且把两者结合起来，形成一个"活"的、有生命力的、双向循环的"耗散结构经济系统"。非平衡经济学还认为，在国民经济系统内部诸要素之间，存在着一种和谐的"协同力"，当"协同力"为正时，促进系统内部诸要素之间协同度的增长，有利于"耗散结构经济"的形成和发展；当"协同力"为负时，使系统内部诸要素之间协同度减少，甚至起破坏协同的作用，造成经济系统整体的混乱或走向无序状态。在国民经济系统中，除了有物的运动外，还有人的运动，同时人的运动有它自己运动的方向、速度、方式、状态和规律。非平衡系统经济学尽管还没有形成一个完整的理论体系，只要我们能够正确地掌握这些理论，并使之逐步完善，对于促进国民经济的发展，将具有重要的理论和实践意义。

三、吸引——能量——排斥

（一）吸引、能量和排斥的内涵

吸引——能量——排斥是一组古老的哲学范畴。在中外哲学史上，很早就提出了吸引和排斥的问题。古希腊的许多唯物主义者主张万物由某种本原物质（水、火、气等）"组合"而成，万物又可以通过"分离"而复归于某种本原物质。我国唐朝的柳宗元提出："天地之无倪，阴阳之无穷。以洞乎其中，或会或离，或吸或吹，如轮如机。"①这里的"组合"和"分离"、"会"和"离"、"吸"和"吹"，都是吸引和排斥的具体表现，他认为无限的宇宙中有排斥与吸引的两种力量，从而形成"如轮如机"的运动。

在近代哲学中也有许多人研究过吸引和排斥的问题。康德用吸引和排斥的相互作用来解释他的星云假说，他认为星云是靠吸引和排斥的力量发展成太阳系的。他说，吸引和排斥这两种力量同样确实，同样简单，而且也同样基本和普遍。

在哲学史上，比较系统地研究吸引和排斥范畴的是黑格尔。他认为：排斥是一自身分散为多，多个的一把自身建立为一个一，就是吸引。他还指出：物质的本质是吸引和排斥，二者是对立的统一，并在一定条件下互相转化。但是由于当时受到科学发展水平的限制，他还不可能为吸引和排斥这一古老的两极对立提供丰富的科学论证，总的说来还是带有思辨猜测的

---

① 《柳河东集》（下），上海人民出版社 1974 年版，第 748—749 页。

性质。

19世纪以后,自然科学有了巨大的发展,恩格斯总结概括当时自然科学的成果,在他的《自然辩证法》一书中的《运动的基本形式》及有关的札记中,阐明了吸引和排斥的辩证关系,使吸引和排斥这一古老的两极对立成了自然辩证法的重要范畴,并作出了无生命界运动的基本形式是吸引和排斥的结论。恩格斯还着重指出,不应把吸引和排斥归结为"引力"和"斥力",而应当把二者视为运动的简单形式。

当代科学的发展,不仅证明吸引和排斥这对范畴,是无机界运动的基本形式,而且又进一步证明也是有机界物质运动的形式。这是当年恩格斯所没有提出来的,因为当时分子生物学还没有产生,可以说这是时代的局限。科学发展到今天,分子生物学已充分地证明:生命的基本特征是同化和异化、遗传和变异、新陈代谢和自我复制。一个生命体,实际上是一个开放的复杂的系统,这个系统在代谢的过程中,要和环境不断地进行物质、能量、信息的交换,从而不断地调整自身和自身与环境的关系。一方面,生命体从环境中吸收物质、能量和信息,使其转化为自身的东西的过程,这就是同化的过程,同化就是吸引的表现;另一方面,又不断地将自身的物质、能量和信息分解,并将废物排放到环境中去,这就是异化过程,异化就是排斥的一种表现。因此可以说,生物体同化和异化是吸引和排斥的一种更高级的表现形式。

生命体的同化和异化过程,要在酶的作用下,通过一系列的生物化学反应来实现,也就是通过一系列复杂的化合和分解反应实现的。而化合和分解就是吸引和排斥在化学反应中的具体表现。关于遗传和变异,现代遗传学也已经揭示出,遗传变异是在染色体对分离和重新配对以及DNA双链的分离和自我复制配对的基础上进行的。在这里,染色体对和DNA双链分离属于排斥运动,而染色体对分离后的重新配对和DNA双链分离后各自自我复制配对属于吸引运动。由此可见,遗传和变异也是在吸引和排斥的基础上实现的。吸引和排斥范畴,作为系统哲学的范畴更具有广泛的意义,它不仅包括有机界、无机界在内的自然界一切层次的系统物质运动的基本形式,而且也适用于人类社会一切领域的系统物质运动。

因此,广义地讲,所谓吸引,是指系统相互协同在一起的运动趋势和倾向;所谓排斥,是指系统事物彼此差异分离的运动趋势和倾向。吸引与排斥都要在一定的能量作用下来实现,因此,研究吸引和排斥的运动,还要注重研究使其相互作用的中介——能量。如前所述,生命体的同化和异化过程要在酶的作用下进行,无疑"酶"是同化和异化相互作用的中介。没有这种中介的作用,就没有吸引与排斥的运动。在吸引与排斥中,注重研究能量级的大小与层次性,就可把握吸引与排斥在力度上的差异,把握吸引与排斥的辩证关系。

(二)吸引——能量——排斥的辩证关系

吸引和排斥是互为前提和相互作用的。物质运动是吸引和排斥的统一体。在这个统一体中,吸引和排斥是互为前提、缺一不可的。没有物体之间的接近,就不会有物体之间的分离;没有化合,也就不会有分解;没有聚变,也就不会有裂变;没有 DNA 双链的分离,也就谈不上 DNA 的自我复制配对;没有人类社会的和平,也就无从谈起战争。一切系统物质运动中的吸引和排斥都是互为前提。吸引和排斥不仅互为前提,而且也是相互作用、相互补充,在差异中协同存在。恩格斯指出,凡是有吸引的地方,它都必定被排斥所补充。同样,凡是有排斥的地方,它也必定被吸引所补充,因为只有吸引和排斥的相互作用才能产生运动,否则就会导致运动的停止。例如,行星围绕太阳沿椭圆轨道运动,就是吸引和排斥共同作用的结果。如果没有吸引,行星就会远离太阳而去;如果没有排斥,行星就会落到太阳上去。只有它们之间保持相对平衡状态,才能保持太阳系现有的运动。马克思曾说过,一个物体不断落向另一个物体而又不断地离开这一物体,这是一个矛盾,椭圆便是这个矛盾借以实现和解决的运动形式之一。这里的矛盾不是简单的对立统一,而是一种多因素的差异协同。

吸引和排斥在一定的条件下又是可以转化的。现代天文学揭示,恒星演化一般经历了引力收缩阶段、主序星阶段、红巨星阶段和致密星阶段等过程。在引力收缩阶段,恒星在自吸引的作用下,不断收缩,这一阶段恒星演化处于收缩,亦即吸引占主导地位的阶段。随着恒星自身的收缩,大量的引力势能转化为热能,恒星温度越来越高,而当恒星内部温度达到摄氏700万度时,恒星中心开始由两个氢核聚变为一个氘核,再聚变为氦核的热核反应过程,同时放出大量的热辐射。当热核反应进行到一定程度时,它所放出的热辐射所造成的斥力,抵住了自身的吸引力,这时恒星就不再收缩,处于吸引和排斥相对平衡的阶段,这就是恒星演化的主序星阶段。恒星到了主序星阶段以后,随着演化的继续进行,中心部分的氢核逐步消耗完毕,氢转氦的反应由中心移到中心外围的部分进行,这时恒星内部的温度不断提高,而当内部温度达到一亿度时,恒星中心又开始了新的由核聚变为铍和碳等的热核反应。这时恒星释放更大的热辐射,产生出更大的斥力,斥力超过引力,恒星急剧膨胀,恒星演化就进入了红巨星阶段。这时,从收缩和膨胀这一差异来看,恒星演化处于膨胀亦即排斥占主导地位的阶段。恒星在红巨星阶段,内部的能量逐渐消耗,当红巨星的能量接近耗尽时,它内部斥力又抵挡不住引力,恒星又进入收缩阶段,即以吸引占主导地位的致密星阶段。对于一个具体的物质形态或具体的环境而言,吸引或排斥可以有一方占优势,但在宇宙中的一切吸引运动和一切排斥运动,一定是互相平衡的。宇宙中一切吸引的总和等于一切排斥的总和。宇宙中总的吸引和排斥相当运动不灭原理,有如能量守恒定律。在这里能量是物质运动的量度,能量与吸引和排斥之间有着极为密切的关系。因此,正如前面所述,能量是吸引和排斥的中介,可以借自然科学能量这个概念来描述吸引和排斥的范畴,具体表述为吸引——能量——排斥。

吸引和排斥的方式还具有多样性和统一性。现代自然科学深刻地揭示了吸引和排斥的四种相互作用,即:强相互作用、弱相互作用、电磁相互作用、引力相互作用。在四种相互作用中,强相互作用和弱相互作用的吸引和排斥的双方都基本是对称的。在电、磁相互作用中也是对称的。但至今却没有发现磁单极子,因而出现了一定程度的对称破缺。而在引力的相互作用中,却只有万有引力,而没有万有斥力,出现了对称性的严重破缺。从强相互作用和弱相互作用中的吸引和排斥对称,经过了电磁相互作用吸引和排斥对称性在一定程度上的破缺,再到引力相互作用中吸引和排斥对称性的严重破缺,这是有着极为深刻原因的。由此可见,宇宙是对称破缺的结构,这是进化演变的终极原因和最根本的动力。吸引和排斥范畴,有着从哲学高度的明确规定,不能把二者等同于相互作用的一种形式,不能简单化为某种"力",吸引和排斥是辩证的不可分割的,同时它又是丰富多样的,在差异中协同的。

（三）吸引——能量——排斥范畴的意义

吸引和排斥范畴从系统观、世界观的高度进一步补充了差异协同自组织规律。关于吸引和排斥的差异协同,上面已经作了较多的阐述。关于质量互变表现在吸引和排斥相互转化的过程中有一个能量的此消彼长的过程,当这个消长能量达到一定的程度即关节点,吸引和排斥就发生转化。而吸引和排斥的转化就必然会出现吸引——排斥——吸引或排斥——吸引——排斥这样一个层次转化的过程,这对于揭示整个宇宙的物质运动的普遍规律提供了重要的基础。

吸引和排斥范畴从运动不灭关系,进一步深化了辩证唯物主义的普遍原理。正确地认识吸引和排斥及其辩证转化,把握其多样性和统一性,有着重要的方法论意义。还是以恒星为例,天体演化的理论认为,恒星内部的全部核燃料烧完之后,引力收缩就起了主导作用。恒星的质量小于太阳的1.3倍时就会变成白矮星;质量在太阳的1.3—3倍时就会变成中子星;质量大于3倍时就会演化成黑洞。以前有人认为,黑洞是只有吸力没有排斥的天体,它好像一个个的无底洞。近年来,许多天文学家和物理学家认为:黑洞并不是只有吸力而没有排斥的天体,由于量子力学的隧道效应和其他原因,它也会不断地向外辐射粒子,即也有排斥的一面。有人把这种情况叫黑洞的"自发蒸发"。学者们指出黑洞的质量越小,发射粒子的速度越快,并且认为,宇宙中存在着与太阳质量相当的黑洞,这种黑洞,尽管"自发蒸发"的速度比质量大于太阳质量3倍的黑洞大,但仍然很慢,需要经过10^{66}年才能蒸发完。但是,对于质量只有1亿吨的"原生黑洞",却蒸发得相当快,能在10^{-23}秒内"蒸发"得一干二净。实际上,这种黑洞就不叫黑洞了,而变成了不断向外发射物质的"白洞"。所以说,黑洞和白洞是吸引和排斥的两种极端情况,二者又是相通的。这体现了吸引和排斥,既具有多样性,又具有多元差异的协同性。

第三节　过程范畴

一、有序——序度——无序

有序——序度——无序,是描述客观事物之间和事物内部要素之间关系的范畴链。

（一）有序、序度和无序的内涵

有序范畴标志系统结构的有序性和系统功能及运动的有序性。所谓结构有序,是指物质系统有规则地呈现着某一种确定整齐的结构;而功能与运动的有序,是指系统的各要素呈现着确定的有规律的性能及运动状态。无序意味着物质系统结构、功能及运动状态结构的不确定和无规则。总之,物质系统的有序性是指系统各要素某种属性——结构属性和运动属性——按一定规律或方向演化的确定程度。所有要素按照一定规律取值确定为有序,反之取值极不确定为无序;在两者之间,取值确定程度越高有序性越高。比如一个图书馆,所有的书都放在有规则的确定位置,称为有序;读者将书放错了,则有序性下降,规则性的不确定程度越高越无序。又比如一支部队,每个人都按规定好的确定动作操练,最有序;如果有人随心所欲地动作,则有序性下降,任意成分越多越无序。

有序和无序是比较和相对而言的。任何事物和过程,都是有序与无序不同程度的辩证统一,这种统一的不同程度,就构成了事物或状态的一定秩序,对此,我们称之为"有序度"或者称"序度"。"序度"是表示有序与无序程度的一个总称。不同的学科用不同的量及量度研究其对象的秩序或有序度。例如,在热力学中常用"熵"这个物理量来表示物质系统无序的程度,负熵则表示有序的程度。相变理论和协同学用序参量;系统论、信息论和控制论用信息量来量度系统的秩序。一个系统中,序参量信息量越大则有序度越高。社会领域,也在设法定量或半定量地描述社会的秩序性,如用经济增长率、人均国民收入、人口增长率、人口就业率、通货膨胀率、进出口贸易、投资率、绿化覆盖率、犯罪率等指数来描述社会系统序度的状况。

(二)有序——序度——无序范畴链的辩证关系

有序和无序是相对的。任何系统不可能都是绝对的有序或绝对的无序。在有序的系统中,往往存在着破坏很有规则排列或有秩序运动的因素,如涨落、扰动、起伏、噪声、错位,等等。例如,金属的微观结构排列是很规则的,但存在差错位;激光的相位、频率、方向等很有序,但在其他方向上也有散射光;铁磁体的元磁体排列是有序的,但并不完全一致,如果取向完全一致,宏观的磁化强度要比普通铁磁体大四个数量级。热力学第三定律指出,绝对零度是不可能达到,也就是说,系统的熵不可能为零,即系统不可能绝对有序。反之,绝对无序的系统,而是处于同类条件下许许多多的系统(即所谓序综)。单个系统或单独要素,在相应层次上,是无所谓有序或无序的。有序和无序的比较,不仅仅可在同种系统物质之间进行,不同种的系统物质之间仍然可以比较有序和无序,这时熵的大小便是衡量的标准,也就是撇开有序性内容的不同,把有序性量的特征抽出来比较。由于系统熵的数值可随研究角度不同而异,所以这种比较本身当然也具有一定的相对性。

有序和无序在一定条件下可以相互转化,二者是相互贯通而不是相互割裂的。例如,弥漫无序的星云,可以转变成有序的太阳系;无序的自然光,可以转变成为激光。这就是无序和有序转化的过程。在实际的系统物质中,状态的变换既可由有序到无序;也可以从无序到有序,伴随着与外界交换物质能量,如热机就是把比较无序的热运动转化为更有序的机械运动。在生物体和人类参与活动的生产系统中,都存在着无序向有序发展的大量事例。

系统的有序和无序还有多样性的类别。如果按照空间和时间进行划分,有空间序、时间序、时空序、方向序,统称为结构序。它们都是标志系统结构的规则性和顺序性。和结构序相对应，系统还有功能序。任何系统发挥功能时不是杂乱无章的，而是有一定的顺序和规则，这就是系统的功能序。人们的饮食要应时按节，走路要左右腿交替迈出，上楼要一层一层地上，操作电子计算机，先打什么词语，后打什么词语，要按程序进行，违背了程序就得不出结果，或者只能得出错误的结果。

有序和无序的范畴同规律性、因果性、偶然性、必然性等哲学范畴有着内在的联系。系统的运动变化处于有序状态，我们就比较容易考察因果联系；反之，对无序结构和无序的发展转化系列，我们就难以把握其因果链条。

在这种情况下，只能用统计平均的方法，从大量的偶然性中，探索其统计规律。规律是系统内在的本质的联系，这种联系表现出一定的有序性，因此可以说有序才有规律，而那种完全无序的系统或状态，就很难寻求其规律性。有序和对称性也有着内在的联系。完全无序（或是高级有序）的混沌状态对称性最多，随着有序性的增加，伴之以对称性的破缺，从而形成各种结构和状态，出现了丰富多彩的自然现象。例如，在合金的无序相中，两种原子的座位完全等价和对称；在有序相中，则失去了这种对称性。由于有序相对称性总是低于无序相，伴随着相变，就发生对称性的破缺。因此，人们目前往往用对称性的大小来作为有序程度的度量。

有序和无序的范畴有很多规定性，我们掌握二者的辩证关系，又要把握这些规定性，从而更好地把这一范畴运用到认识世界和改造世界的客观实践中去。

（三）有序——序度——无序范畴的意义

从自然界到人类社会的发展史，就是一部从有序到无序，从无序到有序的演化史和发展史，无论是天体、地球、非生物等都是如此。生物等任何一个系统物质，都存在产生、发展、消亡的过程，产生、发展就是从无序到有序的过程，衰老、消亡便是有序到无序的过程。如前所述，由无序的基本粒子形成有序的原子分子；由无序的星云形成有序的银河系、太阳系；地球在冷却过程中从混沌分化出有序的山川河海，从微生物到鱼类、爬行类、猿、人，都是从无序走向有序。然而，生物个体的衰老消亡，生物界演化中某些物种的灭绝,岩石的风化,水土的流失,以至于太阳系及其他恒星的衰老消亡,这又是从有序走向无序。不过上述两种过程实际上并不是截然分开的,在同一个时间,同一个对象,既有生长、发展的因素,又有衰亡的因素,两种因素作为差异的两个方面,相互联系着,相互转化着,相互协同着。

研究有序和无序及其辩证转化,有重大的理论和现实意义。在20世纪60年代以前,人类对有序结构的研究,曾取得许多光辉的成就。如对有序和无序的问题,科学界和哲学界曾经展开一场大的争论,这就是围绕"热寂说"的辩论。按照热力学第二定律观点看宇宙,随着宇宙熵的总量不断增加,宇宙的有序性将随着时间的推移不断地减少,最后完全丧失,最终将成为一片死寂,走向世界的末日。马克思主义哲学认为"热寂"是不可能的,恩格斯在批判热寂说时指出,散失到太空中的热一定有可能通过某种途径转变为另一种运动形式,在这种运动形式中,它能够重新集结和运动起来。这一杰出的思想在当时只是一个天才的预见,然而到了今天,现代科学成果已经证实了恩格斯的预见。有序和无序不仅对现代宇宙学及其哲学解释有重要的理论意义,在深入探讨生命本质,生态环境的保护与治理和优化,都具有重要的意义。通过这组范畴的研究,可使人们从哲学的高度懂得,有序来自混沌,有序又归于混沌,混沌并不是绝对的混乱,其中可能同时包含着更高级的有序。

二、有限——现状——无限

有限与无限是一对古老的哲学范畴,也是在人类历史上争论了几千年而还没有一个明确定义的范畴,我们在这里侧重就其含义及辩证关系与意义加以讨论。

(一)有限、现状和无限的含义

正如希尔伯特说过的那样:"关于无限的本质的最后阐明,远远地超出了专门科学的兴趣范围,而成为人类理智的荣誉本身所应做的事情,没有任何问题能像无限那样,从来就深深地触动着人的感情,没有任何其他观念能像无限那样,对人的理智起了如此激励和有成效的作用,然而也没有任何其他的概念,能像无限那样加以阐明。"①

我们所讲的有限,一般是在条件受到某种限制,有生有灭,有始有终、可穷尽的意思,是指暂时的相对的东西,又可以说有限是相对无限而言的。如同无限不能离开有限一样,有限也不能脱离无限。有限是指系统物质具体存在方式有一定的规模和范围与时空,属于系统物质确定的层次和类型,有一定的结构和功能,相互转化也有确定的形式,在确定的时间和空间中进行。有限的范畴所标志的,就是具体系统的这种可穷尽性。

无限,即是"非有限",通常指无条件,不受限制,不生不灭,无始无终,无穷无尽的意思,指的是普遍的、永久的、绝对的东西。又可以说无限是指系统物质存在方式的多样性和运动转化过程永不完结的属性。系统物质世界的层次和类型,结构和功能都是不可穷尽的。作为系统物质存在形式的空间和时间,也同样是不可穷尽的,系统物质运动转化的方式和过程,也是不可穷尽的。无限的范畴标志的就是系统或运动的这种不可穷尽的属性。

系统物质世界,尽管是万象纷纭错综复杂的,但每一个系统都有自己的结构的规定性。结构的规定性也就是对系统的限制,正是凭借这种结构的规定性,一物与其他物区别开来。在一定的规定限制范围内,系统总是特定的、具体的,从而也是有限的。用黑格尔的话来说,某物自身的内在规定,某物因此是有限。例如,有固态的二氧化碳,即常说的干冰;液态的二氧化碳和气态的二氧化碳。但这只是在常温条件下,在各种不同的压力下,在各种结构的规定限制之下,才称其可归属于三态的,这些都是有限的。而这三态的相互转化的无穷过程及其所以能实现的共同基础或根据,是一定的与有限的。在最普遍的意义上,如果说有限是特定的"有",那么无限则指一般的"有"。又如,规律是无限的,而规律的各种具体表现则是有限的,所以说关于规律的认识就具有无限的意义,只要规律起作用的条件存在,规律就能无穷多次地起作用,从这个意义上说,掌握了规律也就认识了无限。

① 〔德〕希尔伯特:《论无限》,《外国自然科学哲学摘译》1957年第2期,第8页。

我们所说的真实的无限性,就是系统发展表现形式的无限多样性。这里包括作为物质运动存在形式的时空的无限性。具体来说,宇宙无限性,这是系统物质运动的必然形式,它是系统物质不生不灭,运动不灭及其形态永无止境相互转化规律的绝对表现。从星云形成太阳系,形成有生物居于其上的行星,生物由低级到高级的发展,这些都是系统物质世界无限发展的一个个环节。宇宙中的各种天体,如恒星、星系等等的生灭不已则形成了宇宙的无限发展,系统物质可分的无限性就是系统物质结构在能量、信息、质量上具有不可穷尽的层次性的深刻体现。

哲学中的无限观念是对现实世界的客观实在关系的抽象概括,它们在现实世界中都有着无限的原型。无限性概念不应是脱离时间空间,离开现实的系统物质世界,脱离自然科学成就的纯粹思辨的东西或只是作为"有用的虚构的"理想元素等。坚持这一点,正是我们所坚持的无限观与其他无限观的一个根本区别。我们所说的有限与无限是辩证统一的,无限是有限构成的,但不是静止的有限物的堆积。这个过程不能归结为单调或否定的重复过程,不应把它理解为追求一系列扩展着的无限物的"终点",这个系列的终点是不存在的。无限性要从发展、过渡和飞跃的含义上来理解。无限是发展,是演化,它包括两个方面。一方面是不断进展的变程(或延伸变程),另一方面是相对完成(穷竭)的过程(或结果)。只有两者辩证统一才构成无限,两者缺一不可。当然,这里所说的进展和完成过程不是一个空漠的荒野,它不是同一个东西的永恒的重复,它们作为系统物质运动的必然形式,是有着确定的内容、层次、阶段,或向上或向下分支,或前进或后退,或向大或向小及多方向发展。

现代科学证明,时空特性不能仅仅理解为欧几里得空间的特征。在大尺度的宇宙范围内,它具备非欧几何的性质,所以空间的无限不能再像德谟克利特那样,完全等同于欧几里得几何所得出平直空间的无限。空间的无限比此有更广的含义,而且以往将无限与无界不加区别地等同起来。谈到空间无限,也只理解为一片空间之外还有空间,好似一手杖一手杖地不断伸展那样,说无限也仅仅指无边无际的意思。无界限与无限性是不完全等同的,而有限性与无界性也并非相互排斥。在数学中很容易举出并且证明其无界但并非无穷大的例子,因为无限是发展的,在发展中构成无限,从而不难得到另一层含义。无限,无论是无限小或是无限大,它们的构成都是有层次的。无限可以有不同的内容或是在不同层次基础上生成,从这个意义上说,某一层次的无限可以是由有限构成的。同时有限也可包含着另一层次的无限,所以我们又可以说无限是有限构成,无限也可以是一个部分或局部构成。

系统物质无限可分,无限可分性这是绝对的,"一尺之棰,日取其半,万世不竭"。但无限可分并不是物质由大到小,无休止地机械分割。在万事不竭的无限可分过程中,按照系统物质结构的不同层次分成一个个阶段,由物体到分子,由分子到原子,基本粒子……在这些阶段的关节点上分割又是相对完成,有竭的。就具体形态的系统物质而言,可分性是有限的,但任何一种系统物质形态又是作为系统物质结构的无穷系列的一个环节而存在,它的可分有限性又是相对的。原子、基本粒子,包括夸克在内都不能被看作简单的东西或最小粒子,它们都不过是一个环节;但自然科学直到现在还没有解决夸克再可分的禁闭。可分性及不可分性都是有条件的,正像无限与有限一样,它们都有某种表征性。例如,我们不能讲,知道了基本粒子,就知道了真空;知道了基因,就知道了生命,宏观的天体与微观的元素是分不开的。

在不同阶段,不同层次上可分性的内容不同,可分的形式也不同。系统物质的分割只是可分性的一种形式,但这不是唯一的。可分性既可有机械的分割,也有化学的可分性、电磁的可分性,等等。可分性也不只单向地越分越小,越分越轻,也可能越分越大,越分越重。在核物理中就有过这样的情况,例如,从氦分出两个质子、两个中子,它们的总静止质量大于氦的静止质量,这就"越分越重"了,这里能量进行了交换。

综上所述,我们可以看到系统物质无限可分性同样是有限无限的辩证统一,也就是有条件绝对可分性与无条件相对可分性的统一,是进展与完成的统一。有限与无限就是这样一对系统辩证统一范畴,物质是有限的也是无限的;物质是可分的也是不可分的,其决定性的条件是环境。而要真正掌握它的正确含义,也只有从它们之间差异协同关系中去把握。

(二)有限——现状——无限的辩证关系

恩格斯曾经指出:"无限性是一个矛盾,而且充满矛盾。无限纯粹是由有限组成的,这已经是矛盾,可是事情就是这样。"①我们应该从这个事实基础出发,去掌握有限与无限的辩证关系。

首先要认识有限与无限是有差异的协同。随着科学的发展,我们已经有了一个基本的认识,许多在有限范围内适用的性质,例如部分小于整体,极大与极小的存在,都不能直接照搬到无限那里去。其中一个本质的差异,就是无限可能具有这样的性质:它的某个部分,对全体可以有一一对应的关系,而有限是不可能具备这样的性质的。如自然数集的真子集偶数集,即自然数集的一半与它的整体可以有一一对应关系,历史上较著名的"伽利略悖论",名为悖论,其实它并非真正的悖论,只是说明无限有这样一个性质。另外一个显著的例子就是所谓的罗伊斯(Royce)地图的解释:无疑地可以在某个国家地面的一个部分上(甚至可以放在这个国家内的一个桌面上)绘制这个国家的地图。假使地图是精确的,它和它的原本有一个完全的对应关系;因而,我们的地图虽不过是全体的一部分,却与全体有一对一的关系,并且它所包含的点数与全体的点数一样多,而这个点数必定是一个无限数。② 应该说,生物中的全息性也有类似的现象。

其次是有限与无限相互渗透和相互转化。有限与无限相互包含,无论哪一个对另外一个而言都不单独存在,从而也没有存在的先后。有限系统自己就包含否定自己的因素,有着无穷尽地转化的可能性。任何有限之中都包含了无限,有限又是无限在一定条件下的表现。黑格尔说,无限性也只是对有限性的超越;所以它本质上也包含它的他物。无限物扬弃有限物,不是作为有限物以外现成的力量,而是有限物自己的无限性扬弃自身。无限

---

① 《马克思恩格斯选集》第3卷,人民出版社1995年版,第90页。
② 参见罗素:《数理哲学导论》,商务印书馆1982年版,第77页。

不仅通过这样或那样的有限存在,并且是通过一切相对于它的有限存在,正是从这个意义上说无限本身就是由纯粹的有限组成的。

有限与无限互为前提,离开有限的无限和离开无限的有限都同样是不可思议的。无限寓于有限之中,无限只能通过有限存在;无限中包含着有限,无限是有限的总和。有限和无限的关系体现为一和多、简单和复杂的差异。如从单一性和简单性出发,不能把握无限;如单一的尺度,单一的时间,单一的和简单的层次类型等等,都不能说明无限。但是一又可以转化为多,简单可以转化为复杂,所以有限又可以转化为无限。

有限与无限可以转化,正如黑格尔所说的,有限自身的本性,就是超越自己,否定自己的否定,并成为无限。同样无限也只是对有限的超越,无限寓于有限之中。如以自然数列的生成为例说明,自然数列从 1 出发,后继 2,2 又后继着 3,有限数连续不断加 1,到任意一个自然数 n 时,不论 n 有多大,这总还是有限的,而从有限过渡转化到无限,必须经过表示那扬弃了"有限性重复现象"的飞跃阶段,进展到完成,才能得到具有最小无穷基数的自然数集 1,2,3,4,……n 这样有限与无限,无限的过程与结果相互渗透、过渡转化才达到真正的无限性。

(三)有限——现状——无限范畴链的意义

正确理解和掌握"有限与无限"这组范畴的含义和系统辩证关系,不仅是逻辑上认识系统与要素、结构与功能、状态与变换等范畴的必然结果,而且对于系统哲学的认识论和方法论都有着重要的意义。

首先它使我们明确,无限认识是无限渐近的过程。正如恩格斯所指出的那样,对自然界一切真实的认识,都是对永恒的东西,对无限的东西的认识,因而本质上是绝对的。但是,这种绝对的认识有一个重大的障碍,正如可认识的物质的无限性,是由纯粹有限的东西所组成一样,在这里我们又遇到在前面已经遇到的区别,绝对地进行认识的思维无限性,是由无限多的有限的人脑所组成的,思维的至上性是在一系列非常不至上地思维着的人们中实现的。这个矛盾只有在无限的前进过程中,在至少对我们来说实际上是无止境的人类世代更迭中才能得到解决。因此,对无限的东西的认识是被双重的困难围困着,就其本性来说,它只能在一个无限的渐进的进步过程中实现。只有正确理解和掌握"有限与无限"的含义和辩证关系才能更有效地、更自觉地去实践这个渐进的进步过程。

"有限与无限"是从现实世界客观实在关系中抽象概括出来的,坚持无限的真实性也就是在这个含义上所说的,但不应希望从感觉上去认识这些抽象的东西,就像不能希望看到时间,希望嗅到空间一样。事实上,一切真实的详尽无遗的认识都只在于:我们在思想中把个别的东西的个别性提高到普遍性,我们从有限中找到无限,从暂时中找到永久,并且使之确定起来。我们能够并且只能通过自然科学各种有限的认识,去认识把握现实世界的无限性。

现代宇宙学中提出许多宇宙学模型,这些模型、模式是为有限的认识所知道、所概括,但它们又部分地揭示了无限宇宙的特性。如果不通过模型这种有限的东西,不通过这些模型的认识,人们也就无法认识无限。当代宇宙学是一个假说林立的领域,假设的数目之多,更换之快,令人惊叹。显然我们不能把具体学科尚未完全证实的假说的推论,作为有普遍性的哲学见解提出来。同样,我们也不能用哲学范畴去硬套自然科学的问题,限制科学的发展。哲学只能提出:系统物质世界的形态结构、功能、涨落、差异、层次、类型有多样性,系统物质运动与演化的过程永远是不可穷尽的,无限是相对有限而言的,绝对的有限和绝对的无限是不存在的,宇宙也不例外,它必然是有限与无限的统一。例如,"奇点"就是一种模式,其具体统一的方式,只能由科学的逐步发展来作出回答。正是因为无限的认识是一个无限渐进的进步过程,这个过程是有层次的,从而对无限的认识也有一个无穷的层次不可逾越的原则。哥德尔不完备性定理为此提供了科学证明。

具体来说,任何低一层次的无限进展过程都不能穷尽或列举相应的而又比它高一层次的无限过程所确定的内容。所以,在较高层次的无限过程所研究的内容,不可能在以较低层次的进展过程及完成过程为基础的理论中得到验证,得到充分认识。这也是现实世界和人类认识能力的无限性差异所确定了的。

三、控制——信息——反馈

目前,世界上正在进行着一场科学技术革命,许多学者认为,现在正处在一个由"工业社会"向"信息社会"、"知识社会"迈进的时代。在这个时代,深入理解和掌握控制——信息——反馈范畴,就显得更为重要了。

(一)控制、信息和反馈的含义

所谓信息,从本体论上讲,是系统物质内部和系统之间相互联系的一种特定方式,是系统内部和子系统之间一种特定的相互作用。它标志着系统的存在和变化关系,是系统物质的基本属性之一。从认识论上讲,信息是人们借助于一定的系统物质手段探测到的客观世界运动变化产生的新内容,它能帮助人们消除某些知识的不确定性,改变人们的知识状态从无知变为有知,从不确定到确定。

客观世界任何系统物质形式,都处在不断地变化和相互转化之中,都可以作为一种信息源,都在不断地发射信息,无论人们探测到还是没有探测到,这是信息的唯物论。例如,发展变化的宇宙天体,它时刻都在发射表征其运动变化的信息,无论人们测量到还是测量不到,也无论是在人类产生之前还是灭绝之后。对于人类来说,只有把信源和信宿联系起来的信息,把主客观统一起来的信息才有意义,因为人们接收信息的目的是通过实践和技术手段,认识世界和改造世界。如同不能设想离开系统物质运动一样,系统物质的信息、信源、信道、信宿都是系统物质的,各种信息的载体如光、电、声、磁、热等等也都毫无例外是运动着的物质形态。因此,说到底信息是系统物质的一种基本属性,是系统物质特定的相互作用,它决不是什么既不是物质又不是精神的"世界三"。信息和系统物质的运动是密切相关的,信息的传递、贮存、转换都是通过系统演化与运动而实现的,没有运动就没有信息,而运动又都是系统物质的运动。我们不能离开系统物质的运动,去设想离开系统物质和运动的信息。

信息量这个概念,是从通信系统中的相互联系出发,以系统的整体性和过程的综合性为前提,所以可以用接收系统接收信息所能消除不确定性的大小来定义。如果接收信息后一点不确定性都消除不了,那么,信息量就最小;如果接收信息后,不确定性都消除了,那么信息量就最大。而且通信中确定性与不确定性又可用熵来表示,确定性强熵就小,不确定性强熵就大。因此,信息量又可以用熵来定义。这样,信息就相当于负熵。

所谓控制,从哲学的高度讲,就是系统对自身各种要素以及自身与环境关系的调节,这种调节可以使之达到和谐,反之即谓之失控。例如,一个生物体、一个社会都可以看成是一个系统,它们为维持自身的生存和进步,就要不断地接收信息,作出反应,不断地调整内部关系和外部联系,以适应变化了的情况,这种调整的过程,就是控制的过程。

所谓反馈,就是把信息的输出又反过来作用在输入端,从而对输入产生影响的过程。在这个过程中,如果是起到增强输入的作用,我们就称为正反馈;如果是起到削弱原来输入的作用,我们就称为负反馈。所以,反馈是输出与输入相互作用的过程。在一个控制系统中有两个相互依存、相互作用的子系统,其中一个为主动系统,另一个为被动系统。所谓主动系统,指的是可控系统,即主动起作用的系统;所谓被动系统,指的就是受控系统,即被动起作用的系统。控制与反馈指的是两个子系统之间的相互作用。从上述意义上讲,控制又可称为主动系统对被动系统的作用。这种作用,具有某种目标性行为,使系统朝着一定的方向运动。反馈又可称之为被动系统对主动系统的反作用,而且这种反作用,必然使主动系统进行调节,产生新的目标性行为。

控制——信息——反馈的相互作用,在科学技术的实践中,表现得很清楚。例如,人造卫星绕地球运行,它的运行轨道受主动系统,即地面控制中心所控制。地面控制中心发出信号,对人造卫星施加作用,使人造卫星能遵循规定的轨道准确地运行,这是控制作用。而人造卫星(这是被动系统)将自己运行的情况,以信号向地面控制中心报告,这就是反作用。只要人造卫星的实际运行有偏差,这种反馈就会导致地面控制中心发出信号,使人造卫星的运行轨道得以纠正。这种引起控制中心进行调节的反作用,就是反馈。

这样,控制通过信息与反馈的相互作用,使人造卫星运行在正确的轨道上。

系统物质世界有各种各样的不同层次的系统,凡是控制系统存在的地方就存在着控制与反馈的相互作用。从科学技术发展史看到,由于不同结构系统,可以显示出相同的行为功能来。因此,从功能方面来寻找系统内部和各系统之间的辩证联系成了具有普遍意义的工作。控制和反馈正是揭示系统中各部分之间的相互作用,反映了整个自然界不同领域的系统物质及其运动的普遍性质,反映了自然科学和技术科学基本概念的辩证综合。

控制与反馈反映了自然界普遍的循环性质:自然界拥有各种各样的不同层次的循环系统;在一循环系统中,各子系统之间相互联系,并由此表现出控制和反馈普遍存在。地球上存在一种生物圈,它是一个庞大的生物系统,可以分成许多个生态系统。各种生物系统中生物与非生物遵循某种途径进行物质和能量的循环与转化。控制有多种多样的类型,如开环控制、闭环控制、随机控制、共轭控制,等等。同样,反馈也有多种多样的类型,有全反馈、局部反馈、正反馈、负反馈,等等。所以控制本身有成组范畴所表示的类型;反馈本身也有成组范畴表示的对应类型。

世界的万事万物都处于相互作用之中,任何系统都不可避免地构成这种或那种相互作用系统中的要素。只要其他要素对它的作用产生某种结果,反过来又作用于其他要素并产生某种新的作用回授于自身时,就存在控制与反馈的相互作用。至于过程中无论经过多少个环节,对于控制与反馈的存在是丝毫没有关系的。但由于每个系统都处于与其他系统的无限的相互作用之中,因此,任何系统都不可避免的处于控制与反馈的联系之中。

(二)控制——信息——反馈的辩证关系

在控制系统中,控制与反馈互为前提,同时并存。它们作为差异的两个方面,是不可分割地联系着。控制是主动系统对被动系统的作用。但这种主动方面对被动方面的作用,不同于一般的作用,它要求主动方面作用选择的可能性空间。因此,控制作用可以视为使被控对象在可能性空间中,沿某种确定的方向发展的作用。然而,这种作用的基本点还在于它不是一次作用,而必须是能引起循环影响的作用。被控对象具有可能性空间,只是必要条件,而引起主动系统与被动系统之间的循环作用,使系统朝着一定的方向运动,才是充分必要条件。由此可见,控制虽然是主动系统对被动系统的作用,但它是不能离开被动系统对主动系统的作用即反馈而独立存在的。

反馈是被动系统对主动系统的作用,但这种作用也不同于一般的作用。由于反馈的方向是由被动系统到主动系统,所以它是一种反作用。它是根据控制的结果反作用于主动系统,并产生相应的、新的控制的那种作用。维纳在他的控制论中所谈到的反馈无不与控制联系在一起。

信息和反馈是控制论的基本概念。维纳认为,客观世界有一种普遍的联系,即信息联系。任何组织所以能够保持自身的稳定性,是由于它具有取得、使用、保持和传递信息的方法。这种信息的变换过程,可以简化为信息——输入——存储——处理——输出——信息,其间存在着反馈信息。反馈就是由一个系统的输出信息反作用于输入信息,并对信息再输入发生影响,起到控制和调节作用。这种由信息和信息反馈构成的系统自动控制规律,才是信息——控制——反馈范畴的本质。

在控制系统中,控制与反馈互为前提,处于统一体中,而且可以在一定条件下相互转化。控制与反馈的确定,是与控制中的两个子系统,即主动系统与被动系统的划分是分不开的。因为控制是通过信息主动系统对被动系统的作用,而反馈又是通过反馈信息使被动系统对主动系统的反作用。如果在某个控制系统中,主动系统与被动系统的区分只有相对的意义,那么控制与反馈在一定条件下是可以互换其位置的,是可以相互转化的。

控制与反馈的多样性,使控制与反馈之间的联系也具有多种多样的性质和形式。不同的性质和形式,是由控制与反馈的差异,才对控制能力产生积极的影响;而在开环控制中,反馈对控制能力就不产生持续的积极影响。在随机控制中,除反馈速度对控制有影响外,反馈的性质都不能对控制产生有效的影响。但是在闭环控制、共轭控制、有记忆的控制情况下,不同的反馈对控制的性质和能力,均起决定性的作用。例如,反馈有正反馈和负反馈,它们在控制系统的循环运动中都能发挥作用,但它们对控制目标的偏离来说,刚好是相反的,一个增大,一个则是缩小。

正反馈由于是使控制目标差的扩大,因而是一个越来越失去控制目标的过程,也可以是一个预定目标被破坏的过程。负反馈使控制目标差缩小,每一次负反馈的调节,实际上是将上一次输出的控制对象可能性空间作为输入,让控制在新的控制对象的可能性空间做新的选择。负反馈一次又一次作用于控制,从而使控制目标差一次又一次地缩小,使控制达到目标。可见负反馈对控制能力的扩大,对控制最终达到目标,起着决定作用。

反馈对控制的作用,从正负反馈的变化中可以表现出来。正反馈和负反馈在一定条件下是可以互相转化的。在反馈转化以后控制的作用随即起相应的变化,在这种情况下,反馈对控制来说,显然又起主导作用。

(三)控制——信息——反馈范畴链的意义

控制——信息——反馈范畴,揭示了客观世界和科学认识中普遍存在的一种作用和反作用的联系。

客观世界中普遍存在着作用和反作用,并通过这种作用和反作用,推动着系统的运动、变化和发展。在相对独立的系统中,能够通过作用和反作用,进行自组织和自调节的运动,这种作用与反作用,就是控制与反馈。

控制与反馈不仅是人们进行调节和控制的重要环节,也是认识过程的重要环节,它揭示了人们的认识过程及其内在机制。

人的高级神经系统是一种信息反馈系统,认识也是一种控制论运动(如下图所示)。

人脑的认识活动

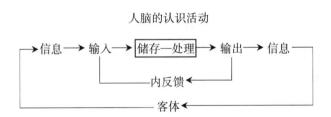

现在,"人工智能"的发展,把电子计算机、人脑和智能结合在一起进行研究,探索促进智能模拟的发展,使人工智能成为人类智能的延长,并且它又为深入了解人类智能提供新的理论和研究方法。这样,人类的一部分思维活动

就由人脑内部"外化"到机器上来，起到人机互补的作用。在未来的时代，有可能是人——机协调共生的时代，信息时代只不过是这个时代的过渡。对控制机器的行为方式的技术上的研究，可作为研究人类部分思维活动的借鉴。

实践与认识的关系，在认识的长河中也是作用与反作用的循环往复的关系，其中包括控制联系与反馈联系。感性认识与理性认识的关系，也是作用与反作用的关系、控制与反馈的关系。任何一个科学认识过程，都必须经过感性认识与理性认识多次的控制与反馈的循环，都必须经过实践和认识多次的控制与反馈循环，才能逐步缩小目标差，最后达到科学认识的目的。控制与反馈在认识的辩证发展过程中的应用，无疑会使认识过程和认识机制得到进一步的具体化和精确化，使能动的反映过程揭示得更加深刻。

由于控制、信息与反馈范畴，既反映了客观世界的辩证内容，又反映了科学认识的辩证内容，因而在方法论上具有重要意义。任何一个相对独立的系统，对它特有的控制与反馈的辩证关系的分析，可以从一个方面揭示出它的动态结构和性质，揭示它的因果联系和规律，从而使人们能够按一定的目的，依据其性质和规律，改造它、利用它。例如，生物控制论通过研究生物系统的调节控制过程和信息运动规律，揭示生物及其灵巧、完善的控制方式的秘密，从生物系统各部分的相互联系中研究生物的动态过程。又例如，社会控制论把控制与反馈应用于整个社会，从社会——文化——经济的大系统中深入考察社会控制的各种机制，力图把握由多极因素的全面联系着的社会系统，等等。任何一个有效的认识过程，都必须是一个负反馈体系，如果不是，就必须先设法使认识过程成为负反馈体系，然后再进行分析，改进负反馈调节的功能，以更加迅速、更加有效地缩小目标差，达到认识客观对象的目的。控制与反馈，既可成为分析系统的工具，又可成为掌握认识规律的工具。

第四节　社会范畴

系统哲学的规律和范畴不仅适用于自然科学，同样也适用于人文科学。

自然界——劳动——人类社会,劳动力——生产力——社会发展力,个体——集体——社会等一系列范畴链,就是系统哲学规律和范畴在人类社会的具体运用,这就形成了历史系统哲学或社会系统哲学。

所谓历史系统哲学就是运用系统哲学的本体论、认识论、方法论和价值论对人类社会最一般的发展规律进行研究的科学理论。历史系统哲学是对马克思主义历史唯物主义的丰富和发展。

本节首先就人类社会的一系列范畴进行研究,从中来了解和把握历史系统哲学的有关规律。

一、自然界——劳动——人类社会

自然界——劳动——人类社会是历史系统哲学的范畴。自然界经过长期的运动变化,出现了人类社会;而人类社会又在认识和改造着自然界,使其为人类需要服务。但这一系列过程都是由人类的劳动与实践作为中介才能实现。没有人类劳动作为中介,自然界直接与人类社会成为哲学范畴,就是不可能的了。系统哲学把自然界——劳动——人类社会看成是一个范畴链,并认真地去探讨它们的含义、辩证关系与意义,无疑对人们正确树立系统的自然观与社会观将是有益处的。

（一）自然界、劳动和人类社会的含义

马克思关于自然界、劳动与人类社会之间的相互关系,有这样一段精辟的论述:在生产中,人们不仅仅同自然界发生关系,他们如果不依照一定方式来共同活动,并且相互交换他们的活动,便不能进行生产;为着要生产,人们发生着一定的联系和关系;而且只有在这些社会的联系和关系的范围内,他们才同自然发生关系,才有生产。这一论述不仅说明了自然界、劳动与人类社会的相互联系和关系,同时也为系统哲学把自然界——劳动——人类社会看作是一个范畴链做了科学的论证。

1. 自然界的含义。自然界是人类社会赖以生存和发展的物质前提。所谓自然界是指不依赖于意识而存在的统一的客观的系统物质世界,是从奇点开始的演化到人类社会产生,除人类社会自身之外的一切实体的总称。自然界是一个有机的系统整体,系统整体是有结构的,系统内的结构又是分层次的。自然界是一个庞大的系统,它的整体统一性就在于它的系统物质性。自然界处于永恒运动、变化和发展之中。自然界形形色色、千姿百态,有生有灭、有发展,都是自然界运动演化、发展的结果。例如,自然界中的无机界和有机界,有机界中的植物和动物,以及高级动物人类都是自然界长期发展的结果。人的意识是自然界发展的最高产物,而人类社会则是自然界的一个特殊部分。它不是消极地适应自然界,而是能够能动地认识自然界,积极地改造自然界,使其为满足人类自身的需要服务。人类社会的变更和发展要比自然界的变更和发展快得不可计量。系统哲学一方面承认自然界是人类社会赖以存在和发展的物质前提,是决定人类社会发展快慢的重要因素,同时也承认生产力的状况以及与此相适应的社会、经济、文化、科学、意识形态等诸方面关系的变革的作用。但从根本上讲是人类思维的创新与科技的发展。

2. 人类社会的含义。所谓人类社会是指以共同的物质生产以及文明活动为基础而互相联系的人们的总体,它是人们交互作用的产物。

物质资料的生产是人类社会存在的基本条件。人们在生产中形成的与一定生产力发展程度相适应的生产关系的总和构成社会的经济基础,在这个基础上,建立与之相适应的上层建筑。人类社会的发展是一个自然历史过程,它遵循着不依人的意志为转移的客观规律而发展变化着。马克思说道:生产关系总合起来,就构成为所谓社会关系,构成为所谓社会,并且是构成为一个处于一定历史发展阶段上的社会,具有其独特特征的社会。古代社会,封建社会,资产阶级社会,都是这样的生产关系总和,其中每一个生产关系总和同时又代表着人类历史发展中的一个特殊阶段。马克思的这段论述阐明了人类社会是以人们之间物质生产联系及经济关系为基础的特殊的社会机体。劳动创造了人,创造了人类社会,同时人本身又是自然界发展的历史产物,是社会关系的产物。人只有在劳动过程中,特别是在学会制造工具时,才能从动物界分离出来,才能成为人。人类社会与动物界的本质区别在于劳动,在于有目的的社会生产,在于理性的思维,在于人们之间的社会联系,而这种社会联系则是一切人类存在发展的基础。

自然界——人类社会是经过劳动及人类的劳动,把它们有机地结合起来。没有劳动就没有人类和人类社会,也没有人化了的自然。

3. 劳动的含义。恩格斯在《劳动在从猿到人转变过程中的作用》一文中指出:在一定意义上说,劳动创造了人本身。

所谓劳动是指人们运用一定的生产工具,作用于劳动对象,创造物质财富、精神财富和文明有目的的活动。劳动是人类社会存在和发展的最基本的条件,劳动在人类形成过程中,起了决定性的作用。人类的祖先——猿是经过长期劳动才变成能制造工具的人。劳动在不同社会制度下,具有不同的地位与作用。所谓劳动对象是指人们在劳动过程中对一切被加工的东西的总称。它可以是自然界原来有的,例如树木、矿石,也可以是加工过的原材料,例如棉花,钢材。劳动的分类从劳动的本质是创新来看,可以分为四类:创新劳动,混合劳动,重复劳动,特殊劳动。但是任何一种劳动都是脑力劳动和体力劳动的结合,管理与服务的结合,它们共同创造物质财富、精神财富与人类文明。

关于"劳动创造了人本身"这一命题,系统哲学是这样认为,"劳动创造了人本身"大体经历了三个阶段:自然界在变化发展中孕育着人类;人类在制造石器中诞生;人类在学会使用火的过程中脱离了动物界,但仍然具有动物的一些生存特性。所以说劳动是自然界——人类社会范畴的中介环节。

(二)自然界——劳动——人类社会的辩证关系

1. 自然界与人类社会通过劳动而相互联系和相互作用。自然界与人类社会通过劳动过程而相互联系着。一方面,自然界经过长期的运动变化,出现了生命,出现了人和人类社会。自然界为人类社会提供了生存和发展的必要生活资料与生产资料及生存条件:劳动对象是自然界提供的,或是人类社会从自然界中取得的;生产工具也是用自然界的材料制作的,自然界为人类提供了肥沃的土壤、茂密的森林、大量的动植物、丰富的海货,以及各种矿藏、水源、能源等天然资源。这些天然资源通过人类劳动,来满足人类社会的日益增长的各种需要。因此,没有自然界就不会有人和人类社会。自然界对人类社会的发展起着加速和延缓的作用,在某种意义上讲具有决定性的作用:人与自然是一个有机的整体,人不能离开自然而独立存在。这表明人类社会对自然界的依赖性。

另一方面,人类社会不是被动地依附于自然界,而是能动地认识自然界的发展规律,利用这些规律,在劳动生产中去能动地改造自然界,使它能够为人类社会提供生活和生产资料。这表现出自然界和人类社会的相互作用和相互依存的关系。例如,自然界中的生态系统,它是由植物、动物、微生物组成的生物群落,及与其相互作用的气候、河流、湖泊、海洋、土、光和热等周围环境所构成的一个有机整体。它们之间相互依存、相互制约,汇成一个不断发展变化着的地表大自然的总的生态系统。人与生物与自然环境构成了不可分割的有机整体,也就是天人合一的生态系统。生态、生物、物种的多样性才能导致人类社会及环境的稳定性。在这个大系统中,各个因素之间进行着物质、能量和信息的交换,维持着一定相对生态循环和相对平衡的环境。人类社会的劳动生产一旦使环境遭到污染,势必干扰和破坏生态系统的平衡和发展,酿成公害,危及人类本身的生存和健康。人类社会和自然界的相互关系,始终处于物质、能量和信息交换的不断运动中,表现为不断地被吸收、代谢、转化和循环。这就说明了,人类社会与自然界相互联系、相互作用、相互依赖、相互制约的辩证关系。同时还说明了,人类社会对自然界的能动性,是受自然界的客观规律制约的,违背自然规律,人类社会就会受到自然界的惩罚。森林的毁坏,水土的流失,大地的沙化,良田的盐碱化和有害气体的排放等,促使天气温度升高、自然灾害频发、新病毒加速进化,这些都应该使人们引以深思。环境的恶化会直接威胁到人类的生存,因此人类与地球环境的可持续发展是唯一的方法。

2. 自然界与人类社会通过劳动在一定条件下相互转化着。自然界与人类社会之间的性质区别是相对的,它们在一定的条件下可以发生转化。一方面,自然界在运动发展中,产生出微生物、植物、动物,动物又由低级发展到高级,发展到人和人的意识,这些都是自然界中的物质发展演化的不同形式。从狭义上来讲,人类社会是由自然界发展演化来的,人是自然界物质演化的特殊部分。另一方面,人类社会除了自身属于自然界外,它还能动地将自身的功能施加到自然界,即能动的作用于自然界,使自然界释放出更多合乎人类需要的能量来。在劳动的条件下,人类社会与自然界始终不停地进行着物质和能量信息的交换、升华和转化,这是宇宙进化中的一个超大级的超循环,这个过程永远不能完结,否则就意味着人类社会的消亡。

(三)自然界——劳动——人类社会范畴的意义

自然界与人类社会通过劳动把它们连接为一个范畴链,这是系统哲学对社会历史系统考察的必然结果。在自然界与人类社会的关系上,即人类社会与劳动的关系上,唯物辩证法已有过深刻的论述,但是,没有突出地把自然界、劳动和人类社会看作是有机的社会范畴综合起来研究。因此,认识自然界与人类社会通过劳动生产这个中介环节,就可以把自然界与人类社会看成是一个系统整体,由此也产生了生态文明的渊源与生态价值的根据。这同传统观念上的自然界、人类社会和劳动这些局部的概念来比较,更具有统一性、有机性、联系性、层次性。这一范畴链对于人们认识、改造自然界和人类社会的可持续发展,都具有重要的实践意义,同时对马克思主义哲学范畴也是个丰富与发展,对马克思的劳动价值学说也是进一步的完善。

1. 自然界——劳动——人类社会这一范畴链,反映和深化了唯物辩证法的关于事物普遍联系的原则。恩格斯曾对客观事物普遍联系作过论述,力图以近乎系统的形式描绘出一幅自然界联系的清晰图画。当代科技发展进一步说明了自然界是一个完整的系统,人类社会是一个完整的系统,劳动生产与创造也是一个完整的系统,它们彼此之间又组成更大的系统,并且是一个有机的系统整体。系统哲学认为,自然界与人类社会通过劳动这个具有决定意义的实践活动,进行着物质和能量的交换、循环和转化,它们是普遍联系的,而且是成系统、分层次、有结构地联系着。物质、能量与信息的交换、循环与转化是系统联系的具体方式,而这种联系又是有规律地进行着,它的基础首要就是自然界的规律,其次才是人类社会人文科学的各种规律。在系统联系中,要注意规律所允许的度的临界点。人类社会如果对自然规律都不尊重,只讲人类社会自身的需求及某些个人的意愿,肯定要造成重大的失误。例如,"人有多大胆,地有多大产"的口号、"乱砍滥伐森林"、"围湖造田"等等,都是在不同程度上严重违背了自然界的规律,因而受到自然的惩罚。人与自然是和谐的整体,只有协同进化、互相促进,才可能通过劳动加强这种相互和谐,人类才能繁荣、才能进步;否则,不仅毁掉了自然界,同时也毁掉了人类自己。

2. 自然界——劳动——人类社会范畴反映了现代科学认识论的重要原则。自然界、劳动、人类社会这一范畴链,使人们的认识对象发生了变化。人们由孤立单纯的"人类存在的中心论"和历史观,转向了"自然普遍联系的系统中心论";使认识自然界、劳动和人类社会的一元思维、二元思维,转向三元思维和多元思维。这是人们思维方式的一种大转化,标志着人们在认识结构上的变革。用系统哲学的方法来看待客观世界,这个新世界展现出丰富的内容:自然界的整体性、复杂性和有机性;通过劳动这个中介,自然界和人类社会彼此之间的相互联系、相互作用、相互依赖和相互制约明确地被凸显出来。自然界运动变化的规律性影响和制约着人类社会的运动变化的规律性。因此,系统哲学史观可以在一定程度上把唯物辩证法和唯物史观的某些原则定量化和精确化,从而丰富和发展了辩证唯物主义和历史唯物主义。

3. 自然界——劳动——人类社会这一范畴链,在方法论上赋予了传统的自然与社会范畴以新的内容和含义,把传统范畴推向了新阶段。在思维方式上,它强调从自然界这个大系统出发考虑问题,并作为人类社会认识和改造客观世界的出发点和归宿。这使那种就人类社会考虑人类社会的思维方式发生了一个重大的变化。要使人类社会发展,就要考虑整个自然界与人类社会在物质、能量、信息交换之间的结构功能,它应当是一种协调、和谐、适应的关系,以维持自然界与人类社会这个大系统的动态平衡和稳定,促使自然界与人类社会向组织优化、有序化的方向演化发展。我们应该牢记生态系统的第一定律:任何生物系统都不能脱离环境系统而单独生存。

二、劳动力——生产力——社会发展力

劳动力、生产力与社会发展力是社会发展的动力系统。人类社会的运动、变化、发展是由这个社会动力系统所推动的。运用系统哲学基本原理，研究社会发展的动力系统及其相互关系，对于科学地研究社会、认识社会、改造社会具有十分重要的意义。

（一）劳动力、生产力与社会发展力的含义

人类社会是按照它自身固有规律不断运动、变化、发展的过程。社会为什么会运动、变化和发展呢？系统哲学史观认为：在于社会发展的动力系统，即劳动力、生产力和社会发展力推动的结果。

1. 劳动力的含义。所谓劳动力，是指人的劳动能力，即人能够用于一切物质的、精神的、文明的、资源生产的体力和智力的有机整体的总和。在社会发展的动力系统中，劳动力是唯一的能动性要素。劳动力既是自然资源的开发者和利用者，又是原材料和劳动资料的设计、制造和使用者，也是科学技术、文化的创造者和消费者，还是生产管理的组织和执行者及教育训练的实施和承受者，更是人类文明的受惠者。

劳动力是个动态的系统结构，其结构都是历史地变化和发展着。在使用简单的石器和手工工具时期，即主要靠体力支出进行生产的条件下，劳动力的数量对社会生产的发展具有决定性的意义。但是，在使用机械工具和智能工具的条件下，生产力的发展则主要取决于劳动力的素质和劳动力的创造性。现代社会是机械工具和智能工具的综合的整体时代，劳动力在劳动过程中体力支出的比重逐渐减少，脑力支出的比重逐渐增加；传统经验和技能的作用逐渐下降，科学知识和专门技能的作用逐渐上升。这样，与石器工具、手工工具相适应的以简单劳动为主的体力型的劳动力，就逐渐转变为与机械工具相适应的以一般技能为主的技术型劳动力，并进而朝着与智能工具相适应的以复杂和简单劳动相结合的智能型劳动力的方向发展。历史上每一次劳动力结构的重大变化，都带来了社会生产的巨大变化。劳动力

在不同的社会发展阶段上有着不同的结构,在同一个社会发展阶段上,也存在着多层次的结构体系。

2. 生产力的含义。所谓生产力,是指人类认识自然和改造自然的能力,它表示着人类同自然界的关系。现代化的生产力除劳动对象、劳动资料、劳动者、科学技术等基本要素外,还包括生产管理、生产信息和教育等要素。在社会发展动力系统中,生产力是社会发展决定性的要素。生产力的发展使社会赖以生存和发展的物质和精神文化财富日益增加,不但满足人类日益增长的需要,而且能创造新的需要,从而不断地"激活"生产和需要的协同并进,推动社会发展;生产力的发展使社会与自然界相互间的物质、能量和信息交换不断增加,使社会获得越来越多的自然物质、能量和信息,从而获得日益增强社会的自我持续发展能力;生产力的发展推动科学技术的产生和不断更新,使人类征服自然、改造自然能力不断增强;生产力的发展会引起人类生活方式和思维方式发生相应的改变,使社会生活方式和思维方式越来越趋向科学化、整体化、综合化、多元化;生产力的发展会引起社会形态结构发生相应的改变,从而引起整个社会形态的演化和进步,使社会形态的新旧更替获得了根本动力,并加快了速度。正如恩格斯所说的,随着新生产力的获得,人们改变自己的生产方式,随着生产方式即保证自己生活的方式的改变,人们也就会改变自己的一切社会关系。

3. 社会发展力的含义。所谓社会发展力,是指人类社会中有无数相互交错的力量,如政治、经济、文化等,有无数个力的平行四边形,而由此产生出一个总的合力的结果,即非线性的系统合力。这个非线性系统合力就是社会发展力。在社会发展的动力系统中,社会发展力是社会发展的根本动力。

传统的唯物史观把社会发展的动力归结为社会生产力的发展,也即归结为经济方面的原因。但是,不能把经济因素看成是历史发展的唯一动力,不能把历史唯物主义归结为"经济唯物主义"。恩格斯曾经指出,如果把历史唯物主义关于历史发展过程的决定性因素的观点说成经济因素是唯一决定的因素,这是对马克思唯物史观的严重歪曲。他说道,根据唯物史观,历史过程中的决定性因素归根结底是现实生活的生产和再生产。无论马克思或我都从来没有肯定过比这更多的东西。如果有人在这里加以歪曲,说经济因素是唯一决定性的因素,那么他就是把这个命题变成毫无内容的、抽象的、荒诞无稽的空话。推动社会发展的,绝不可能是单一的力量,而是社会上诸多因素相互作用的结果。他又说道,经济状况是基础,但是对历史斗争的进程发生影响并已在许多情况下主要是决定着这一斗争形式的,还有上层建筑的各种因素:阶级斗争的各种政治形式和这个斗争的成果——由胜利了的阶级在获胜以后建立的宪法等等,这里表现出这一切因素间的交互作用。这样就有无数互相交错的力量,有无数个力的平行四边形,而由此就产生出一个总的结果,即历史事变。现代社会和自然科学的成果以及人类社会的实践经验,都证明了在社会发展过程的内部确实存在着一个由多种要素构成的,十分复杂的动力系统,是这个动力系统推动着社会的发展,历史的前进。

(二)劳动力——生产力——社会发展力的辩证关系

1. 生产力系统中各要素之间是互为前提、互为因果,同时并存,它们是差异协同体系。生产力系统是"人"(劳动力)的要素和"物"(生产资料和生产工具)的要素的一个有机的整体。一方面,作为生产力中最活跃的主导要素的劳动力,在生产活动中为了争得生存、延续后代,为了节约自己劳动,满足自己的需求,总是不满足已有的现成的生产工具,极力改进生产工具,发明新的生产工具,这同时也不断地改造人类自己,以创造更多的物质和精神的财富。而劳动力在使用生产工具作用于劳动对象的生产过程中,总是不断加深对自然界的认识,不断积累生产经验,不断提高劳动技能,从而不断地改进、发明新的生产工具,特别是科学技术的发展通过劳动力把科学技术应用于生产过程,更加速了生产工具的完善,甚至使生产手段出现划时代的变革。随着生产工具的改进和创造,可以大大提高劳动生产率,更有效地引起劳动对象的变化,生产出更多更好的适应需要的产品,从而推动生产力向更高层次上发展。另一方面,生产工具的改进和发明,尤其生产手段划时代的变革,开始总是为少数劳动力所掌握,对广大劳动力说来,需要经过学习和实践的过程,才能转化为新的生产手段的使用者。通过这种转化,使劳动力对自然界的认识、生产经验和劳动技能达到一个新水平,也促进了人类自身的进化,从而在新的水平上又去改进和发明新的生产工具,如此循环往复,不断地推动着生产力的发展和人类社会的进步。

2. 生产力作为中介与劳动力和社会发展力相互联系、相互作用,共同推动社会进步。系统哲学史观认为,生产力是推动社会发展的决定力量。但是,在社会生产中,劳动力总是处在一定生产关系中的人,生产力是整体的生产方式中的一个要素,它是离不开社会制度的制约的。因此,必须充分认识社会制度对生产力发展所起的反作用。这种反作用有两个方面:一是促进生产力的发展。随着生产力发展的要求,变革旧的制度,建立新的制度,就能充分调动劳动力的生产积极性,促使劳动力充分发挥自己的创造性,运用已经掌握的物质手段,去变革劳动对象,引起生产力的迅速发展。当新的社会制度一旦确立起来,它还会成为一种积极的能动的力量,促进科学技术的发展和加速前进,促进生产技术的革新和推广。历史上生产力的巨大飞跃,往往出现在新的制度之后,而不是在此之前。二是阻碍生产力的发展。一种制度由适合生产力变成了生产力发展的桎梏,劳动力就没有生产积极性,生产技术的革新和推广就会受到阻碍,生产成果就会受到破坏,从而使生产力的发展十分缓慢。由此可见,不能低估社会制度的反作用。同时,离开社会制度,孤立地谈生产力的发展,必然歪曲恩格斯的观点,陷入"经济唯物主义"。因此可以讲,社会制度对生产力的发展有决定性的影响。比如中国两千多年的封建君权与儒教结合的制度,使中国长期落后。所以在中国当前的改革过程中,各种制度的建设就成为中国人民最根本的历史任务。

(三)劳动力——生产力——社会发展力范畴链的意义

系统哲学把劳动力——生产力——社会发展力看成是社会发展的动力系统,对我们正确理解社会主义初级阶段的路线有着十分重要的意义。

1. 认识劳动力——生产力——社会发展力这一范畴链,对于认识当今世界复杂的社会现象提供了强大的思想武器。今天,世界上许多发达国家处在资本主义后的历史阶段,但没有出现新的社会革命,社会生产力的发展速度比较快;社会主义国家的经济由于底子薄和不断的失误,发展比较缓慢,有许多社会问题需要我们去研究解决;两个超级大国的对抗变成了一超多强,许多发展中国家由封闭转化为相互开放,国际形势由战争转向和平,恐怖与反恐怖战争成为潮流;等等。如何看待这些问题呢?应当从社会发展的动力机制来加以系统分析综合。在资本主义后的历史发展的动力系统中,其结构和功能还能适应生产力的发展,现代科学技术也为其注入了新的活力,所以它能够继续发展。社会主义社会之所以还存在着许多问题,说明这个动力系统本身的结构还不完善,功能还没有充分发挥出来。目前,我国进行的经济体制和政治体制的改革以及其他各项改革,就是改革不适应生产力发展的各项制度,以便完善初级社会主义制度的结构和动力机制,使其功能得到很好地发挥,进一步加快社会主义制度的结构改革,这是中国人民的根本任务。实践证明,改革是社会主义社会发展的重要的内在动力,也是唯一的动力。

2. 劳动力、生产力、社会发展力是社会发展的动力系统。它要求我们把三者看成一个有机结构的整体,不能顾此失彼:要么只讲劳动力(人),不见生产资源(物),或者,只讲生产资源(物),不见劳动力(人);要么只见生产力,不见制度,或者只讲僵化的制度,不见社会生产力。生产力是劳动力和社会发展力的中介,进而构成社会发展动力的范畴链。只有把它们看成一组有机的范畴链,才能从深层次上理解生产方式、经济发展方式及社会发展方式的依次更替,社会形态由低级向高级的变迁;只有从整体优化上使三者协调进步,充分改革社会发展的动力系统链,才能迅速地推动社会向前发展。

三、个体——集体——社会

个体——集体——社会这一范畴链属于社会范畴。它揭示了人类社会的有机性和整体性,揭示了人类社会中个体、集体和社会的系统辩证关系及其发展规律,揭示了人类社会运动和发展的具体过程。学习和掌握这一范畴链,在理论与实践上都有重要的意义。

(一)个体、集体与社会的含义

1. 个体的含义。在人类社会中,个体是指单个的人。马克思指出:单个的人,是一个特殊的个体,并且正是他的特殊性使他成为一个个体,成为一个现实的、单个的社会存在物。所谓个体,是指相对于集体的个人,这个个人是具有社会的、精神的和肉体的特性的个体。从系统哲学角度来看,个体即个人是一个系统,它所具有的社会属性、精神属性、生理属性(自然属性),是个体系统的要素。自然属性是个体系统存在的物质基础,精神属性是个体系统发展的能动要素,社会属性居于个体系统中的环境要素,体现着个人的本质属性。也就是说,个体总是与具体的社会结构、政治、经济和文化知识结构等相互联系、相互作用而存在和发展着,他们的有机联系形成系统整体。历史上的每个人,都对社会历史的发展起过一定的作用,总要在历史上留下某种痕迹。一般地说,从政治、经济、文化和历史上讲,对历史影响较小的人,我们称为普通的人;对历史影响较大,并留下明显痕迹的人,我们称为历史人物。历史人物按其对生产力的发展起促进或延缓或阻碍作用,又分为正面人物、中间人物和反面人物。前者通常称为杰出人物。在杰出人物中的政治家称为领袖人物。当然各行业也有领袖人物级的学者、专家、发明家、艺术家等。很明显,这种划分是相对的,对个体的认识绝不能仅限于此。在各个历史时代,作为个体的普通劳动者总是占社会的绝大多数,没有他们便没有社会历史的发展;没有他们社会便构不成系统;没有他们便无所谓杰出人物。他们是社会物质财富和精神财富、人文财富的创造者,是历史发展的基本动力。但是这种动力的形成,不是许多个体的简单相加,而是社会系统整体要素形成的合力。在社会发展中各行各业的领袖人物又是处于社会各层次的结构核心,于是便形成社会核。各个时代的杰出人物便是当时时代的社会核的核心层。

在历史上凡是起过显著作用的历史人物,他们对社会发展的作用主要表现在以下几个方面:一是历史人物是历史事件的当事人。他们往往是重大事件的直接参与者、策划者、指挥者,在历史事件上总要打上他们自己的烙印,并留下他们个人的独特影响,对历史的发展起了巨大的推动作用。二是历史人物是历史任务的发起者。他们比一般人站得高,看得远,解决历史任务的愿望比别人强烈;他们能把促进历史发展进程的历史任务明确地提出来,并指出解决历史任务的实践方案,有伟大的历史责任感。而反面人物则恰恰是相反的作用。普列汉诺夫对于历史伟人有这样一段论述:"一个伟大人物之所以伟大,并不是因为他的个人特点,使伟大的历史事变具有特别的外貌,而是因为他所具有的特点使他自己最能为当时在一般的特殊的原因影响下发生的伟大社会需要服务。卡莱尔在其论英雄人物的著名著作中,把伟大人物称呼为发起人……这是极其适当的名称。伟大人物确实是发起人,因为他的见识要比别人的远些,他的愿望要比别人强烈些。他把先前的社会智慧发展进程所提出的科学任务拿来加以解决,他把先前的社会关系发展进程所造成的新的社会需要指点出来;他担负起满足这些需要的发起责任。"①三是历史人物是历史进程的影响者。他们能够影响甚至决定历史事件,加速或延缓历史任务的解决,因为他们对于历史发展的具体进程始终起着一定的作用。他们在一定时空范围内能起决定作用,但在另外的时空条件下这种作用无论多大,也绝不能决定历史发展的总趋势。从长远看,人民才是创造世界历史的动力。同时我们也应该认识到任何历史人物的活动本身不能不受历史规律的支配,也不能摆脱社会历史条件的制约。

关于无产阶级领袖人物的作用,从个体来看是属于个人,但绝不能仅仅归结为个人。他是群众、阶级(阶层)、政党、领导集团的代表,他具有强烈的时代感和社会责任感。列宁在《共产主义运动中的"左派"幼稚病》一文中明确指出,政党通常是由最有威信、最有影响、最有经验、被选出担任最重要职务而称为领袖的人们所组成的比较稳定的集团来主持的。列宁在这里讲了四条:个人条件——最有威信、影响和经验;产生的方式——是被推选出来的,而不是自封的,也不是被别人封的;所处的地位——担任最重要职

---

① 《普列汉诺夫哲学著作选集》第 2 卷,三联书店 1984 年版,第 372 页。

务,是群众的一员,但不是普通的一员;构成状态——是一个集体,而不是一个人,是比较稳定的集团,而不是由随时瘫痪的组织和临时机构组织起来的。

一切阶层及其政党的领袖,应具有这样优秀的品质:首先,具有创新改革家和理论家的品格。一方面,他们是改革家、实践家,站到改革创新实践的最前列,领导群众为社会公平与效率而奋斗;另一方面,具有高度的理论素养和科学精神,了解社会发展的趋势与需求。其次,一切从政党、阶层、群众利益出发。他们一心为公,一切为公,甘心做人民的公仆,全心全意为群众谋利益;坚持改革创新的原则,富有彻底科学精神;敢于与贪腐斗争,善于与贪腐斗争,对人民忠心耿耿,无私无畏,鞠躬尽瘁,死而后已。再次,遵守道德,作风民主,信任群众,依靠群众。最后,谦虚谨慎,不夸大个人的作用,不文过饰非,善于进行批评与自我批评。

2. 集体的含义。集体就其最一般的意义说,它并不是单个个体的简单相加,而是指由某种共同的纽带联系起来的人们的集合体。集体有不同的结构和层次,处于不同层次的集体之间,不仅有着功能的差异,而且有结构的不同。

集体在不同的社会中,有不同的内容和性质。在一般情况下,集体存在的形式大致有这样几种:阶级、阶层、政党、社团、学校、医院、公司、民族和家庭,等等。关于阶级的概念,列宁指出:"所谓阶级,就是这样一些大的集团,这些集团在历史上一定的社会生产体系中所处的地位不同,对生产资料的关系(这种关系大部分是在法律上明文规定了的)不同,在社会劳动组织中所起的作用不同,因而领得归自己支配的那份社会财富的方式和多寡也不同。所谓阶级,就是这样一些集团,由于他们在一定社会经济结构中所处的地位不同,其中一个集团能够占有另一个集团的劳动。"①阶级是一个历史范畴,是生产资料私有制出现后的产物,它也是一个经济范畴。统治阶级是指在经济上居统治地位的阶层,借助于国家政权,在政治上也占统治地

---

① 《列宁选集》第4卷,人民出版社1995年版,第11页。

位。由于这种统治与被统治、剥削与被剥削的关系,在一定历史条件下必然要产生阶级对立和阶级斗争。总之,贫困、落后与愚昧使人分裂。相反,发达的社会是建立在生产资料混合所有制(多种所有制形态)基础上的,各个群体之间在利益分配比较合理的前提下能够协调向前发展。但由于我们社会主义还处在初级阶段,生产力还比较落后,这种特定的社会发展阶段,决定了各个群体之间又有不同的利益关系,这势必要产生集体之间、个人之间以及个人、群体和社会之间存在着差异。但是,这些差异一般说来可以通过制度本身的改革加以调整和解决。正确认识和处理这三者之间的差异,是系统哲学历史观所要研究的主要课题。

所谓阶层,是指在同一个阶级中,由于经济地位不同而分成的若干层次。例如,在地主阶级中有大、中、小地主;在农民阶级中又分为贫农、中农;在中农中又分下中农、富裕中农;还有知识分子阶层等。

所谓政党,是社会发展到一定阶段的产物,它是进行阶级斗争或代表群众利益集团的工具。政党是代表某一阶级阶层利益的核心部分。在无产阶级夺取政权时,它领导本阶级为夺取政权而斗争,取得政权以后,又为巩固自己的政权而斗争。在政党政治的国家中,政党是代表某一个阶级、阶层或集团并为维护其利益而斗争的政治组织。阶级或阶层通常是由政党来领导的。

综上所述,我们通过论述阶级、阶层、政党来阐明集体所存在的几种形式。与此相交叉还存在着民族和家庭,宗教、社团、学校、企业以及社会上许多的中介、学术、科研组织等等,它们也是集体存在的不同形式。民族泛指历史上形成的、处于不同社会发展阶段的各种人们的共同体。民族是一个历史范畴,有其形成、发展和消亡的过程。这种协同过程,是一个很长的历史时期,随着经济与科学技术高度发展,物质文明与精神文明极大提高,民族间的差异将逐渐消失,融合成一个新的稳定的共同体,体现了人类社会发展中的系统整体优化和差异协同的历史过程。在社会主义初级阶段,首先要承认民族差异和民族特点,先进的民族要帮助各少数民族发展自己的经济与文化,尽可能快地缩短与先进民族的差距,消灭在经济、文化方面存在着的事实上的不平等,形成各民族团结、平等的和谐社会,共同为实现祖国的现代化建设作出贡献。

家庭是集体中一个最为基础的要素。它是以婚姻和血缘关系为基础的一种社会生活组织形式。恩格斯指出,一夫一妻制是不以自然条件为基础,而以经济条件为基础,即以私有制对原始的自然长成的公有制的胜利为基础的第一个家庭形式。不同的社会生产方式决定着家庭的职能、性质、形式、结构以及和它相联系的不同的道德观念。在现在世界上的许多国家中,家庭关系的特点是男尊女卑,男性支配女性,男女不平等。未来的社会要建立男女平等、团结和睦的新家庭关系,形成新的社会道德风尚。但是,由于中国的社会主义处在初级阶段,这方面还有许多问题需要研究和解决。家庭是社会的"细胞",正确处理好家庭关系,对维系社会的安定团结起着重要的作用。

3. 社会的含义。所谓社会,是指以共同的物质生产活动为基础而相互联系的人们的总体。物质资料的生产是社会存在和发展的基本条件,人们在生产中形成的与一定生产力发展程度相适应的生产关系的总和,构成社会的经济基础及与之相适应的各种制度。系统哲学认为,人类社会是一个大系统,是发展着的活的有机整体。社会是指由一切社会要素所构成的、有机统一的、活动着发展着的特殊的客观物质形态。社会是由个体、集体及群众、阶级、政党、民族、家庭等等,在物质生产中形成的生产结构、经济结构和文化结构等要素构成的总和。同时,社会作为一个有机的系统,它同自然界进行着物质、能量和信息的交换。

在社会中,人是它的最基本的要素,社会与人的个体、集体是不可分割的。社会总是人的社会,是由人来组成的,人是社会的主体。离开了人,社会结构、社会层次、社会关系就失去了主体,社会也就不复存在了。人是生活在一定社会关系中的人,是实践着的活生生的现实的人。

这表明在人本身除了具有自然人的属性外,还烙上了他所生活的时空的一切社会关系的印迹。通过对人本质的研究与探讨,可以从这个"集结点"上,比较完整地反映这个社会关系的性质和面貌。例如,对《红楼梦》中的贾宝玉、林黛玉等人物个体的研究,可以反映出贾氏家族、封建社会的各种关系来。

关于社会进化的趋势问题,系统哲学认为,社会发展的总趋势是前进的、上升的,由低级到高级有规律地发展着。人类社会的发展史,就是一个不断从必然王国进入自由王国的历史过程,而未来的和谐社会是人类社会从必然王国进入自由王国的飞跃。

(二)个体——集体——社会范畴链的辩证关系

个体——集体——社会范畴链是一个有机的系统整体。个体是集体的要素,个体与集体又是构成社会的要素,三者相互联系,互为条件,形成辩证统一的关系。

1. 个体、集体与社会之间的关系。一方面,个体依赖于集体,无集体即无个人。同理,个体与集体依赖于社会。首先,人类的祖先就是靠群居生存的动物。劳动使它们变成了人,而人类的劳动一开始就是社会劳动。人离开社会和集体,单个的人是无法生存的,人就不成其为人。其次,社会和集体使个体人的力量得以发挥和加强。在私有制商品社会中,个人劳动虽然可以单独进行,但离不开社会,他生产的产品通过社会交换才能使自己生活下去。建立在社会化大生产基础上的劳动,是人们协作的劳动,人们的劳动都是社会劳动的一部分。离开社会与集体的纯粹的个人活动是不存在的。在现代化大生产中,社会与集体使个体人的力量加强。马克思说,我们知道个人是微弱的,但是我们也知道整体就是力量。再次,社会与集体使个人的需求得以满足。在一个合理的法制社会制度结构里,个体人的利益与社会、集体的利益是相互协调的。只有集体事业发展了,国家繁荣富强了,个体人日益增长的物质和文化生活需要才能逐步得到满足。社会与集体为个体人的发展创造了条件。中国社会主义初级阶段,通过改革将为我们开辟了一条高速发展的道路,而这个目标的实现还要靠我们的辛勤劳动。社会作为人类的生存环境,对个体人的培养、教育和成长有很大的影响。在社会主义初级阶段,国家为个人聪明才智的发挥和个性的发展提供了一定的条件。另一方面,个体影响集体,集体又作用于社会,而社会的存在又依赖于集体和个体。首先,个体人是社会与集体的单元子,是社会构成的基本要素。没有一定数量的个体人,就没有集体,也就没有社会。离开了个体人的活动,也就没有人类活动,也就没有社会发展史。其次,个体力量发挥的程度影响集体的力量,而集体的力量发挥程度又影响到整个社会。再次,个人利益满足的程度影响集体与社会利益。个体正当的权益得到了较合理的满足,其积极性就能得到较好的发挥,集体利益也就会增强,这是系统整体序列优化的过程。相反,个人的正当权益得不到满足,个体在集体中就会出现无序状态,使集体和社会效益受到损害。最后,个体素质状态也影响集体的有序程度。如果个体素质好,就能对各种干扰进行自我控制,保证社会和集体的活动有序进行。相反,个体素质不高也会影响集体与社会。

要正确处理个人与集体的关系,要提倡和发扬集体主义精神。在处理社会(国家)、集体与个人利益的关系上,关键是如何用法律、法规和各种制度把三者的权益规范出来。所以要加强个人及集体、社会的有关的制度、法规、法律的建设,明确个人的权利、义务、责任和组织的权利、义务、责任以及国家与社会的权限。把国家、集体与个人三者的利益有机地协调起来,以使社会系统向整体优化的方向发展。

2. 领袖与群众的关系。列宁说:"历史上,任何一个阶级,如果不推举出自己的善于组织运动和领导运动的政治领袖和先进代表,就不可能取得统治地位。"[①]这说明领袖的作用是极其重要的。没有领袖,群众运动就会陷入自发、涣散及混沌与无序之中。领袖人物的正确领导,社会、阶级、政党就会处于高度有序状态,以促进社会更快的发展,这是社会系统自组织的结果。可见,领袖在社会——群众——阶级——政党范畴链中,起着领导核心的作用。他能为群众、阶级、政党提出正确的理论,制定正确的路线、方针、政策,给社会和集体指明前进的方向;领袖不是一个人,他们是一个集团,是群众、阶级、政党团结的旗帜和核心。

在政党政治中,社会中的各党派民主公开竞选,以选票决定谁执政,其关键是政党的结构与数量。否则只有执政党与在野党在形式上的区别,没有实质上的不同,也不能把国家搞好。

──────────

① 《列宁选集》第 1 卷,人民出版社 1995 年版,第 286 页。

领袖在社会这个大系统中,始终处于社会系统结构的核心地位。因此我们把领袖所处的这种特殊的地位,称为群众、阶级、政党的"社会核"。在社会运动这个大系统中,没有"社会核"这种"聚集力"与"协同力"的作用,社会运动就会呈现无序状态,社会各子系统就不能协调运转,甚至会发生社会动荡,阻碍社会的进步。

领袖集团这个"社会核"不是自封的,是人民群众选举出来的;他是特定历史时期的产物,是在群众中逐渐涌现出来的并为群众所公认的。领袖也是群众的一员,是阶级、政党中的一个分子。脱离群众、阶级、政党的领袖就不成其为领袖。领袖与群众的关系是鱼和水的关系,因此他必须密切联系群众、依靠群众、全心全意地为群众服务。同时,也必须通过全社会的法律及组织内部的法规,把成员及领导者的责任、权利、义务规范出来,明确领导者的责任和义务,以及群众对领导的监督,否则领袖很可能会走向独裁,破坏整体社会结构及法制,阻碍社会的进步。

系统哲学的历史观认为,"社会核"是分系统的、有层次的。在不同系统的不同层次上也有不同的"社会核"。例如,杰出的自然科学家、人文科学家、思想家、理论家以及发明家、劳动模范等等,他们在各个不同的系统层次上都起到了"社会核"的作用,在不同程度上都对社会发展起了重大的推动作用。因此,我们在探讨个人在历史上的作用时,对这些人物的历史作用也应予以充分、高度的评价。比如,诗人李白、杜甫对中国人民的贡献,肯定比朱元璋要多。再如,爱因斯坦与牛顿比任何皇帝贡献都大。

3. 关于群众、阶级、政党、领袖四个层次结构的关系问题。列宁在论述这个问题时说,群众是划分为阶级的,……阶级通常是由政党来领导的,政党通常是由最有威信、最有影响、最有经验,被选出担任最重要职务而称为领袖的人们所组成的比较稳定的集团来主持的。这说明了领袖处于群众、阶级、政党的核心地位,是层层领导的关系;领袖要代表、依靠、服从党,党要代表、依靠、服从阶级,阶级要代表、依靠、服从群众。列宁指出,无产阶级革命党,如果不学会把领袖和阶级、领袖和群众结成一个整体,结成一个不可分离的整体,它便不配拥有这种称号。群众、阶级、政党、领袖的转化过程,一方面,是由层次递增来产生上一个环节;另一方面,下一个层次的利益大都是转化为上一个层次的利益,然后再变成统一的利益,在全社会推行开来。在这里领袖是核心环节,阶级与政党是关键环节,而群众是基础环节,而规范每层次的责、权、利是该系统的核心与本质。如,在原社会主义阵营的国家,由于没有做到群众、阶级、政党、领袖之间的责、权、利、义务的科学规范,领导只有权力,没有法制、责任和义务,不受任何监督,最后政党与国家只有崩溃,人民跟着遭殃,这个教训太深刻了。

(三)个体——集体——社会范畴链的意义

1. 紧紧把握个体——集体——社会这一范畴链,为我们科学地、系统地认识社会提供了认识论的原则。也就是要我们牢牢地树立起人民群众是创造世界历史动力的观点;懂得个体只有与集体和社会协同活动,个体的力量才能显示出来,否则离开集体,个体就一事无成,这是一般意义上的理解。在特殊条件下,个体也有决定性的力量,如发明家、理论家、科学家的作用。

2. 研究个体——集体——社会这一范畴链,对于认清社会发展总是前进的、上升的,是由低级到高级的这一总趋势具有重要的意义。每一个历史时代的进步都有相对的和绝对的两重性。每一特定时代的历史进步,总是同这一时代的具体历史条件和特点相联系的;离开历史的条件和特点,历史的进步就难以确定。这是社会进步相对的一面。另一面,每一个特定历史时期的社会进步,又是整个历史进步链条中的一个环节、一个阶段,它本身就是整个社会进步的一个组成部分。社会的进步是历史的相继性,而特定历史时代的社会进步为整个社会的进步呈现出一个总的趋势,这是社会进步的绝对性。社会的进步总趋势是从必然王国向自由王国的飞跃,向社会整体优化的方向演进。

第五节 认识范畴

系统哲学的范畴不仅包括自然范畴、社会范畴,也包括认识的范畴。在这一节中,我们对主体——实践——客体,表征——表征链——被表征,单义决定——概率——或然决定等范畴链进行研究。

一、主体——实践——客体

主体和客体在实践的基础上,成为认识论中最重要的范畴链,这是因为主体和客体是人类实践活动的基本要素或前提。在我国随着真理标准问题讨论的深入,主客体问题也就引起了人们的重视。

(一)主体、实践和客体的含义

系统哲学认为,在坚持辩证唯物主义认识论的前提下,正确了解主体、客体与实践相互关系有重要的现实意义。主体、客体问题有本体论的内容,但它主要是认识论问题。

1. 主体的含义、形式和属性

第一,主体的含义。所谓主体,是指有头脑、会思维的从事社会实践活动和认识活动的个人或集团。人是由劳动器官、感觉器官、思维器官等各种器官构成的有机系统物质,是现实的、有形的系统物质实体。更重要的是,人来自自然界,从自然界中索取生活资料,并在索取生活资料的过程中,表现和确证自己对自然界的主导地位和具有能动性的特征。所以,马克思关于主体的一个基本条件是:主体是人,而人是自然的、肉体的、感性的、对象性的存在物。这里所说的主体是人,但不是任何个人都是主体。主体的人要具备这样的条件:一是具备人类在一定历史发展阶段上,在某个领域内已达到最低限度的实践技能、经验和科学文化知识,并能在该领域内取得自觉的积极的活动者的主体地位。在这方面,要求主体人能够认识和掌握实践对象的规律性,有相应的理论知识;能提出和制定实践的理论方案、计划,需要有相应的科学理论作指导;把握实践的过程以及评价实践的结果,要有一定的技能。二是能够进行实践和认识活动。如果人不进行实践活动,不能为社会作出贡献,也就不能表现和确证自己的主体地位。人在改造自然的过程中,同时改造着自身,以适应改造客体的需要,从而也就不断地确证和巩固着自己的主体地位。因此,从事实践活动的人才是主体。

第二,主体的形式。主体的形式是多种多样的。从其活动的结构来看,主要有三种基本形式:个人主体、集团主体、社会主体。个人主体,即主体是个体人。个人主体是指在社会提供物质和精神条件的基础上,相对独立地进行活动的个别人,其实践活动带有明显的个体活动的特点。一方面,主体个人的存在,是社会存在的前提。社会的认识能力,体现在个别人的认识之中。恩格斯说过,意识、思维、认识所以能够实现,是由于各代人的个人活动。他说道,它是个人的思维吗? 不是。但是,它仅仅作为无数亿过去、现在和未来的人的个人思维而存在。另一方面,个人主体是有局限性的。在其主观上,受科学文化、知识修养、思维能力、情感意志、政治态度、生理状况的限制;在其客观上,受实践活动的广度和深度的限制。

集团主体,即主体是人的集团。集团主体是指按照一定的信仰、目的、利益、规范等组织起来的共同行动的群体。一方面由于其内在联系,劳动者在有计划地同别人共同工作中,摆脱了他的个人局限,并发挥出他的种属能力。集团主体创造了一种新的能力,即集团系统功能。这种功能与个体能力有本质的区别,它大于个体能力的简单加和。另一方面,集团主体也有其局限性,即集团人数和能力有限度,其信仰、目的、利益、规范也具有狭隘性。如阶级与民族的偏见、地区知识水平传统的局限,都是其局限性的突出表现。

社会主体,即主体是一定的社会。它是指以共同的活动为基础而相联系的人们的总体。它具有集团主体的全部优势,而相对地摆脱了集团主体的某些局限性。它拥有全社会的力量和整个社会从事科学劳动的能力,因此,更能适应社会发展和科学进步的需要。它是主体的最高形式,但也有其时代的各种局限性。

第三,主体的属性。主体的属性是多种多样的,其主要属性是自然性、社会性和意识性。也就是说主体人是自然人、社会人、思维人的综合。

首先,主体具有自然性。主体人是作为自然界的一个延伸和自然界发展过程的一个新阶段出现的,其自然属性表现在主体是自然界存在和发展的结果,又在其中得到存在和发展。这是说,自然界长期发展产生了人的自然机体,它具有生命力和自然力,这是人取得主体地位的物质基础。自然界为人的自然需求如衣、食、住、行及其他,提供了一定的生活环境和条件。人同自然界进行着物质、能量和信息的交换,自然界是主体生命和力量的源泉。另外,主体具有客观实在性。主体永远不能摆脱外部自然和自身自然的制约,主体是受自然界的限制和制约的,具有受动性。再有,由于人和自然界的渊源关系,使主体具有自然力。根据人的自然需要,这就为改造自然界提供了现实可能性和内在的动力。

其次,主体具有社会性。主体的社会性表现在人不仅是自然界的产物,也是社会的产物。人体是在劳动中形成的,而劳动一开始就是集体的社会的活动。马克思说:只有在社会中,人的自然的存在对他说来才是他的人的存在。人是在社会中产生的,也是在社会中发展的。主体的社会性还表现在它是以社会性的实践活动为基础的。一方面,社会关系的含义是指许多个人的合作。也就是说,人的力量来自社会联系。马克思指出,个人是社会存在物。因此,他的生命表现,即使不采取共同的、同其他人一起完成的生命表现这种直接形式,也是社会生活的表现和确证。例如,一个作家进行创作时,他的生活资料、创作材料、书籍、思维借以进行的语言本身,都是社会产物。而作家的作品,也必须得到社会的承认,为社会服务。另一方面,自然界不会自动满足人,人要依靠集体对自然界进行改造,以获取生活资料,来维持生命,推动和促进群体及社会的发展。在这个过程中,人才能成为自然界的主人。

再次,主体是有意识的存在物,具有意识性。主体的意识性是指主体不同于动物、不同于本能的人的自觉的人。它有理性,能思维、创造。其一,人对感性对象的主动直观,即反映对象的现象、联系,对获得感性表象进行加工,对反映对象的本质及其规律进行认识。其二,主体能把自己的实践和认识活动,作为意识的直接对象。主体的意识性,是主体能动性的一个重要根据。马克思说道,动物和它的生命活动是直接同一的。动物不把自己同自己的生命活动区别开来。它就是这种生命活动。人则使自己的生命活动本身变成自己的意志和意识的对象。他的生命活动是有意识的。……仅仅由于这一点,他的活动才是自由的活动。

最后,主体的意识性还表现在人的活动的目的性。列宁指出,人的目的是客观世界所产生的,是以它为前提的。没有主体的意识,就没有主体的目的,也就没有主体的能动性。

主体的自然性、社会性和意识性都是主体的重要属性,它们不是孤立地存在着,而是有机地结合在一起的,其基础是客观的、能动的社会实践,而社会实践是主体本质属性的集中表现。

2. 客体的含义、形式和属性

第一,客体的含义。所谓客体,是指进入主体活动领域并和主体发生联系的客观系统事物,是主体实践活动和认识活动所指向的对象。客体应具备这样几个条件:一是客观存在;二是客体是自然,但自然并非都是客体,客体是自然界中主体实践和认识活动指向的对象;三是客体随实践活动而不断变化发展;四是主体与客体在发生作用时,因主体的目的及其手段、环境、思想、文化、情感不同,而产生不同的关系。马克思说:忧心忡忡的穷人甚至对最美丽的景色都没有什么感觉;贩卖矿物的商人只看到矿物的商业价值,而看不到矿物的美和特性;他没有矿物学的感觉。只有音乐才能激起人的音乐感;对于没有音乐感的耳朵说来,最美的音乐也毫无意义,不是对象,因为我的对象只能是我的一种本质力量的确证,也就是说,它只能像我的本质力量作为一种主体能力自为地存在着那样对我存在,因为任何一个对象对我的意义……都以我的感觉所及的程度为限。马克思的这段话说明,音乐作为客体,是对于具有音乐感受能力的主体而言;对一个音乐毫无所知的人来说,音乐并不具备客体的意义,因为与之发生关系的并不是音律而是声音。所以,马克思说的客体乃是客观存在的一方面或一个部分,它进入主体活动的范围作为确定的对象被相对固定下来,并借助于已经具备的手段作用于它。

第二,客体的形式。客体具有多种形式,主要有:自然客体、社会客体、精神客体。

首先,自然客体是指自然界的系统和现象。主体作为自然界的产物,它的指向对象首先是自然界。离开自然界,主体不能进行对象性活动,自身的存在也不可能。自然客体包括天然存在的自然物,也包括主体生产活动中形成的人化自然。客体不是整个自然界,而只是那些同主体发生现实关系的自然界。因为人的力量和能力有限,也就决定了客体的界限。客体只是自然界的一部分,从一定意义上说,客体是由主体设定的,主体的活动和力量不断发展,客体也因此不断扩大。客体不仅是实践的对象,而且是实践的结果。在一定意义上说,客体的范围是由主体的实践决定的。正如列宁所说的,我们每个人都千万次地看到过"自在之物"向现象、"为我之物"的简单明白的转化。

其次,社会客体是指社会存在以及由社会存在决定的社会意识。主体的人是自然界的产物,也是社会的产物。人在改造自然界的同时,也创造出自己的社会存在,形成自己的社会关系。人只有作为社会存在物,才能在社会关系中改造自然界。因此,客体也包括社会。对社会客体的认识包括主体对自我的认识,如果他不能把自己当作客体来对待,他便不能作为自觉的主体而进行活动。如自我认识、自我改造、自我修养,都是把自己当作对象性活动的客体。人把自己当作客体是通过他人为中介条件的,是以别人来反映自己的。

最后,精神客体。因为客体是主体认识和实践活动的对象,作为认识的对象包括系统物质现象和精神现象。当人们把自己的思维活动作为研究对象时,这个对象化了的思维活动就成了认识的客体。精神客体有不同类型:有的是精神活动,如思维、意识、心理等现象,有的是精神活动的物化,表现为精神产品,如书籍、录音带、拷贝、计算机储存系统作为物质载体,表现出来的著作、作品等等。在科技知识飞速增长的时代,通过精神客体获得间接经验尤为重要。把握精神客体,要通过物质外壳或载体,但是其目的并不在于它的系统物质形式,而是观念地掌握它的精神内容。

第三,客体的属性。客体的主要属性是客观性、对象性和社会历史性。

首先,客体的首要属性是客观性。无论自然客体、社会客体还是精神客体,都是客观存在的,都是不以主体的意志为转移的。自然客体在人的意识之外,不依赖于人的意识而独立存在着。它同主体发生联系时,并不失去它的客观性,仍然按其固有的规律发展变化。而人的能动性在于发现这些规律,认识研究它们,在行动中利用它们以实现自己的目的。社会客体是由人组成的,而人的一切活动都是有目的的、有意识的,但这并不影响社会客体的客观性。社会发展是一个自然的历史过程,在这个过程中有其不依人的意志为转移的内在规律性。恩格斯指出,在社会历史领域内进行活动的,全是具有意识的、经过思虑或凭激情行动的、追求某种目的的人;任何事情的发生都不是没有自觉的意图,没有预期的目的的。但是,……它丝毫不能改变这样一个事实:历史进程是受内在的一般规律支配的。精神客体也具有客观性,恩格斯说道,我们的意识和思维,不论它看起来是多么超感觉的,总是物质的、肉体的器官即人脑的产物。这就指出了精神客体具有系统物质的客观性。不仅如此,它具有自身的特殊规律。精神客体在其内容上也具有客观性。精神产品一经产生,它是否正确反映客观系统事物及其规律,不依赖于人们的愿望,它以自己的客观存在对人们产生这样或那样的客观影响。

其次,客体具有对象性。它是指客体不是自在的东西,而是客观世界中同主体活动有功能联系而被具体指向的对象。只有通过人类活动的影响和作用,外在的东西才获得客体的属性,成为主体活动的客体。主体活动每涉及一个新的对象,就出现一个新的客体。马克思说,在人类历史中即在人类社会的产生过程中形成的自然界是人的现实的自然界,人的实践过程就是创造一个对象世界的过程。客体的对象表明,主体和客体是相互依存、互为前提的,就是说,没有主体,就没有客体;反之,没有客体,也没有主体。主体对客体具有能动作用。

最后,客体具有社会性。客体的社会性是由主体活动的社会历史性决定的。时代在发展,人类在进步,客体的范围在扩大,客体的内容也在不断变化和丰富。在具体历史阶段的具体活动中,直接与人的活动有关的不是整个自然界、整个外部世界,而只是它的一个部分或一个方面。客观系统事物能否成为人类活动的对象,取决于人类的实践能力和认识水平,取决于人类世世代代的发展。已经进入人类活动范围的那一部分世界,还有一个再认识的过程。人们发现系统物质的种种属性及其使用价值,是一个历史过程,随着历史发展,人们将不断从中发现新的东西。这表明,主体与自然的统一是以社会实践为基础的逐步实现的过程。

在客体的客观性、对象性和社会历史性的有机统一中,对象性是客体属性的重要标志;客观性是对象性的基础,只有在主体去实践对象时,客观性才能得到证实;社会历史性是主体对象活动的结果。客体就是主体活动的直接对象。

3. 实践的含义

所谓实践,是指人类有目的地能动地改造自然和探索世界的一切社会性的客观物质活动。生产活动是最基本的,决定其他一切活动的实践。此外,还有科学研究、艺术活动、政治生活、文化教育等,也都是实践。所有的实践活动都是社会的历史的活动,其主体是人民群众。个人的实践是社会实践的组成部分。

实践是认识活动的基础,认识随实践发展而发展,实践是检验真理的唯一标准,实践的观点是认识论的首要的和基本的观点。实践是人类主体的最基本的活动之一,也是客体之所以成为客体的前提条件。实践是认识的基础、源泉和动力,这是因为主体的认识源泉不能归结为认识的对象本身,也不能归结为系统物质世界本身,只能归结为主体实践活动,认识只能来源于实践。人类的认识是在主体与客体通过实践活动的相互作用展开、发展和前进的。实践所运用的手段,将从根本上突破主观感觉及其心理上的阈值,摆脱其摇摆不定的主观因素。实践使主体自身及其活动成为主体自己认识的对象。人在实践中不但面向自然与社会客体,也面向主体自己同客体的相互作用,使主体实现自我对象化,这是实践的一个本质属性。实践是认识的源泉、基础和动力,主要有以下几点:一是认识起源于劳动实践基础上的主体和客体的分化。认识是主体对客体的能动反映,实践本身包含着认识要素,认识是实践得以进行的不可缺少的环节,认识与实践是主体和客体分化与统一的不可分割的两个方面。二是实践创造了认识工具。认识工具又是构成认识结构不可缺少的要素,它体现人类认识水平的高低。三是实践对象和认识对象的一致性。认识的对象就是实践创造的对象,而且实践活动本身也构成认识的重要对象。四是实践决定人的认识的发展。人类认识和实践发展的历史告诉我们,人的认识能力的发挥,归根结底是受着实践发展水平制约的。

系统哲学对实践结构有这样的探讨,实践具有三维以上的结构。实践是由物质要素、精神要素、组织管理要素等一系列组成的结构。物质要素是实践的基础,包括实践主体本身、物质手段和物质对象。精神要素在实践中居中介地位,其思维的具体形式,有实践的目的、目标、总体设计和实施的方法等环节;其非思维的具体形式,有感情、意志、情绪、社会心理,等等。组织管理要素在实践中起关键的作用。就现代的生产实践来说,管理包括人员、物资、能源、资金、施工、信息、时间、环境等方面;管理的职能包括计划、组织、指挥、调节、监督、经济核算等方面。由于实践作为主体的社会性活动,统一思想、统一意志、统一目标、统一活动、分工协作、整体优化等,都是通过管理实现的。实践中只有实行科学系统的管理,才能人尽其才、器尽其利、物尽其用,以最小的消耗取得最好的效果,实现预期的目的。通过以上所述,可以看出,主体是实践过程的人,客体是实践过程的对象,而主体与客体的相互作用是实践,实践又是认识的基础、源泉与动力。因此,我们说这一范畴链远远不是简单意义上的主体——实践——客体的范畴,而应当是"主体——实践——客体——认识——反馈——主体——再实践——客体——再认识——再反馈——主体"等构成一个相互依存、相互作用、往复循环的复杂的范畴体系。

(二)主体——实践——客体的辩证关系

主体、客体与实践、认识之间的关系具有系统辩证的性质。它们具有不同结构的规定性,又相互依存、相互联系,并在一定条件下相互转化。

主体和客体不仅表现为相互依赖、互为条件,而且表现在相互创造和相互制约上。

　　主体与客体的相互创造关系。由于劳动实践,主体和客体同时从自然界中分化出来,并随实践的发展,主体和客体也得到了发展。主体和客体的产生和发展是同步进行的。主体的知识水平、技术手段和驾驭自然界的能力,决定着对客体改造的广度和深度。客体领域的拓宽和层次的深化,反过来对主体提出了更高的要求。客体的日益复杂化,迫使人们发明和应用工具系统以延伸肢体器官,发明和应用动力机系统以放大自然力,发明和应用智能机器以提高与扩大思维器官的效能。这一切反过来推动实践系统的整体化和科学化,推动对客体从整体出发进行系统改造,实现整体优化。这就是主客体相互作用的系统辩证关系。

　　主体和客体有相互制约的方面,这是主客体相互联系的又一表现。主体具有能动的一面,这是主体区别于客体的一个重要标志。主体是自然、社会和精神的自觉的主人;客体是被主体改造、反映和评价的对象。主体为了自己生存和发展的需要,创造和使用科学仪器、设备,作用于客观对象,能动地反映客体的本质和属性。然后根据客体的本质、属性和发展规律,利用它、驾驭它,使它沿着有利于主体的方向发展。这是主体对客体制约的一面。主体的能动性受客体制约,这是因为人的全部活动都是在外部世界存在的前提下进行的。马克思说,人在生产中只能像自然本身那样发挥作用,就是说,只能改变物质的形态。不仅如此,他在这种改变形态的劳动中还要经常靠自然力的帮助。主体的能动性既受到客体本身的本质和规律的限制,又受到客观世界提供的物质条件制约。人作为自然的存在物,永远不能摆脱客观规律的制约。人的能动性和自由是在认识客体规律,并把客体的制约置于主体控制之下。

　　主体和客体在一定条件下相互转化。第一,人在改造世界的过程中,主体的目的、计划、愿望,变成同主体相对立的,作为客观实在的对象世界。第二,主体和客体的区分,既是绝对的,又是相对的,人作为活动者,是主体,而相对于他人来说,则处于客体地位。学生对书本来说是学习的主体,老师对学生来说是教学的主体,学生又成了老师教学的对象,是客体。第三,在主体自我认识、自我改造、自我评价的过程中,主体的某些方面也变成了它活动的客体。人常说，人在历史舞台上，既是演员又是观众，就是这个意思。

客体转化为主体表现在：第一，人反映世界，对象被人化了。客体被移入人脑并经过它的改造而成为人的思想、知识。第二，人改造自然，使原来的自然物即客体，成为人活动的工具，而工具则是主体器官的延伸，这在一定意义上，就变成了从属主体的东西。马克思说，人创造工具和仪器等自然物本身就成为他的活动器官，他把这种器官加到他身体的器官上，……延长了他的自然的肢体。

社会实践是主体和客体关系的基础，是主客体的中间环节，是其辩证关系的关键。实践的观点不仅是唯物辩证法，也是系统哲学主体——客体理论的精髓。马克思说环境的改变和人的活动的一致，只能被看作是并合理地理解为革命的实践。没有社会实践，就没有主体——客体的辩证关系。实践永远是主客体相互作用的基础所在。

（三）主体——实践——客体范畴链的意义

主体——实践——客体形成一组范畴链，是系统哲学认识论的中心范畴。在认识论范围内，除了认识主体和客体及实践活动之外，再没有可以认识的了。在这个意义上说，系统哲学的认识论就是研究和概括主体、实践、客体、认识这一大系统要素相互关系的理论。因此把握和了解认识论系统中的各要素间的相互作用及其系统整体和结构层次性对于建立科学的认识论体系具有重要的意义。

1. 主体、实践、客体形成认识论系统，极大地丰富和发展了唯物辩证法的认识论。系统哲学把主体、实践、客体看作是一个有机的认识系统，形成当代科学的认识论。它不仅深化了主体，包括自然、社会、精神客体的认识，而且把认识论建立在更加科学的基础上，把传统的认识模式即：实践——认识——再实践——再认识的两极方式发展为三极多元方式，体现了人类认识系统的整体性及等级层次性。

2. 主体、实践、客体范畴链，为真理标准的讨论推进了一大步。认识是主体对客体的能动的反映。认识论中的任何一个问题，诸如认识的源泉、动力、过程以及真理的标准等等，离开了对主体、实践、客体相互关系的深入研究,就不可能得到透彻的说明。例如,真理的绝对性和相对性问题,就同主体、客体、实践有着密切的联系。所谓真理,就是符合于客体的主体的正确认识,就其内容是客观的,它是绝对的;就其反映客体、向客体接近要受一定的历史条件制约,它又是相对的。随着真理标准问题讨论的深入,人们会提出:实践是怎样检验真理以及它何以能够成为检验真理的标准等问题。在认识系统中,就要深入到实践的要素即主体与客体的相互关系问题上来,从而说明真理是绝对性与相对性的统一。因此说,了解和把握认识系统中主体、实践、客体与认识诸要素的结构、功能、层次相互关系等,对于真理的认识就会大大地前进一步。

3. 实践是该范畴链中的中心环节。在主体、实践、客体这一认识系统中,实践具有特殊重要的意义。实践在认识系统中,是主体认识的源泉,是主体认识发展的动力,又是决定客体的前提和基础。实践的深入,客体就随之开拓和发展;实践又是检验真理的唯一标准,它是认识的归宿。因此,实践是认识系统的中心环节,没有这个中心环节,就没有主体、客体,也就没有人类的认识。

4. 这一范畴链把认识论中的范畴有机统一起来,体现出人类认识的系统整体性及等级层次性,深化和发展了认识论。实践与认识的二极模式没有反映出人类认识的全过程。要正确地阐明主体和客体的认识关系是以实践关系为基础的,不了解主体和客体的实践的关系,就不能真正了解主体与个体的认识关系,因而也就不可能建立起科学的认识论。可见,主体、实践、客体三者是不可分割的系统整体。传统的认识论不能完整地说明认识论中的主体与客体、认识和实践范畴链的等级层次关系。当强调实践的重要性时,把实践等同于物质;当谈到意识和认识的关系时,把意识等同于认识。实践与认识的二极模式,排除了客体这一要素,但当要说明什么是真理时,又不得不把客体"引进"认识论。事实上,认识论中的范畴链,只能是以主体和客体为中心的、以实践为中介的范畴链,它与物质和意识、认识和实践两组范畴既相互区别,又相互联系。

二、表征——表征链——被表征

科技和实验仪器的发展,使人类对系统物质世界及其属性之间的联系,对于认识的反映过程,都有了进一步的认识。表征——表征链——被表征这一范畴从认识论方面,是对当代科技发展和科技认识成果的概括和总结,它属于系统哲学认识范畴。

(一)表征、表征链与被表征的含义

系统物质世界及其属性之间,存在着普遍的系统联系,而这种普遍的系统联系又总是通过特殊的系统联系表现出来的。表征——表征链——被表征这一范畴是系统物质世界及其属性之间的一种特殊的系统联系形式。

所谓表征,是指某一些系统事物和系统事物的属性,能确定地表示另一些系统事物和系统事物的属性。首先,系统事物和系统事物的属性,包括思维在内。这一范畴链适用于自然界,也适用于人类认识的能动反映过程。其次,这里指的系统事物和系统事物的属性的关系,它既可以是系统事物与系统事物之间的关系,也可以是系统事物与系统事物属性的关系,以及系统事物之间的属性的关系。系统事物或系统事物的属性,可以是单个或多个的排列组合。再次,系统事物内部属性,也存在表征的关系。最后,表征的关系必须是确定的对应关系。例如,颜色可以表征光的波长;温度可以表征系统物质状态;系统物质的化学性质,可以表征特定的分子结构;生物体中的蛋白质或核酸结构,可以表征生物间的亲缘关系;等等。它们之间都具有确定的对应关系。

所谓被表征,是指某一些系统事物或系统事物的属性,被确定的其他系统事物或系统事物的属性所表示的关系。例如,人的血压,被血压计的水银柱所表征。

所谓表征链,是指表征和被表征的系统事物或其属性,处于相互转化过程中的中间环节,是系统事物及其本身的属性,同时能把表征和被表征连接起来。表征链说明,表征与被表征不仅在两个系统事物或两个系统事物的属性之间存在,而且还依次连续在多个系统事物或多个系统事物属性之间存在。例如,以有源遥感器为例,它自身发出电磁波经地面反射后获得回波,使其记录为胶片图像或磁带和数字,再经过技术处理,制成便于阅读的照片或图片。由此,使地面的森林、矿藏、沙漠、河流、火山、平原等等,经过中间环节,即经过表征和被表征的链,被直接阅读的照片或图片最终表征出来。

表征和被表征是普遍存在的。一切事物及其属性,都能表征它物及其属性,也能为它物及其属性所表征。例如,就系统事物的属性来说,无论是自组织、涨落、涌现、运动、发展、变化、时间、空间、物态、功能、结构、系统、作用力等等,往往都是经过表征链这个中间环节被表征出来,同时也都既能表征其他系统事物或系统事物的属性,也能为其他系统事物或系统事物的属性所表征。

(二)表征——表征链——被表征的辩证关系

表征、表征链和被表征是系统事物或系统事物属性之间的一种联系。这种联系是系统辩证的联系,是差异协同的联系。系统事物之间有差异才能被表征,没有差异,同类事物也就不能分出表征、表征链、被表征。例如红色表征红色、水表征水等等是分不出来表征、表征链和被表征的。只有事物与其属性之间有差异,才能相互表征。

1. 这一范畴链之间是互为前提的。如果没有表征,也就没有表征链和被表征;没有被表征,也就无所谓表征和表征链。同样,没有表征链,也就无所谓表征和被表征,即表征和被表征无法得到证实。例如,数学中的命题,总是由不同的方法得到证明、相互表征和被表征,其命题才知道正确与否。系统事物和系统事物的属性之间,除了相互的表征和被表征的联系外,总有其余的表征链也在同时发生着联系。因此,在认识范畴中,不仅找到表征对象、被表征对象,更重要的是要找到表征链,它有助于我们认识表征与被表征的本质属性。

2. 表征、表征链和被表征具有确定的一方面,但同时具有相对的一方面。它们在一定条件下是可以相互转化的。表征、表征链和被表征的系统事物或系统事物的属性,在这种特殊的联系中,三者的地位是有区别的。一方面,一方为表征者,另一方为被表征者,第三方则为表征链者。从表征者对被表征者的关系来说,是表征关系;从被表征者对表征者关系来说,是被表征关系;而从表征链者对表征者和被表征者的关系来说,是中介联系的关系。三者之间的关系只具有相对的意义,并且表征和被表征在中介联系的环节中,可以相互转化。例如,遥感中的微波,它对地面的目标来说是表征关系,对接受辐射的遥感器来说,又是被表征的关系,在地面目标与遥感器之间,微波则是表征链者。对于第三者来说,表征者与被表征者则是可以转化的,它们之间的地位有确定的一面和相对的一面。

3. 这三者之间联系的性质是可变的。它们三者之间联系有历史的发展,在发展中有质的飞跃。在非生命的自然界物质及其属性的三者联系中,没有主动和被动的关系,也没有能动性。但非生命物质进化到生命以后,即使是植物,三者之间联系在某种意义上说,已经有了主动、被动和中介的关系,具有能动的性质。当进化到动物时,三者之间的联系,在性质上具有明显的主动、被动和中介的关系,具有能动性。

人是高级智慧的动物。人体的各种感觉器官,能够表征自然系统物质及其属性。神经和脑,则又能表征感觉器官在自然系统物质作用下产生的各种感觉。特别是由于人具有思维,因而能够有目的地在变革自然对象中创造条件,以至于创造人工表征链,去表征自然物质及其属性。这样,就使得表征、表征链、被表征的关系,又有了质的飞跃,使其具有了自觉的能动性。在人类科学实践中,这种自觉能动性的表征和被表征的关系,得到了充分的发展。首先,人们在科学实践中,能够根据自然界存在的表征链,使之更加纯化,以克服人类直接感觉的局限性。其次,人们在科学实践中,可以通过变革自然的条件,创造人工的表征链,以表征那些在人工条件下的系统物质状态或系统物质属性。最后,在科学实践中,人们能够制造某种机器,以便在一定程度上表征思维。以电子计算机为代表的信息处理机,就是这种机器。人类活动中的表征、表征链和被表征,是高度发展了主动、被动和中介的关系,显然已具有了自觉的能动性。在人类的科学实践中,这种关系和特性,尤其是人工智能得到了充分的发展,因而更具有典型性。

(三)表征——表征链——被表征范畴链的意义

表征——表征链——被表征范畴是属于系统哲学中认识论的范畴,是信息论和现代科学实践的哲学概括。

1. 这一范畴链丰富和发展了辩证唯物论关于事物普遍联系的理论。人类已认识到,横的空间和纵的时间都与其他系统事物相联系;人们又认识到表征、表征链、被表征的联系,使信息成为与物质和意识一样重要的哲学概念。

2. 为世界的整体性在于系统的物质性,提供了一个可靠的论据。思维是系统物质的一种属性,其特点在于它能够自觉地能动地反映客观系统事物和其属性。思维所具有的那种特殊属性,是客观系统事物及其属性的一种联系高度发展的结果,是表征、表征链、被表征的主动、中介、被动关系。在其发展中又增加了新的性质,即表征方面有了自我意识的能力,这种能力是系统物质的一种属性,即自组(织)涌现的主动性。

3. 这一范畴使我们对于哲学的基本问题的认识,有了进一步的理解。非生命体能表征生命体。例如,化石表征古代生物。系统事物及其属性也能表证思维。例如,语言、文字表征思维,仿生技术表征生命体,电脑能部分地表征人脑及其属性。无论是非生命表征非生命,还是非生命表征生命体,都说明系统物质的第一性,存在的第一性,和思维对系统物质的反作用性。

4. 表征链使思维和认识对象连接起来,尤其是人工表征链的作用更是如此。人工表征链使人们认识自然界和客观系统事物更加纯化,克服人类直觉的局限性。还有人工表征链能启迪人们思维的发展,帮助人们表征人工条件下的系统物质状态和属性。人工表征链是人类认识和改造自然社会的工具、桥梁和手段,使客观整体更加优化,为人类服务。

5. 表征、表征链和被表征,在科学实践中具有重要的方法论意义。要完成科研任务,就要发挥主观能动性,通过表征链来达到认识客观世界的目的,使用科学方法,认识对象的属性和规律。在当代认识论的理论研究中,符号学、语义学、解释学、数理逻辑学等等,都涉及认识对象、对象之间和其属性,以及认识的途径和手段的表征、表征链、被表征的关系。这说明了该范畴链对于认识论具有重要的价值。发现和创造表征链,对于认识和改造客观世界具有思想方法和工作方法的重要意义。

三、单义决定——概率——或然决定

单义决定、概率与或然决定是系统哲学关于系统物质世界普遍联系过程中的一组范畴链。它是现代科学所提出的重要课题,属于系统哲学认识论范畴。

(一)单义决定、概率与或然决定的含义

单义决定是指系统物质世界之间所存在的一种确定的联系。所谓确定的联系是指一种系统事物的存在或发生必然导致另一种确定系统事物的存在或发生。相反,如果一种系统事物的存在或发生,既可导致另一种确定系统事物的存在或发生,也可能不导致它的存在或发生,那么它们之间的联系就是一种非确定的联系。例如,物体的位置变动,服从牛顿力学定律,物体的位移是随着时间的变化而改变。也就是说,对于每一个确定的时间,物体都有一个确定位置,时间与位置之间的关系是一种确定的联系。在确定联系中,由前一种系统事物的存在或运动状态可以必然地推出后一种系统事物的存在或运动状态。

或然决定是指系统物质世界中任何系统事物或现象,如果不是大量发生,它们之间就是一种非确定的联系;如果是大量的发生,它们之间就存在着一种确定的联系。所谓系统事物或现象的大量发生,既可以是单个系统事物或现象的多次发生,也可以是多个系统事物或现象的一次发生。例如,抛掷一个质地均匀的对称硬币,这是对单个系统事物来说的。它落在桌面上可能是正面向上,也可能是反面向上。对这种现象的一次或几次发生来说,出现正面或反面,都是不确定的。但是,如果把抛掷硬币这一过程大量地进行,就可以看出抛掷硬币的次数和正面或反面出现的次数之间有一种确定的联系,即它们出现的概率大约各占 50%,而且,抛掷硬币的次数越

多,硬币正面和反面出现的次数就越接近概率50%。抛掷一个硬币这个过程的大量进行,就相当于把大量的相同的质地均匀的对称硬币,按照同一种方式进行一次抛掷,其硬币的正面或反面出现的概率也是50%。

自然界、人类社会和思维,具体的系统事物和现象都是必然性和偶然性的统一。但是,人们认识的目的是要找到偶然性中为自己开辟道路的内在的必然性和规律性。单义决定直接以必然性为基础,它在透过偶然性找到必然性的过程中,可以把偶然因素的影响忽略不管,使必然的联系直接呈现出来。必然性是系统事物发展中合乎规律的确定不移的趋向,在一定条件下是不可避免的。建立在必然联系基础上的单义决定,就表现出它的可预言性。例如,在太阳系中,行星绕太阳运转以及行星的卫星绕行星运转都遵循万有引力定律。所以,人们就可以根据地球环绕太阳的运行轨道和月球环绕地球的轨道,事先推测出日食和月食的准确时间。

或然决定是以偶然性和必然性的结合为前提的,它要透过偶然性找到必然性但又不能将偶然性忽略不管。既然对两种现象之间的一次或少数几次的发生来说是一种非确定的联系,那么这种非确定的联系就带有一定的偶然性。这样,或然决定首先要表现在偶然性上,即"或然"。一种现象虽然准确地出现了,但是另一种现象可能出现也可能不出现,事前无法确定。就这点来说,它是不可预言的,但是当同类现象大量发生时,偶然性中的必然性就能表现出来,这时,同一种必然性的联系越来越多地重复出现。就这点来说,又是可以预言的。马克思说偶然性的内部规律,只有对这些偶然性进行大量概括的基础上才能看到。这是对或然决定的深刻说明。

概率是指系统事物和现象在单义决定与或然决定过程中,所出现结果的可能程度。在单义决定中,概率则为"1",没有偶然性,现象与结果是唯一的。例如,固体在摩擦中可以生电。在或然决定中,概率则为不确定数,是在无数偶然现象中经过测算出现的必然性,而这种必然性不是唯一的,是相对的。例如,一个盒子里有红、黄、绿三个球,被一个蒙住双眼的人一次只拿一个。可以看出,红、黄、绿球存在的可能性都只有33.3%。因此,概率在单义决定中,是确定值,有必然性,是可预言的,而在或然决定中是不确定的,是偶然的,是难以预言的。但是,经过多次反复的分析测算,透过偶然找出必然的结果,这是概率在或然决定中的重大意义和积极能动的认识作用。

(二)单义决定——概率——或然决定的辩证关系

单义决定、概率与或然决定的辩证关系表现在,它们既相互区别,又相互联系,并在一定的条件下相互转化。

单义决定、概率与或然决定在决定性上是相同的,它们都是通过系统物质世界的事物和现象的因果联系和必然联系,来揭示系统事物运动发展的规律。单义决定和或然决定的区别表现出系统物质世界的不同类型的规律。这两种决定的不同,主要是在于研究和考察的对象不一样,考察的方式也不同。

单义决定是以单个个体和现象作为考察对象的。一方面对个体的多次考察和对个体的一次考察是等价的;另一方面,对作为个体的集合体(集体)做考察和对个体做考察是等价的。这表明,对个体事物运动规律性的研究,就可了解集合体事物的规律性,而个体事物的性质和规律是集合体事物性质的代表。

或然决定是以个体的集合体为考察的对象。在这里,个体和个体的集合之间,其性质和运动情况就不同了。就每个个体而言,可以是相同的也可以是不同的,运动的情况都带有一定的偶然性。只有对个体的总和进行考察,才有一定的规律可循。这种个体的集合,就是数学中的概率和数理统计所说的大数现象或集体现象。一方面,它可由大量不同的个体组成;另一方面,也可由单个个体很多次出现的大数现象所组成。这种大数现象规律就是统计规律。例如,在量子力学中,波不是粒子组成的,粒子也不是波组成的。那么,究竟应当怎样理解微观粒子的波粒二象性呢?电子的衍射实验充分表明:电子的波动性质一方面是许多电子在同一个实验中的统计结果,另一方面也是一个电子在许多次相同实验中的统计结果。这样就把粒子的波性解释成为几率波,服从统计规律。

单义决定与或然决定在一定条件下相互转化。单义决定可以转化为或然决定。单义决定作为一种因果关系,对于单一个体只要有原因,结果就是确定的,偶然原因就可以忽略,由偶然原因所产生的影响也可以不计,而必然原因在确定的结果中起决定性作用。必然原因往往具体地表现为一定数量的必要条件,所以,单义决定也就是单一个体所需要的一定数量必要条件得到充分满足后,其结果就是确定的和必然的。如果单义决定所需要的各种必要条件没有完全满足,缺少一个或几个就要被另外的偶然条件所代替,因而,使偶然条件在概率联系中,成为不可忽视的因素。这样就要出现不确定的各种可能结果,单义决定在概率不为"1"的前提下,向或然决定的方向转化。但是,这些不确定的可能的或然结果大量的发生,就表现出集合体现象的必然性,即统计规律。每一种可能结果发生的概率是完全确定的,单义决定就最后转化为或然决定。

或然决定也可以转化为单义决定。或然决定作为一种因果联系,对每一个个体所得出的结果是不确定的。不确定的结果在于偶然原因和必然原因交织在一起。既不应把必然、偶然原因分离开来,也不应把偶然原因排除,因而也就不能单独抽象出必然的原因。只有考察每个个体产生的结果大量的发生,或考察个体所组成的集合体,才能使每个个体所具有的不同的偶然原因中所隐藏的必然原因显现出来,使结果具有确定性,从而揭示出因果联系中的统计规律。在或然决定中,必然条件与偶然条件的结合,必然条件已处于主导地位,但并没有完全满足;偶然条件处于次要地位,但又不能忽略。因此,或然决定在向单义决定转化时,一般通过两条途径:一是使必然条件全部满足,并处于决定地位,这时偶然条件就降到从属地位以致可以忽略不计,或然决定转化为单义决定;二是排除偶然条件,把偶然条件从必然条件中分离出去,只使必然条件起作用,完成或然决定向单义决定的转化。

(三)单义决定——概率——或然决定范畴链的意义

系统物质世界的事物和现象的普遍联系,就其一次或几次考察来看,可分为确定的联系和非确定的联系。在这两类联系的基础上,人们概括和总结出单义决定和或然决定。它们是系统事物和现象发展的普遍规律的两种基本表现形式,各自适用于不同条件下的不同对象。认识到这一点,有助于人们自觉地以这两种形式的决定为指导,在不同情况下进行具体的探索。

　　另外,随着科技的发展,人们对于系统事物和现象的认识更接近于系统事物本身发展的规律。在面对多种多样,纷复繁杂的系统世界,只靠单义决定往往达不到认识的目的,而或然决定则具有适应复杂现象的可能性。概率则为单义决定和或然决定提供了相互联系、相互转化的通道。因此这一范畴链给人们认识系统物质世界,提供了方法论的原则。

第五章 系统哲学的认识论、方法论、价值论

系统哲学有着丰富的内容。本章就系统哲学的认识论、方法论、价值论分别作一阐述。

第一节 系统哲学的认识论

认识论是关于人类认识的来源及其发展规律的哲学理论。从广义上说,整个哲学都是认识论。现在所要探讨的,是系统哲学关于人类认识的来源及其发展规律的学说,即系统哲学的认识论。系统哲学的认识论,继承和发展了辩证唯物主义的认识论。它不仅是能动的反映论,而且是整体的反映论;它不仅承认物质是第一性的,而且认为世界是一个由物质、能量、信息组成的等级序列系统。

一、系统哲学认识论的基本内容

1. 它把认识的对象视为一个系统。以往的认识论,把对象视为一个点、一个单独存在的事物或者是一个孤立的、静止的事物。后来辩证认识论强调认识的对象本身是有矛盾的,是与其他事物联系着的,是发展变化的东西。由此,人们对认识的对象有了进一步的认识,并重视认识的全面性、过程性、动态性、相对性等的研究,从而发展了认识的理论。系统哲学在肯定

认识对象的客观性、辩证性的前提下,进而强调认识对象的系统性,强调其辩证性和系统性在客观基础上的统一。这是因为:(1)认识的对象本来就是系统的存在,而不是孤立的、单因素的、可以硬性分割的事物。(2)以往人们对这些对象之所以不能都从系统方面去认识,是由于受到许多历史条件、科学技术的发展和认识水平的限制的缘故。随着历史的发展和人类认识水平的提高,从前不认为是系统的事物,今天已认识到它们是以系统的方式存在和发展着。(3)今天人们又创造着越来越多的人工的系统。所以,把认识对象作为系统来看待,不仅是现实的需要,而且也是今后发展的需要。

2. 系统哲学认为认识的主体也是系统。从前的认识论把认识的主体——认识者也往往简单化了,或者把它设想为一个共同的、具有同一水平和同一能力的主体,或者把它视为一个具有矛盾的主体,这些都有其合理之处。但是随着人们对认识主体的研究,就发现他们并不能完整地科学地反映认识者的全部情形。首先,作为认识者——人的认识能力是千差万别的,老人、儿童、青年对同一事物的认识可以是不一样的;同样年龄的人,有知识、无知识或知识不多,对同一件事物的看法就会有所不同。其次,具有不同职业、性格、性别、心理、民族、地域、文化背景、知识结构、政治品格、社会联系、生活经历的人,对同一事物的认识也会有很大的差异。再次,就同一个人而言,他在不同的时空、政治气候、社会思潮以及某些利益要求和需要不同,对一件事物的认识也会不一样。所以,必须把认识者的情况予以系统地考察和研究,在此基础上建立的认识论才能比较科学、比较切合实际;否则,就会导致认识论的简单化。

3. 系统哲学认为认识对象或客体与主体之间是有中介系统的,这个中介就是实践。实践是人们改造客观物质世界的活动,实践又是人们有目的、有意图并在一定思想、理论、知识、技能指导下的活动。在实践活动中,实践把主观与客观、物质与意识、主体与客体、理论与行动等联系了起来,并形成相互作用的过程。我国学者夏甄陶指出:"认识不是一种简单的、直接的二项式结构,在主体和客体这两极之间,包含着各种因素,它们互相联系,互相制约,又互相渗透,形成主体和客体之间以及以实践为基础的复杂的观念关系。"①

4. 认识的检验标准也是一个系统。人们常说,实践是检验真理的唯一标准,这当然是对的。但是,什么是实践呢? 我们知道它可以分为自然科学、人文科学等不同领域的实践,可以有个人的、群体的和社会的实践,可以是过去、当代和未来的实践。同时,实践的广度、深度、主客体背景也都是不同的。因此,不能把实践看作是一个简单的、孤立的、同一的、静止的、没有差别和没有层次的东西。而要防止这一点,就必须把它作为一个系统去看待。

5. 认识的形成、发展以及互相作用于人、自然、社会的过程,也是一个系统的辩证的过程。

6. 由于认识的对象、主体、中介、检验标准、过程、功能等等都是一个个的系统,因而整个认识必然也是一个有机的整体系统,而且还是一个更大的和更为复杂的系统。现代意义上的认识论,只有充分考虑到上述一切,才能建立起完备的科学理论,指导当代人类的认识和实践活动。从当代科学技术的发展来看,电子计算机、各种通讯联络和信息反馈设施,也为上述认识论提供了物质、技术条件。因此,我们提出系统哲学的认识论,不仅是重要的,而且也是必然的。这样,认识论才能充分地发挥其功能。

二、系统哲学认识论是整体的反映论

系统哲学的认识论发展了辩证唯物主义能动的反映论。现在所探讨的系统哲学的认识论,与列宁的系统认识论的思想是一致的。然而,由于今天所处的时代,已经进入了一个"系统的时代",因此,现在所探讨的系统哲学的认识论,比起列宁时代所萌发的系统认识论,更丰富、更完善了。

① 夏甄陶:《关于认识发生论的对象、方法刍议》,见《马克思主义认识论与我国社会主义现代化建设》,中国人民大学出版社 1986 年版,第 75 页。

1. 辩证唯物主义把实践引入了认识论,并作为全部认识的基础。在实践的基础上,辩证唯物主义认识论提出了认识的主体和客体范畴。认识的主体是从事社会实践活动的人;认识的客体是社会实践过程中,与主体发生联系的客体事物。这样,在社会实践的过程中,认识的主体与客体之间,不仅是反映与被反映的关系,而且是改造和被改造的关系、作用与相互作用的关系。认识是通过实践对客体的能动的反映及相互作用。

在系统哲学认识论看来,认识的主体可视为认识的主体要素系统。主体要素系统,是生活在社会中的人,按一定方式联系的系统。马克思说,人的本质并不是单个人所固有的抽象物。在其现实性上,它是一切社会关系的总和。因此,作为认识主体应当是社会的、具体的、历史的人。这是与辩证唯物主义认识论所一致的。再具体一些讲,主体要素系统可简单分为个体认识主体和群体认识主体两个部分。个体认识主体也是个系统,它是由个体的认识器官(自然属性)、个体的社会性、个体的知识等要素构成的一个有机整体,缺少其中的任何一个要素,都不成为认识主体,至少不是一个健全的认识主体。如一个精神病患者或痴呆者,由于生理缺陷,根本失去了认识能力,不能成为认识的主体;如一个人从婴儿期,就离开了社会环境,比如在森林中发现的狼孩、豹孩等,他们已失去了社会性,也不能成为认识的主体;如果一个人缺少知识或没有知识,就会影响和阻碍认识能力的提高,尤其在科学技术高度发展的现代,认识主体的知识结构尤为重要。就群体认识主体来看,它是个多层次、多结构的复杂系统。不同层次的群体认识主体,其结构、功能不同,其结果也各异。在科学高度分化又高度综合的时代,群体认识主体作用越来越明显。有些科研项目,尤其是那些复杂的研究课题或工程项目,往往不是一个人或几个人,甚至几十个人能够完成的,要靠群体组织,靠一个或几个专家集团的协同,靠一个强大而又完整的科研队伍的集体认识、集体智慧才能完成。

现代科学的发展,还不断揭示出人脑、人的心理、生理、人的自我意识的系统性质等等。人的思维过程也是个复杂系统,它包括思维目的系统、思维手段系统、思维方式系统、思维的环境系统和知识结构系统等等,所有这些都在不同方面、不同程度上深化和发展了马克思主义认识论关于认识主体的理论。

在系统哲学认识论看来,认识的客体可看作是认识的客观要素系统。认识的对象是一个由物质、能量、信息组成的等级序列的"系统世界",而不是由单个事物集合而成的无序堆积的"实物世界",从而使人类认识客观世界的图景系统化、深刻化了。

系统哲学认为,任何客体都是系统整体,这就要求人们在认识客观系统要素时,把系统诸要素之间、系统与要素之间、系统与环境之间的相互联系、相互作用的全部相干关系,把其集成的属性和特点作为认识的中心,由以往哲学的"实物中心论"转移到系统哲学的"系统中心论"上来。因此,人们在认识客体时,不仅仅要认识对象的个别要素,而且要认识其多个要素;不仅要认识对象的单个层次,还要认识其多个层次;不仅要认识对象的一维,而且要认识其多维及多方向;不仅要认识对象的线性因素,而且要认识其非线性因素;不仅要认识对象的纵向联系,还要认识其横向联系;不仅要认识对象的静态,更要认识其动态变化;等等。"系统中心论"的认识论,拓宽了人们的视野,深化了人们的认识,无疑对于马克思主义认识论关于客体的认识是个很大的发展。

在系统哲学认识论看来,实践不仅是全部认识的基础,而且是全部认识的动力和源泉。实践是全部认识的关节。认识只有通过实践才能系统、整体的反映客体。本书在范畴一章提出了主体——实践——客体这一认识论的范畴链,揭示了系统哲学认识论的过程和本质,这又可以说是对辩证唯物主义能动的反映论的发展。

2. 辩证唯物主义把辩证法应用于反映论,阐明了认识发展的辩证过程,揭示了认识与实践、感性认识与理性认识、绝对真理与相对真理等多方面的差异协同的关系,从而证明主体对客体的反映是一个在实践基础上不断深化、充满差异的辩证发展过程。辩证唯物主义的认识论,把实践引入认识论,并作为全部认识的基础,把能动性原理和反映论原理相互作用统一起来,成为能动的反映论,把它看成一个互相反映、互相作用的过程。这应当说是人类认识史上的革命性变革，但是由于当时科学技术发展的局限性，这一认识的学说和理论还有待于进一步深化。

系统哲学概括综合了系统论、控制论、信息论和耗散结构论、协同学、突变论、基因论、结构论等当代科学的最新认识成果，用系统内部子系统之间的相互作用和系统与其环境之间的相互作用，来说明系统进化的条件、机理和规律性，这比单纯用肯定与否定、质变与量变、必然性与偶然性等不同方面之间的对立统一的矛盾分析方法来说明，无疑是个很大的进步。相互作用与对立统一（矛盾）虽然都是表明相互关系的，但二者之间又是有很大的区别：

一是就发生相互关系的客体与主体的性质而言，相互作用是事物的子系统之间或系统与环境之间的关系；而对立统一是事物的自身直线性、有可能的倾向或趋势之间的关系。

二是就发生相互关系的客体与主体的规模和数量而言，差异的相互作用完全不限于"二"，许多情况下往往作用的数目都很大；对立统一则往往是"二"，是两个对立面之间的关系。

三是就发生相互关系的方式而言，相互作用是在实质上交换物质、转移能量、传递信息的过程；而对立统一，则表现为内在差异而必然导致的对立，它们之间又是相互联系、相互转化的统一。

从以上可以看出，矛盾辩证法的对立统一认识论的内核是简单的，有很大局限性，它把事物之间的相互作用，简化为"一分为二"的线性关系，因而不能概括事物的全貌。而系统哲学的相互作用则克服了以上认识论的不足，强调了相互作用还有非线性的一面。任何事物的进化，表现新事物从旧事物的层次中生长起来，此过程经历了从渐变到分岔和新的涌现的产生，过程中既有必然性，又有偶然性，也有随机性等。人们在思维中，应当把握住肯定与否定、量变与质变、必然与偶然等，它们只是事物处于极端状态的一种倾向与趋势和非常态的对立统一。但是，就其深层机理而言，事物的进化，归根结底是由内部各实物性的组成部分之间和该事物与其所处环境之间相互作用导致的。因此，人们在认知中，还必须用相互作用这一哲学观念，进一步去加以把握。恩格斯早在 20 世纪末研究自然辩证法时就曾指出,相互作用是事物的真正终极原因。我们不能追溯到比这个相互作用的认识更远的地方,因为正是在它背后没有什么要认识的了。对于进化来说,系统内部子系统之间和系统与其环境之间的相互作用,就是"真正的终极原因",因为也正是在系统的背后没有什么要认识的了。

对事物尤其是对进化这样复杂的现象,达到用相互作用的终极原因去说明,总是要经历一个过程的。用系统内部子系统之间的相互作用和系统与环境之间的相互作用说明进化,实际上也就是所谓结构整体方法,其他方法则是非结构整体方法。我们应当明白对立统一(矛盾)说明事物的分析方法,它只是一种特殊情况下采取的特殊方法,而应大力提倡用相互作用说明事物进化的方法。应当说"两点论"太古老了!它简直可以追溯到2500年前的老子哲学中的"祸兮,福之所倚;福兮,祸之所伏"、"上与下,多与少,先与后"等等的对立统一概念。

3. 系统哲学吸收了结构整体的认识成果,使人们的认识从"物"而深化到物的系统结构,揭示了物质运动的基本形式及其规律。

结构是物质存在的一种基本形式,是物质世界(包括反映它的精神世界)中一切事物的根本属性。结构揭示了事物的本质,并不是事物的各种性质的堆砌与总和,而是事物诸要素的性质在相互作用中形成的一种系统结构的特性,即具有整体性的新性质。事物的量也不是各要素量的简单的相加,而是具有丰富多样的结构与功能的关系。因此,认识物质的质量互变的运动形式,不等于完全认识了物质;只有既认识了运动形式的功能,又认识了物质结构,才能较全面地认识事物质的规定性。结构是事物的整体要素的本质与整体要素的功能以及时空序量的有机统一。正是由于一切事物无不具有整体性的有序结构,因而事物内部各要素都在特定的结构中相互联系、相互作用,按照特定的规律发展变化着。事物的质变与量变无不与结构息息相关。人体如果不是一个有机的联系的精巧的结构,那就不会有"牵一发而动全身"的效应,也就不会有中医与中药的产生。结构是人们认识和把握事物内在差异及其性质的前提,人们要完整地把握事物的质和量,就必须弄清楚事物的结构。系统哲学的结构功能律,之所以是发展了质量互变律,首先是使人们对事物的认识建立在整体性的结构认识的基础上,使思维方式有了一个很大的突破。

发展变化需要的思维方式,是人们在实践中经常面临的一个重要问题。思维方式是思维形式和内容的统一,也是思维规律和思维方法的统一,而思维方式的变化,实质上就是认知结构的变化。当代瑞士著名的心理学家皮亚杰,在大量科学实验的基础上,系统地提出了他的认知结构理论。他把儿童认知结构的发展,看作是一个不断运动变化的结构系统,而这一结构系统不是僵化的模式,而是在主客体相互作用中不断发生着变化。认识发展的每一个阶段、每一个过程,都要以原有的认识结构为基础,通过新的认识充实或代替原有的结构,从而建立新的认识结构。这里每一个新的认识结构,来源于上一个阶段的认识结构,而又为下一阶段更新的认识结构奠定了基础。这一认识结构不断发生量变和渐变式质变的过程,既呈现着认识的连续性与阶段性,又呈现出认识结构在总体上保持着动态平衡。对此,皮亚杰说:"这种认识论首先是把认识看作一种不断的建构。"①他认为:智慧就是适应,他反对法国学者拉马克的刺激——反应的公式,他认为 S ——→R 的公式应该为 S(AT)R 公式,或简化为 S = R 公式的双向过程,即客体一定的刺激,被主体同化 A 于认识结构(格局)T 之中,才能刺激作出反应 R。皮亚杰提出:格局(或译图式,它是一种活动着的功能结构)是认识结构的起点和核心。儿童在不断接触客体的活动过程中,产生了同化。同化是个体把客体的刺激纳入主体的格局之中,这只是引起主体认识结构量的变化。在儿童继续活动过程中,当认识结构已不能同化客体的刺激时,这时认识结构就产生顺应,顺应就是调整原有的认识结构,而创建新的结构,这是一个质的变化,即认识来源于主客体的相互作用。皮亚杰的建构理论,对研究思维方式的变更有重要的意义。今天,处于"知识爆炸"的时代,人们对知识更新是日益重视起来了,但是如何根据个人和社会发展的需要,以及主客观条件,建立合理的认知结构、思维结构,却并没有引起人们普遍足够的重视。

---

① 皮亚杰著,王宪钿等译:《发生认识论原理》,商务印书馆 1981 年版,第 19 页。

事实上,许多人仅仅把大脑做了知识仓库,在现代科学整体化趋势下,人们如何在有限的年华,不断改造旧的传统思维方式,调整和建立较佳的认知结构、智力结构,从而对社会作出更大的贡献,这是一个重要的人生价值问题。人们的思维方式,不仅是认知结构的系统体现,而且也是智力结构的体现。智力结构包括自学能力、研究能力、理解能力、思维能力、创造能力。智力结构的不断改善,不仅有助于改善知识结构,而且也可以更有效地改善思维方式和实践能力。爱因斯坦说过,想象力比知识更重要,因为知识总是有限的,想象力可以概括世界上的一切,推动思维前进,是知识进化的源泉之一。因此,运用结构方法改造客观世界,也改造自己的主观世界——改造自己的认识能力,更具有重要的现实意义。客观世界的万事万物,丰富多彩呈立体结构,传统的单维型思维方式具有片面性、封闭性和保守性的弊端,因而必须改变为多维型的思维方式,即建立多变量、多方位、多层次的思维方式,从而使思维活动具有更大的主动性、灵活性和应变性。运用结构方法来研究思维方法的变革,就必须把思维主体置于当前社会历史发展变化的系统结构中来考虑。因此,就要对思维主体、思维客体、思维工具这些要素通盘进行考察。今天人类面临的思维客体更具有系统性和整体性,而现代科学技术又为人类思维活动提供更有利的手段,因而,思维主体更具有社会性和集体性。如何根据社会需要以及社会有利条件,合理地调整个人的认知结构,发挥个人的创造性思维;思维主体如何把个人与社会集体密切地结合起来,从而促进思维方式现代化,是系统哲学的认识论所要解决的一个重要问题。

系统哲学还把信息、控制、反馈等现代科学提出的重要范畴引入认识过程,把系统运动看作是一个特殊信息授受(感受器)、传输和反馈(鉴别、调整)引入认识过程。从实践到认识,从认识到实践,它们的每一阶段都是认识总规律中的子系统。例如,感性认识是对输入大脑的信息进行加工处理系统;理性认识是否正确,要回到实践中去检验,这是认识信息反馈系统。这样,完全可以把人类的精神产品本身视为一个巨大的、多层次的开放系统。系统哲学把认识过程作为一个总的认识系统加以考察,对认识的客体因素和主体因素,从更深的层次上加以系统地探讨和研究,这不只是对辩证唯物主义认识论的某一部分,而是对它的整体,从内容到形式都有深化和丰富。

三、系统哲学认识论发展了辩证唯物主义认识论

辩证唯物主义的认识论,产生于被称为"科学世纪"的19世纪中叶。马克思和恩格斯概括总结了近代自然科学和社会科学的最新成就,建立了辩证唯物主义的科学体系。辩证唯物主义的认识论主张,认识的最终源泉是在人之外的客观世界,首先是自然界,然后是人类社会。与此相应的是,自然科学最先得到比较完善的发展。在辩证唯物主义的认识论者看来,自然界是唯一现实的东西,它是不依赖任何哲学而存在的,自然界的发展包括人自身的发展,是人类社会发展的前提和基础。人们对自然界的认识,即自然科学的发展,不仅是按照人如何认识自然界,而且是按照人如何学会改造自然界而发展的。人对自然界认识的最本质的基础,正是人所引起的自然界的变化,而不单是自然界本身。自然界的辩证法是不以人的意志为转移的,它归根结底决定着、制约着认识的辩证法。

随着自然界的发展,随着人们认识能力的提高,辩证唯物主义的认识论也必然要随之而发展,甚至要改变它自己的形式。19世纪自然科学的发展,特别是三大发现,推动了马克思主义认识论的建立,这是认识论发展史上的一场革命。当代冲击着整个世界的新技术革命浪潮,必然促进辩证唯物主义的认识论以新的形态向前发展。

今天所探讨的系统哲学的认识论,早在20世纪初就已经萌发了。20世纪是更为激动人心的科技革命时代,在数学领域中,20世纪的头10年便出现了两大重要成果:一是旦梅罗把集合论公理化;再一个是罗素和怀特海把数理逻辑形式化,从而使数学研究的对象由有穷跨入到无穷,出现了无穷维空间的理论。在物理学领域中,20世纪的头10年也出现了两个重大发现:一是普朗克提出的量子论,把牛顿力学的决定论抛在后面,代之而起的是概率论;再一个是爱因斯坦创立的相对论,摒弃牛顿力学的时间、空间观念,用新的时空观来考察物质与运动。现代物理学从基本概念到思维方式

都发生了深刻的变化。在生物学领域中,20世纪由三个国家的三个植物学家彼此独立地证实了孟德尔三十多年前发现的遗传定律,深化了对达尔文进化论的研究。与此同时,对蛋白质、酶和核酸的深入研究,是对生物现象的分析从细胞跃进到分子水平,最后导致分子生物学的建立,把人类对生命现象的研究,从物种进化的方向转移到分子进化的方向上,为人们揭示出更加丰富多彩的生命世界。因此,列宁在20世纪初便以极其深刻的洞察力,在坚持唯物主义认识论的基础上,对当时自然科学革命提出的物质、时间、空间、因果性、必然性、科学理论的符号化与数学化等认识问题,作出了马克思主义认识论的分析,于1908年写出了《唯物主义和经验批判主义》这部著作,回答了人类刚刚跨入微观世界时,现代科学革命提出的认识论的基本问题。接着于1914年,列宁又在《黑格尔〈逻辑学〉一书摘要》中,以非常明确的语言表述了系统认识的思想,即人类认识的对象——自然界,是一个系统,正像恩格斯讲的,即各种物体相互联系的总体。人类的认识本身也是一个系统,它包括三个最基本的要素:(1)自然界;(2)人的认识=人脑(就是那同一个自然界的最高产物);(3)自然界在人的认识中的反映形式,这种形式就是概念、规律、范畴,等等。在认识系统中,第一项即自然界是全部认识的基本前提,是认识发生与发展的出发点。认识系统中的三项,根据自然界发展的历史进程,其排列顺序是:自然界→人(人脑)→人认识的结果或手段(概念、规律、范畴等等),这个顺序不能颠倒。自然界反映生命,生命产生脑。自然界产生在人脑中。认识系统中的三项是相互联系、相互作用的,认识是思维对客体的永远的、没有止境的接近。客体是无限的,人的认识也是无限的。整个人类的认识是处在运动的永恒过程中的,处在矛盾的产生和解决的永恒过程中。因此,认识系统不是像形而上学所主张的那样是一个静止的、封闭的系统,而是一个动态的、开放的系统。

四、系统哲学认识论待研究的主要问题

哲学发展的历史表明,认识论的发展是同主体问题研究的不断深化密

切联系在一起的。马克思主义认识论的产生并没有结束真理,继承和发展马克思主义认识论的系统哲学,仍处在探索之中。当前发展认识论需要研究的问题还很多,但最重要的还是要加强对主体和客体问题的研究。

现代自然科学的飞速发展,正在冲击着原有认识论的许多内容。从整体内容上看,现代自然科学所提出的认识论问题,以崭新的方式覆盖了整个认识论的所有方面。例如,对认识主体方面就提出了人工主体问题;第二主体问题和主体的思维结构问题;主体认识的相对性问题和可变性问题;主体认识的能动性问题;作为认识主体而言的意识与大脑的诸种关系问题。又如,对被认识的客体方面就提出了客体的多样性问题和随机性问题;观察仪器与客体的相互作用而引起客体变化的规律性问题;等等。再如,对主体、客体之间相互作用的复杂性问题;主体、客体之间相对性问题;主体、客体与中介三者之间的相互关系问题;参考系对主体、客体及其关系的制约和影响问题,等等。这些方面的问题表明现代自然科学认识的发展,使认识论的基本问题——主体、客体的概念正在发生着质的变化,揭示了主体、客体之间的更为本质、深刻而复杂的相互作用的关系,发现了“主体——实践——客体”、“主体——工具——客体”认识系统内多种多样的辩证关系,这必然要引起认识论的革命性变化。

从纵的方面来看,这些认识论问题以崭新的方式,贯穿了认识发生和发展的全过程。例如,现代自然科学提出了不仅要深入研究宏观认识全过程的机制问题,而且还要揭示认识全过程的逻辑机制,即认识的操作程序和步骤的问题。在此基础上,还要深入研究认识怎样发生的途径和机制的问题;要研究认识过程中感性与理性、经验与理论的复杂关系问题;要研究新理论与旧理论认识之间的复杂关系问题;等等。又如,现代自然科学提出了要同时开展微观认识论的研究,要研究人脑的神经活动的规律性和它的网络结构问题;研究大脑的意识活动与非意识活动的关系及其规律性的问题;揭开“大脑之谜”,真正掌握人类的自觉性和规律性的问题;等等。再如,提出了研究认识的结果中真理的相对性问题;真理的可靠性和合理性问题;真理和谬误、真理和价值的关系问题;真理的内容和真理的表述形式的关系问题;

等等。此外,还提出了许多与全部认识过程有关的问题,如认识的形式、认识的语言和符号、认识的数学形式化等问题。这些问题也表明了现代自然科学的革命性发展,使认识过程中的实践、感性、理性(经验或理论)、真理、谬误、价值等概念起了质的变化;揭示了认识发生和发展全过程的复杂性和规律性;揭示了各个认识阶段以及相邻两个认识阶段的复杂性和规律性;初步揭示了微观认识过程的某些规律性的问题;揭示了新的认识方式、认识手段、认识方法;等等。现代自然科学所提出的认识论问题,冲击着原有认识论的一些概念、范畴及其相互关系,刷新着认识发生与发展的某些原理和规律。这正有待于系统哲学的认识论进一步加以研究、综合概括和发展。现代自然科学的飞速发展,又为解决以上问题提供了现实的基础和客观的条件。我们知道,每一自然科学都和哲学一样,是一种关于"认识"、"知识"的理论,都担负着共同的认识论职能。所不同的是,两者存在着个别认识和一般认识的关系,低层次认识和高层次认识的关系。但是,就它们认识成熟水平和完善程度比较而言,自然科学要比哲学直观得多。自然科学的内容精确清晰,逻辑结构严密,表述方式已到定量化、形式化、符号化的阶段。尤其是电子计算机、人工智能机的出现,使科学认识能力、水平、手段和方法等各方面都发生了革命性的变革。随着自然科学认识问题的解决,就为哲学认识论问题的发展提供了一个可靠而又合理的参照系,提供了基础和条件。系统哲学认识论,之所以对辩证唯物主义认识论有所发展,就是在马克思主义系统思想的基础上,对近代自然科学认识成果做了一些初步的综合性探讨,但这毕竟还只是一种探索,也还有待于进一步深化、完善和发展。

现代自然科学向认识论提出的许多问题,其最重要的问题就是如何正确理解主体、客体及其相互关系的问题。从自然科学发展的历史看,人们(主体)对自然(客体)的认识是一个逐步深化的过程,在自然科学产生的初期,主要是对自然界表面和个别形态的直接观察。因此,当时主体和客体相互关系的公式是:认识过程就是自然界(客体)在研究者(主体)意识中摹写,是在自然界很少受任何干预情况下的摹写。要获得真正的认识,就要排除主体的偏差性,即是说,主体只能被动地接受客体的信息,主体和客体的关系只能是由客体到主体不可逆的关系,而按照这个公式,一切理论都是经验的直接归纳和概括,理论本身没有任何超出经验的东西。随着自然科学的发展,特别是进入 20 世纪以后,以相对论和量子力学为代表的现代自然科学,大大超过了感官直接感知的经验世界。它一方面扩大到数百亿光年的空间;另一方面则深入到原子核内部的微观领域。从事物的表面形态到事物的内部结构,从单一事物的研究发展到研究事物的整体及其相互关系,这些都需要通过使用强有力的精湛的研究技术,现代化的研究手段及训练有素的具有各种专门知识的专家。这就必然要引起主体和客体之间关系的空前复杂化,而主客体之间联系的间接性表现得尤为突出。系统哲学认识论的深化和发展,就要进一步重视自然科学的这些特点,科学地回答现代自然科学提出的有关认识论的重大问题,诸如主体能动性和知识客观性之间关系的一类问题。

系统哲学的认识论,要得到进一步发展的关键在于同认识世界、改造世界的伟大实践结合起来。如对我国当前的社会主义建设来说,就要联系我国社会主义建设的实际,研究社会主义建设中主体、客体及其相互关系结合问题。我们建设现代化的社会主义强国,就要努力进行社会主义精神文明的建设,这实质上就是社会主体的自我改造。没有全国人民不断提高思想人文素质、科学文化水平和认识能力,就难以实现我国的现代化建设。建设高度的社会主义物质文明和政治文明,实质就是对自然客体的改造。社会主义物质文明建设、精神文明建设与政治文明建设是互为条件、互为目的的,这也生动地体现了改造客体和主体自我改造的辩证关系。物质文明的建设与精神文明建设、政治文明建设,即改造自然客体与主体的自我改造,都是在一定社会关系中进行的。因此,不断改革不适应这三种文明建设的社会关系,就是进行三种文明建设的重要条件。所谓社会关系的改造,在当前来说,主要就是政治体制和经济体制改革。只有建立适合生产力发展的社会制度、经济制度与政治制度,并且随着生产力的发展不断加以调整,才能充分调动人的积极性、创造性。因此,政治体制和经济体制改革,应该以有利于三个文明建设为目的。只有这样,才能使政治体制和经济体制改革,沿着正确的方向顺利进行。

要把系统哲学的认识论用于建设中国特色的社会主义,并把系统哲学的认识论植根于当前的建设、改革实践的土壤中,在研究社会主义主体自我改造的同时,研究对自然客体和社会客体的改造,在实践中进一步求得系统哲学的认识论的完善和发展。

第二节　系统哲学的方法论

马克思主义哲学认为,世界观、认识论、方法论三者是统一的。系统哲学不仅是世界观、认识论,而且也是一种方法论。

一、系统哲学方法论的基本内容

系统哲学作为方法论,其主要之点就是要求人们用系统的和辩证的观点去观察问题,解决问题。这里着重对系统分析方法和系统综合方法作比较详细的探讨,对其余的几种方法只做概要的阐述。

从一般意义上讲,方法论就是关于认识世界和改造世界的根本方法的学说和理论。方法论和世界观是统一的。有什么样的世界观,就有什么样的方法论,既没有脱离世界观的方法论,也没有离开方法论的世界观。系统哲学认为,世界的本质是物质的,物质世界是系统的,系统物质世界是按照固有规律不断发展变化的,用这个世界观去观察问题、研究问题、解决问题,就是系统哲学的方法论。当然,与传统的方法比较,两者之间有很大的差别。

我们首先对系统方法做一个初步的讨论。

系统方法是当今人文科学和自然科学中应用极为普遍的认识方法,在即将到来的信息社会中,人类的思维方式,将跨入一个系统时代。贝塔朗菲宣称,系统概念、系统方法标志着"世界观的真正的、必然的和重大的发展",它是取代机械论的"新的自然哲学"。① 苏联著名学者伊利切夫断言:"系统方法无非是唯物辩证法的一个有机组成部分、一个方面。"②马克思和恩格斯在传统分析、综合方法向辩证思维复归的历史长河中,在创立辩证唯物主义哲学时,涉及了科学的系统方法。但是由于时代的局限仅仅凭借自然科学发展本身的力量向辩证思维复归,还是一个比较长期、比较缓慢的过程,直到 20 世纪 30 年代,经过长期酝酿的综合整体思潮才开始迅速兴起。科学研究中出现了既高度分化又高度综合,而以综合为主的新的发展趋势。综合思潮的兴起需要新概念、新的认识方法,而"系统"研究的概念和方法构成了现代科学认识的聚焦点。现代科学的系统方法就是在这样的背景下应运而生的。现代系统方法的产生适应了科学对新的综合方法的需要,它突破了传统分析、综合方法的局限,将分析和综合融为一体,成了认识各种复杂系统的有力方法论工具。

现代系统方法与马克思主义经典作家所阐述的系统方法本质上有着很大的一致性。它们的共同本质在于,它是一种认识和处理整体部分关系的辩证唯物主义哲学方法,尤其是关于分析与综合的辩证方法。而它们又有显著的区别。其一,马克思所论述的系统方法,主要是定性研究的方法,而现代系统方法已经发展成为定量化程度很高的科学研究方法。其二,马克思的系统方法是璞玉浑金、未经雕琢的形式,需要进一步理论化、系统化。现代系统方法是在多种具有方法论意义的科学基础上概括和总结的产物,具有较为成熟的理论化形态。马克思的系统方法是辩证唯物主义哲学的一个重要组成部分。现代系统方法,是系统哲学的一个组成部分。我国著名学者钱学森提出:系统思想引导作为"进行分析与综合的辩证思维工具,它在辩证唯物主义那里取得了哲学的表达形式,在运筹学和其他系统科学那里取得了定量的表达形式,在系统工程那里获得了丰富的实践内容。"③由

---

① 〔美〕贝塔朗菲:《一般系统论的发展》,《自然辩证法学习通讯》1981 年增刊,第 1—2 页。

② 〔苏〕伊利切夫:《哲学和科学进步》,中国人民大学出版社 1982 年版,第 110 页。

③ 钱学森:《论系统工程》,湖南科技出版社 1982 年版,第 78 页。

此可见马克思的系统方法与辩证唯物主义哲学、现代系统方法与系统哲学的关系都是整体与部分的关系,既然马克思的系统方法可以称做是辩证唯物主义哲学的一个部分,现代系统方法作为系统哲学的一个部分也是无可置疑的。

二、系统分析方法

现代系统分析是对传统分析扬弃的产物,它用联系的观点、发展的观点、层次的观点丰富了分析方法,形成崭新的系统分析。系统分析就是把认识对象放在系统的形式中进行分析的方法。可以初步确定系统分析三种基本形式,即系统要素分析、系统动态分析、系统层次分析,在实际运用中,这几种系统分析方法是紧密联系在一起的,并以差异分析方法贯穿于其中。

所谓系统要素分析,就是从系统观点出发,将所考察的对象放在它所实际隶属的系统,以及该系统所处的特定环境中,作为系统的要素(或子系统)在它和系统整体的联系中以及和其他要素的相互制约中进行分析的方法。在现代系统工程方法中,与系统综合相对而言的系统分析,则进一步体现了这种新型分析方法,尽管二者用于分析事物的对象和基本手段不同,但其本质的特点是共同的。它们都是把特定对象作为系统的一个要素,不是孤立的而是在它和系统整体的联系中,在它和其他要素的联系中进行分析,因而其方法论的实质与马克思对各种现象的分析上是基本一致的。系统要素分析就是对这种分析方法进行哲学概括的产物,它与孤立的实物分析相比,其基本区别在于:

1. 孤立实物分析没有关于差异协同的统一体的观念,分析它的组成和属性,可以孤立地进行;系统要素分析则离不开差异分析,在系统理论看来,差异就是系统,在系统中某一要素与系统整体的关系,该要素与其他要素之间的关系,都体现该要素所具有差异的关系。在任何复杂的系统中,多组差异之间又存在着各种主要差异与各种次要差异之间的支配和制约关系。如果不从差异整体上把握这些复杂关系,不能对特定差异和作为差异一方的要素在整个差异体系中的地位和作用,作出中肯的分析,也就不能正确地认识该要素。对于特定对象的认识,只有从该对象所隶属的系统出发,在系统与要素、要素与要素的差异现象中进行分析,才能得出该对象的正确结论。在现代系统方法中差异分析方法不仅在系统与要素问题上,而且在结构与功能、有序与无序、优化与劣化、层次与涌现、动态与静态、原因与结果、内因与外因等问题上都得到了生动的体现。

2. 孤立实物分析是建立在机械论的整体与部分的范畴基础上的,在机械论观点看来,整体是各组成部分的机械总和,部分可以脱离整体而存在,并仍然保持它的本来状态。系统要素分析对整体与部分关系的理解与此是根本不同的,它以系统与要素这对哲学范畴取代了形而上学的整体与部分关系的古老理解,强调系统是由相互联系的诸要素所组成的具有特定性能的整体,要素则是系统整体性能制约下相对独立的组成部分。系统与要素相互规定,互为前提。系统对于要素起着主导和支配作用。系统是事物整体性的表征,要素则受整体性的限制和规定。用系统分析方法认识客观对象,必须把对象置于更广泛的联系之中,以及与系统其他要素的相互作用中进行分析,才能认识要素所具有的特定规定性。

3. 传统分析方法受形而上学的影响,把分析与综合截然分开,认为只有分析之后才能进行综合。与此相反,系统要素分析是分析与综合相互渗透、紧密相关,把传统分析与综合分析的程序有机地结合起来,它所遵循的路线是:由内而外,再由外而内;由部分到整体,再由整体到部分。在其每一步骤上,综合都作为前提和指导而存在于整个过程中。系统要素分析中所展现出的这种分析与综合的关系,就充分体现了两者的辩证结合。由于在分析中,综合是作为前提和指导而出现的,这样系统整体性始终潜在地存在于分析过程中。虽然分析的结果是对于要素属性的认识,但系统对于要素的制约关系却并没有被抽象掉,要素同系统的联系,部分同整体的联系,在分析的结论中得到了体现。系统要素分析与孤立实物分析的以上三个基本区别表明,系统要素分析是一种辩证的系统分析方法。

所谓系统动态分析,是研究系统事物运动变化的分析方法。它区别于形而上学的传统动态分析方法,系统动态分析首先涉及系统演变过程中渐变与突变、结构与功能之间的辩证关系。事物的结构变化,引起事物的性质改变,这是质量互变规律的基本形式之一,也是系统哲学的结构功能律的核心问题。这点在前面已经作了比较详细论述。其次,对事物过程中的差异分析,是进行系统动态分析的基本依据。事物发展过程的阶段性,事物发展中渐变的积累和突变的飞跃,根源于事物内部的结构差异性。只有对系统中的诸差异发展过程加以分析,才能更深刻地揭示系统的发展演变,才能为系统动态分析提供坚实的科学依据。再次,现代系统科学中有关系统演化的理论,进一步提出了进行系统动态分析的根据。系统动态分析具有传统分析所不能取代的特殊的认识作用,它是认识系统的发展规律,在系统动态中揭示系统及其组成要素性质的重要方法。马克思曾指出,一切发展,不管其内容如何,都可以看作一系列不同的发展阶段,它们以一个否定另一个的方式彼此联系着。分析是说明起源,是理解实际形成过程的不同阶段的必要前提。由于系统动态分析着重于对系统发展中要素结构不同阶段的刻画,着重于对系统内部结构变化的研究,因此能充分暴露系统各个发展阶段的秩序性和内在联系性,而这种秩序性和内在联系性就是系统的发展及其规律性的体现,即反映系统的自我演化、不断整体化的系统自身运动的规律,反映旧系统解体,新系统产生的系统转化规律。认识这两种规律,都要借助于系统分析。马克思通过对人类社会发展的几种形态的分析,预示了社会系统发展的一些原因,说明这种发展历史的一种可能性,如果进而揭示出内外部各种条件的话,那么就比较容易说明社会系统发展的历史规律。可见,将系统划分为结构的不同阶段,进行动态分析(包括外部环境),是认识系统发展规律不可缺少的前提。此外,系统动态分析又可以在系统动态发展中深化对事物系统结构的认识。要揭示某一现象在系统不同发展阶段上是具体的系统结构,仅有系统要素分析还不够,还必须进行系统动态的分析,考察系统在不同发展阶段上对其要素的特殊规定性,正如列宁所指出的,在分析任何一个社会问题时,马克思主义理论的绝对要求,就是要把问题提到一定的历史范围之内。如交换价值是商品的系统结构的一个方面的功能,也是一定社会关系的表现,如果对商品系统功能的认识只停留在这一水平上,那么仍然避免不了简单化的倾向。因此,进行系统动态分析,深入认识事物的系统结构功能,在理论和实践上都具有重要的意义。

所谓系统层次分析,就是在否定传统分析方法的还原论观点基础上发展起来的新型分析方法。系统层次分析,作为一种崭新的哲学思维方法,在人类认识世界、改造世界的实践中,具有重要的地位和广泛的应用。在自然科学研究中,人类的认识不断从客观现象向宏观和微观延伸,这一过程也就是不断地寻找客观世界的新层次、探索不同层次上运动规律的过程。现代物理学和现代生物学已经向人们展示出无机界是一个由夸克——基本粒子——原子核——原子——分子,生物圈——行星——恒星——星系团——超星系——总星系等等不同层次所组成的宇宙系统;整个有机自然界呈现为由生物大分子——细胞器——细胞——组织——器官——系统——个体——群落——生态群——生物圈等各个层次组成的有机系统。宇宙系统和有机系统每一层次的发现,都会把整体与部分、高层次与低层次、高级运动形式和低级运动形式的差异重新提到科学认识中来。依靠传统分析是不能解决这些差异的,只有系统层次分析才能为认识物质世界的层次性,为探索各层次上的特殊规律,提供正确的方法和途径。在社会科学研究中,马克思是首先对社会系统的结构进行层次分析的学者,他把社会看作有机系统,而把人和物质资料看作构成社会系统的最基本的组成要素,把社会看作有机体的不同的"细胞形态"。以我国目前所进行的经济体制改革而言,经济管理结构的设置就必须注重进行层次分析。我国现行经济管理体制中位于最高层次的是国家机关,位于最低层次的是基层企业,中间层次又有许多"条条"、"块块"的领导。这种体制弊病很多,由于中间层次过多,造成基层企业信息反馈通路不畅,影响最高层次作出决策的速度。但如果缺少必要的中间层次,又容易造成管理跨度过大。这两种情形都不利于国民经济的发展。因此,管理层次的设置必须遵循等级秩序原理,运用层次分析方法,保证每一层次都具有特殊的性能和规律,并且这种性能在本质上是高层次的大系统和低层次的子系统所不可取代的。这样才能使我们的经济管理体制信息畅通,反馈及时从而增强其宏观有序、微观搞活的能力。客观系统的层次是无限的,而层次分析却是有"度"的,实践提出了进行系统层次分析的需要,实践也确定了层次分析所应达到的限度,不是要穷尽对各层次的认识,系统分析必须达到一定限度也是进一步进行综合分析的需要。

三、系统综合方法

系统综合是对传统综合的创新。所谓系统综合,简而言之就是按照系统的诸要素、结构层次、发展过程的内在联系,在思维中复制和设计系统整体的综合方法。一般来说形而上学思维方式推崇分析而贬低综合。传统综合由于受时代的限制仍然避免不了带有其局限性,如加和性、无逻辑秩序性等,因此系统方法要达到对系统的整体性认识,就不能不克服传统综合的局限性。为此,通过对传统综合的扬弃,形成科学的系统综合方法,这是对传统综合的发展和创新,主要表现在如下三个方面:

1. 系统综合的非加和性。系统作为由诸要素所组成的具有特定功能的整体,其整体性能并不是各组成部分性能的简单加和,这就是系统的非加和性。由于系统各组成部分的相互作用、相互联系,造成了彼此互动、内耗的制约、彼此属性间的筛选以及某些协同的功能,由此而形成了系统的新涌现——系统整体性能。这种整体性是由部分作用而在整体层次上产生的,为其个别组成部分或它们的总和所不具有的,这就是非加和性形成的基本原因。系统综合作为认识系统现象的科学方法,必须真实地反映系统整体与其各组成部分的这种非加和性的关系。首先,系统综合必须在综合过程中考虑到系统各组成部分之间的相互关系,这些相互关系的存在是系统综合具有非加和性的基本客观依据。其次,系统综合必须坚持层次观点,系统的每一层次都具有结构上的规定性,这本身就是对加和性观点的否定。再次,在对事物的动态过程进行综合考察时,它是以系统动态分析对系统发展诸过程的考察为前提,根据系统结构的变化,寻找各个发展过程的内在联系和制约关系,寻找系统从此一过程转变为彼一过程时出现的结构的差异,寻找各个过程过渡的秩序性和连贯性,并进一步揭示系统总过程的发展规律。

2. 系统综合的逻辑秩序性。这就是要求综合必须遵从一定的逻辑秩序,并指明了这种逻辑秩序是由系统的内部结构所决定的。系统的结构是其组成要素特有的互相作用的总和,也是系统的各级组成要素之间的顺序性和层次性的体现。要素之间不同的时空序会影响不同的结构,不同的结构具有不同的功能,结构与功能不同又是系统相互转化的标志,那么系统综合就应该依据系统结构所固有的联结秩序进行;否则,就不能真实地再现系统各组成要素之间相互联结的形式,就不能客观的、正确的认识系统。系统综合应该依照逻辑秩序,就是马克思所指出的,由抽象到具体。我们知道,马克思在研究资本主义经济系统运行规律时,制定了抽象上升到具体的逻辑方法。马克思明确指出,从抽象上升到具体的方法,只是思维用来掌握具体并把它当作一个精神上的具体再现出来的方式。马克思借助于对资本主义经济系统理论的构造,首先深刻地指出了由抽象到具体是进行系统综合必须遵循的逻辑行程,这一思想不仅包含有理论模型的不断完善,向现实原型逐渐逼近的含义,而且也是对建立理论体系过程中范畴推演的方法论的实质及其逻辑秩序的说明。这一思想还体现了客观原型系统发展的历史行程。马克思主义哲学认为,历史的东西是逻辑的东西的基础,逻辑的东西是由历史的东西所派生。系统综合所遵循的由抽象到具体的逻辑秩序,本质上是同客观原型系统历史发展的行程是一致的。任何客观系统,只要其结构稍微复杂一些,就都有一个由单层次到多层次,由简单到复杂,由低级到高级的发展过程。在模型方法中,这一历史过程就逻辑地表现为由较为抽象的模型向较为具体的模型发展的过程。

3. 系统综合的创造性。"综合就是创造"。所谓创造性活动,指的是人们发现客观对象的新性质、新关系、新规律,形成反映事物本质的新概念、新思想、新理论、新设计、新制造和获得新的物质客体和精神产品的一种认识和实践活动。创造性的本质就是对尚未被揭示出来的客观事物的关系、本质和规律的发现和运用。系统综合方法由于具有非加和属性,它能够通过对系统各个组成部分的综合,形成对系统的新认识。根据这种新认识所进行的实践,或者能揭示出客观世界的奥秘,或者能够设计和创造出符合人类需要的新的物质客体。可见系统综合方法的非加和性与创造性活动的本质是一致的,这是系统综合具有创造性功能的基本依据。从创造性活动的过程看,基本上可以划分为六个阶段:(1)收集和获取信息;(2)对信息进行分析研究;(3)进行组合、配置,弄清它们之间的相互关系,形成新思想和新理论;(4)评价各种思想、理论,选择最优方案;(5)付诸实施,进行实践;(6)根据实际效果进行反馈调节。整个创造性活动过程与系统方法的程序是极为相近的。这里对信息进行的综合与配置,相当于系统方法对各组成部分进行的系统综合。这种"组合"、"配置"、"综合",是创造性活动机制的集中表现。科学方法论专家贝弗里奇在谈到创造性思维的特点时指出:"想象力丰富的头脑产生大量多种多样的组合。"①他还认为:"独创性常常在于发现两个或两个以上研究对象或设想之间的联系或相似之点。"②系统方法为了揭示系统的结构和达到系统优化的目标,恰恰要求在各组成部分的综合中,形成"大量多种多样的组合",从而在其中找到系统最优化的那种配合,以达到系统的最优功能。而发现"两个或两个以上研究对象或设想之间的",尤其是发现那些原来以为这些对象或设想彼此没有联系的联系,对揭示系统的结构,实现系统功能的优化,往往会成为成功的突破口。

首先,发现未知的常规系统需要进行系统综合。在人类认识客观世界的过程中大量存在着如下情况:某一系统在当时的科学理论框架内,原则是可以被认识和说明的。但由于系统的组成要素之间的相互联系经过很多中间环节,不易被人们发现,或者由于各门科学和不同的研究者从各自的角度进行研究,把相互联系的要素人为地割裂开来,致使人们以为这些本来相互联系的要素是一些彼此隔绝的客体,它们并不组成任何系统。当不受既成理论束缚的人通过大胆联想,对这些要素进行综合,揭示了它们之间的固有联系和系统的整体性后,那么原来的未知常规系统就成为人们已知的系统

① 〔英〕贝弗里奇:《科学研究的艺术》,科学出版社1979年版,第71页。
② 〔英〕贝弗里奇:《科学研究的艺术》,科学出版社1979年版,第58页。

了。这样对未知常规系统的新认识又进一步丰富了原有科学的理论。实际上，对于某一客观对象的认识，不同科学所关心的可能是不同的一组变量，而这些不同的一组变量又可能是原有系统整体变量中的一组同态象，即是原系统中的某一个同态子系统。虽然两个同态子系统都从同一实际系统抽象出来，但又可能相去甚远，造成了彼此之间相隔绝研究。不受成见约束的人创造性地将它们综合在一起，从而才全面地揭示了原有系统的整体性质，而这种有关系统整体性质的新知识又是原有知识合乎逻辑的发展。这就是说，这种获取新知识的认识活动是在原有科学理论的框架内进行的。

其次，在系统优化理论和实践中，系统综合方法具有更为独到的创造性作用。系统方法的目的不仅在于对无限多的系统要素所形成的结构加以描述，而且要从中选出为特定的实践目标所需要的有价值的可行性方案。这就存在着以系统手段进行优化的问题。整体优化律特别要求对系统的诸要素进行创造性综合，从而达到要素或子系统之间的相互协调，使输入系统的物质和能量合理地排列和分布，使其形成最佳的结构，减少相互抑制作用，增强相互增益作用，使部分的功能和目标服从系统整体的最佳目标，进而达到系统整体的最佳和满意状态。这里，如果没有对综合的创造性应用，没有对系统诸要素的科学组合，最优或满意目标是根本实现不了的。整体优化律认为，系统的最优状况是各子系统的熵的减少与系统熵的增加之间的差应该是最小的。熵是系统混乱度，即无序性的度量。在某一区域中建立企业，增加了该地区的有序性，熵值减少了，亦即负熵增加了，但却可能增加整个国民经济系统或更大区域子系统的无序性，对更大的系统而言，熵值却增加了。那么这种各区域的组合就构不成优化的经济结构，只有当上述二者的差趋向最小时，才构成系统的优化结构。这就需要对各区域的企业生产能力、设备状况、人口、资源、环境、交通、能源等要素，从全局出发，统筹兼顾，综合考察，从中选择出最优组合。在不同方案中，最优组合的方案将是最具有创造性的方案。

综上所述，系统综合方法具有高度的创造性功能。它要求人们打破传统观念和既成理论的束缚，大胆地探索，寻找事物之间的未知联系，在把部分综合为整体时,能够揭示出诸部分所不具有的新质态、新规律;它着眼于系统的最优效应,通过对系统各部分的创造性组合,实现系统设计的最优方案。如果说分析方法具有发现规律、发现真理的作用,那么系统综合方法不仅可以发现事物的系统规律,并且能够依据这些规律创造出满足人类需要的观念系统和人工系统。因此,系统综合方法完全可以称为人们认识对象、改造对象、创造对象的重要方法论武器。

四、系统哲学的其他方法

系统哲学除了以上所论述的方法外,它还包含着其他一系列的科学方法。主要有以下几种:

1. 系统哲学的整体方法。系统哲学的整体方法是种特有的方法。这种整体方法不是马克思谈到的一些人所持有的"混沌的整体"的观察方法或研究方法,也不是孤立的即离开细节的片面的或原始的整体方法,而是"清楚的整体"的方法。用中国人的俗话说,就是"庖丁解牛"那样清晰的整体的方法,或者如贝塔朗菲本人所说的是整体"透视"的方法。简而言之,这里的"整体"是指事物的全部要素及其联系,是指完整的事物。

整体的方法在过去比较难以做到,因此人们称以往时代的哲学方法论是"分析的时代"、"非综合的时代",这主要是因为当时的条件还不具备。在当代,借助于信息和控制技术,借助于数学和各种科学,特别是借助于计算机、电脑和其他现代手段,人们就可以直接、普遍地对各种复杂事物进行整体的认识和综合地集成。

整体的认识具有很大的优越性。例如,一架机器,如果把它分解开,就难以认识它的整体性能。对于生物来说,如果加以分解,可以说它已不是本来意义上的生物了。因此,对一系列事物,特别是当代的许多事物,要强调从整体上去认识,我们才能真正看清它的本来面貌。

运用整体方法,要特别注意优化的方法。我们不是为了整体而去研究整体,而是要使整体朝着优化的方向发展。这是系统哲学的整体方法同一般的整体方法的一大不同。

2. 系统哲学的结构方法。对结构问题马克思主义经典作家曾给予一定的注意。如马克思写道:资产阶级社会是历史上最发达的和最复杂的生产组织。因此,那些表现它的各种关系的范畴以及对于它的结构的理解,同时也能使我们透视一切已经覆灭的社会形式和生产关系。但是总的来说,哲学的辩证方法还没有上升到方法论高度对结构予以普遍重视。当代系统论对结构很重视,并使它成为一个普遍的方法,这是哲学方法论方面的一个重要的进展。

结构方法认为一切事物都是有其结构的。只有一定的结构才能有一定的行为和一定的功能,结构改变了,事物的性质会随之而变化,相应的功能也不同了。因此从结构角度研究事物,是对以往从量和质角度研究事物的一大发展。系统哲学认为事物的结构有很多,由此形成不同的系统。如平面结构、立体结构、系列结构、时空结构、多维结构、网络结构、封闭结构、开放结构、简单结构、复杂结构、静态结构、动态结构、耗散结构、突变结构、核心结构、循环结构,等等。因此结构方法是系统哲学的一个重要的方法。

3. 系统哲学的层次方法。系统哲学认为一切事物不仅是有结构的,而且也是有层次的。对于复杂的事物来讲,往往有许多纵横、内外、上下、多方向不同的层次。例如,对世界的观察,可以有宇观、宏观、微观等不同层次,还可以分为胀观、宇观、宏观、微观、渺观等层次。对于生物来讲,也可分为许多层次,如细胞、器官、个体、群体、组织、社会、超国家组织等七个层次。辩证哲学过去虽然没有明确引入层次范畴,但是它的两极概念也包含着层次的含义,如上与下、好与坏、高与低、整体与部分、横与纵、差异与矛盾等,但是不够完全,而且主要是讲极端的两极层次,缺少多层次的思考。当代科学的发展,对哲学提出了精确化的要求,因此,层次方法就日益成为人们所接受的一个普遍的哲学方法。

依据层次方法,系统哲学认为人们在对事物的观察中,要重视介于矛盾或对立两极之间的层次。例如,上与下之间的中间层次、赞成与反对之间的弃权层次、先进与后进之间的一般层次,等等。从许多场合来看,中间的层次是大量的、经常的,因此,如果仅仅看到对立的两极层次,那是很不完善的,用来解决问题就会犯错误。系统哲学的层次方法还主张对一个事物究竟有多少层次,要作具体分析,不能主观地用两层或三层的固定模式去看待,同时在看到事物的诸多层次时,要把它们作为一个有机的系统去认识。层次方法在科学研究、企业和行政部门的管理中,具有重要的作用。目前国内外推行的目标管理方法以及层次管理与层次决策,就是依据系统层次方法制定出来的。近年来有的城市,实行目标管理这一方法收到了很好的效果。

4. 系统哲学的序性方法。系统哲学认为任何一个事物都是一个由诸多因素、诸多成分组成的有机系统。但是这些因素、成分之间并不是杂乱无章的,一切事物都有其序性,只不过这种序性之间存在着差异。系统哲学强调事物的无序向有序的发展和转化,所以,这一方法对于人们的认识活动和实践活动来说是重要的。在当前来说,在改革和建设中理顺各种秩序,先改什么,同步改什么,然后再改什么,对于深化改革、推动改革和保证改革成功,具有重大的意义。

5. 系统哲学的协同方法。系统哲学认为事物中存在着各种各样的差异乃至对立,因而是一个多种差异的统一体。这些差异在事物的存在、发展过程和进化中,固然有其排斥、对立乃至冲突与斗争的一面,但其主导的方面则是吸引、协调和互补。用当代系统论的一个分支学科协同学来讲,这就是一种协同,它是事物中最具有本质性的东西。天体演化中如果没有物质的协同,就形不成各种星球和星系。生物如果没有协同,就会全部毁灭。人类如果不能协同,人类就不能存在和发展。一个国家、民族如果不能协同,这个国家和民族也就不能生存和进步。当然,对人类而言,协同有自觉的协同与非自觉的协同。系统哲学强调自觉的协同,认为这是人类社会发展的重要动力。这种协同并不否认差异,反而认为差异是协同的依据,因此,它是差异的协同。运用系统哲学的协同方法,把我国亿万人民协调起来,把我国的各种经济活动协同起来,把我国人民的社会生活,把政治、科学、教育、文化、法制等协调起来,就会大大促进我国的各项事业,使中华民族以新的姿态和风貌立足于世界民族之林。

6. 系统哲学的工程方法。系统工程的方法早已有之,古代的许多建筑方法,如我国的都江堰水利工程,都运用了这一方法。但是,在当代,系统工程的方法则尤其引人注目。美国、苏联、中国的宇航事业的成功,无不得益于系统工程。系统工程不仅可以运用于自然科学和各项工程技术,而且也可以适用于社会科学和重要的科研任务、教学任务,甚至运用到企业、城市、国家的管理中。所以,"工程"的概念现在已经大大扩展了,日益普遍化和成熟化了。"系统工程方法"包含着辩证哲学的内容,它要处理好各种差异的关系,所以,它是系统哲学的工程方法。系统哲学的工程方法,尤其具有实践色彩,它是组织管理的有效方法,有助于克服哲学的纯理论倾向,有助于使哲学同人类的实际活动密切结合起来。因此,把它作为普遍的方法,作为哲学的方法,也是当之无愧的。

7. 系统哲学的优化方法。系统哲学强调优化或满意的解决问题,而优化方法的前提条件,就是在解决问题的一系列方法中,它是相比较而存在,是个相对优化的概念。它有两个方面的含义:一方面是在解决同一个问题过程的众多方法中,优化方法比其他方法投入少并能达到预期目的;另一方面是在解决问题所得的结果及达到的目的,比其他方法所得的结果比较优化。前者就同一个目的或目标而论方法优劣,后者是就方法与目的、目标两者而论优劣。优化方法采用前,有一系列的比较、分析、测算、论证、设计等大量的筛选工作,这个过程实质就是方法优化的系统过程。这是优化方法优越于传统方法的一个显著的特点。如"优选法"就是一个普遍的应用。

优化方法的优化标准是客观的,因为人类的价值追求就是要在改造和认识客观世界的一切实践活动中,都要尽可能地用低成本物质和精神的投入,以取得尽可能大的效益与价值。解决问题和达到目标的现实中,优化的标准是客观存在的,这个标准就是表征方法与目的是否优化的客观尺度。

优化方法实施的步骤。第一步,确定系统目标,也就是根据实际的需要和可能,把总目标系统寻找出来,并把每个子系统目标的水准、存在的问题与其他目标的关系予以确认,通过综合比较,从整体优化的角度把总目标确定下来。第二步,进行系统综合,制订实施方案。建立模型,必要时进行仿真实验和理论计算,同样要根据目标对系统方案进行一系列的测算比较。第三步,具体实施或者求解模型。第四步,方法与目的的鉴定,选出满足目标的最佳解。第五步,决策。

在这里有两点应该说明,一是无论目标的确定,还是实施方案的筛选,也无论是具体实施和最后的结果鉴定与评价,都要运用最先进的技术手段和方法。优化方法要求决策者本身的素质要高,并配有先进的手段,还要有优化的组织实施形式。这里在保证手段先进的前提下,决策者是关键,组织优化是基础。二是要把优化法看成是个动态的系统过程,要把随机——目的——因果等各种动因考虑进去,一旦有某种涨落起伏,使优化整体能不断调整自身,以适应各种环境的变化。

优化方法作为哲学上的一般意义的方法,不能穷尽该方法的所有过程,只能是抽象出更基本的原则。不过作为系统哲学的优化方法,要坚持系统整体的要素、结构、层次、过程和中介的优化,坚持把目的、方案、手段、实施等不同阶段实行等级序列优化,那么这个方法就具有哲学的方法论意义了。

8. 系统哲学的开放方法。系统的开放方法是指系统与它所处的外部环境进行物质、能量和信息交换过程中的协调有序的方法,也是系统与环境优化的方法。任何一个系统都是对环境开放的系统,只是在系统开放程度大小上有区别而已。

开放系统的概念是贝塔朗菲首先提出来的。他通过研究生命现象的新陈代谢、自我调节等特征,发现在生命与非生命之间存在着明显的矛盾,生物学的"进化"系统与热力学"退化"系统相对立。生物学之所以进化是由于它能够同环境进行物质、能量和信息的交换,属于开放系统,是朝着有序程度放大的方向发展;而热力学朝着熵增加和无序混沌方向发展,属于封闭系统。贝塔朗菲抓住系统开放性这个问题的关键,把生物与生命现象的有序性和目的性同系统的结构稳定性联系起来,并作出定量描述开放系统的数学模型。耗散结构理论同样揭示了系统开放性的重要意义。普里高津指出自然界的开放系统存在三种方式:热力学平衡态、线性非平衡态、远离平衡态。他指出,一个远离平衡态的开放系统,不断同外界进行物质、能量和信息的交换,在外界条件变化达到一定阈值时,社会从原来的无序混沌状态,转变为在时间、空间或功能上有序状态,形成新的有序结构。这是系统开放方法的理论依据。

所谓系统开放方法,是指在研究和认识对象系统时,必须把它放在环境大系统中加以开放性考察;在规划、设计系统时要有开放眼光,使系统内部子系统之间,系统与环境之间保证充分的物质、能量和信息交流,使系统的减熵趋势得以维持,并保证系统的有序度增强。

在运用本方法时,要注意这样几点:一是开放是动态的,系统的开放性也是在动态与过程中实现的,开放方法也要坚持在动态的过程中运用。二是开放性是由系统内在结构和功能的属性所决定的,开放方法应该由系统内在结构和功能展开的程度来运用。也就是说要想使系统与外界开放,首先要从系统内部的结构改变着手,来使用开放方法。三是系统的开放有一定的度的限制,要掌握围绕系统整体优化这个目标进行开放,系统开放不是无条件的,是有条件的,要保证减熵的增加,防止正熵的流入。

在运用系统开放方法时,要注意分层次,按等级秩序进行,系统内的开放与系统外的开放要有机结合起来。在开放时,一旦出现正熵流,使系统产生无序因素时,要敢于使用封闭手段,进行内部有序化的治理和整顿,其目的是更好地发展整体,保证系统向整体优化的方向发展。"对内搞活、对外开放"是我国创造性运用开放方式的典型事例。目前,我国进行的政治体制改革、提倡协商对话制度、增加政治"透明度",也属于系统开放方法。科研中提倡发散式思维,就是指的思维上的开放性。开放的方法已成为政治系统、经济系统、思维系统乃至整个社会系统的自组织现象发生的必备条件。

总之,系统哲学作为一种哲学,具有许多具体的方法。可以说,系统哲学的所有规律、范畴,都能转化为哲学的方法或具有哲学方法论的意义。以上我们只是介绍了其中的一部分方法,人们从中会看出,这些方法大都具有其特色,具有新的意义,反映了 20 世纪 30 年代以来特别是近二三十年来人们在这方面所取得的重要成果。因此,它们对于完善我们的哲学体系,指导人们的认识和行动,都是很重要的。

五、诸方法论(范式)之比较

1. 分析范式(或分析—累加法、或还原论)

(1)所有的事物可以分解、还原成要素,要素可以由其他事物替换,这是一种还原论的观念。

(2)要素之间存在着简单的线性关系,将所有的要素加到一起,便是事物性质的总体。因此,可以割裂开要素的相互关系,进行研究。

(3)可以把要素的性质与规律加起来,推导出总体的性质与规律,换而言之,解决了各要素的问题,就相当于解决了整体的问题。

(4)事物及要素服从机械因果律和单一决定论,即一个原因必然决定一个结果,系统之间有着一条直线因果链。

(5)事物及要素是可逆的,不存在时间之矢,事物不进化,只是循环。

(6)在价值观上,认为要素好,整体一定好。

(7)在经济学上,不承认国民经济是一个有机的系统整体,认为国民经济不是微观就是宏观,否认多元经济的存在和多层次调控的必要性。

(8)在管理学上,不承认多层次管理跨度的存在。

2. 矛盾范式

(1)传统的辩证唯物主义哲学包括阶级分析方法、矛盾分析方法和历史分析方法,它是无产阶级的世界观、方法论、认识论与价值观,是立场、观点与方法。

(2)事物是一分为二,简称"两点论"、"两分法"、"一分为二",既有优点也有缺点。"两手抓","两手都要硬",一手抓"非典"一手抓经济等提法,特别是"两条腿走路",就有可能有一条腿长一条腿短的结局。

(3)事物有主要矛盾,矛盾有主要方面,有"突破口",只要抓住了主要矛盾或矛盾的主要方面,其他问题就迎刃而解了,只要能找到"突破口"就能有"以纲带目,纲举目张"的神奇效果。如"以阶级斗争为纲"、"以粮为纲"、"以经济建设为中心"、"抓'中心'带一般"的思维方法。

在"文化大革命"初期,我们批判了"合二而一",认为事物只能"分"不能"合"。这样,"两点论"变成"一点论"的理论了。"文化大革命"中,在群众运动中搞"切一刀",分成"革命"与"反革命",从而斗一批、抓一批;然后,在革命队伍中再"切一刀",再斗一批、再抓一批。这样,反复分、斗下去,自然革命者越来越少,反革命者越来越多,"文化大革命"失败就成为必然。

3. 系统范式

(1)世界上任何事物都是由内在要素(元素)构成的。系统的整体功能就是 3>1+2,其新系统(整体)的产生,是各要素在孤立时不具有的新性质的涌现。

(2)要素之间存在着复杂的非线性关系,整体结构具有复杂性。认识整体不仅仅要认识要素,还要认识要素之间的关系(比如现在中国的产业结构、社会结构)。

(3)系统是进化的,有产生、发展、消亡的历史过程,这个过程是不可逆转的,在临界点上有突变的多种选择可能性和现象的不可预测性,系统行为轨迹不是绝对的、必然的。

(4)系统的结构决定系统的功能、行为。如经济结构、产业结构、领导结构(决定宏观效益);又如汉字太与犬(结构的序量),"木"、"林"、"森"与"火"、"炎"、"焱"(质量互变);如宇宙是三类基本粒子(夸克、轻子、媒介子)和四种基本力构成的序列结构;人是由九十多种元素构成的有机整体;DNA 是四种不同的核苷酸(A、G、C、T)在时空中的不同排列,四种不同核酸构成了二十多种氨基酸,这二十多种氨基酸构成了全部的蛋白质,决定了生物的多样性,包括高级动物——人。

(5)系统的演化是多层次的过程。

(6)在价值观上,不要求每个要素都优化,只要求系统整体的优化。在一定条件下,优化只能是相对的。如飞机、汽车、机器的总体设计的优化要求。

系统辩证的方法：

1）系统的综合方法；

2）系统的自组织方法；

3）系统的整体方法；

4）系统的结构方法；

5）系统的协同方法；

6）系统的层次方法；

7）系统的分析方法；

8）系统的工程方法。

第三节　系统哲学的价值论

价值论是一切哲学所具有的基本内容之一，也是系统哲学的基本内容之一。它同认识论和方法论一样重要。系统哲学的价值论来源于辩证唯物主义哲学的价值论和系统论的价值论，同时在综合两者时我们又作了新的思考。

一、价值论的含义

1. 价值论是指关于系统价值的性质、构成、标准和评价的哲学学说。它主要从主体的需要和客体能否满足及如何满足主体需要的角度，考察和评价各种系统物质的、精神的、信息的现象，以及人们的行为对个人、集体、民族、家庭、社会的意义。

2. 如果说某种系统事物或现象具有价值，那么就是指这种系统事物或现象对个人、集体、民族、家庭或社会具有积极意义，能满足人们的某种需要，成为人们的兴趣、爱好、欲望、目的所追求的对象。

3. 价值是通过人们的社会实践而实现的。人们的社会生活的需要、兴趣和目的是多方面的,所追求的价值也是多方面的。"价值"概念被广泛地应用于经济学、伦理学、美学、认识论以及所有社会科学或人文科学,它在不同的领域中,具有不同的含义。但就其共同属性来说:客体对主体有意义,并成为人们的追求对象,通过社会实践来实现。价值论则是研究一般价值的理论。价值论在国外早在 19 世纪末 20 世纪初就已经产生,直到 20 世纪 70 年代以后才得到迅速发展。在我国对价值的研究则是最近几年才开展起来的。系统哲学认为价值本身就是一个大系统,价值系统是分层次的。在价值系统中,处于第一层次的要素是:系统物质价值要素、精神价值要素、文化价值要素、伦理价值要素和人的价值要素等。第二层的要素又把第一层次的要素看成高一级价值系统进行分解。在系统物质价值要素中,又分为自然价值、环境价值、社会价值和经济价值;在精神价值中,又分为知识价值、道德价值和审美价值等;在文化价值中,又分为若干分支价值等。运用系统哲学的观点去研究价值问题,就要在研究过程中紧紧把握住价值的要素、结构和功能,把握住用系统的层次方法去研究。

二、价值观发展的历史过程

伴随着人类的产生、发展和实践的深化、认识的拓宽,人们对价值问题也有一个逐步认识的过程。

在中国古代的人文科学中,曾有过价值问题的讨论,但是,没有明确的价值概念,也没有形成系统的价值理论。当时,智者在探讨人生理想和人的行为的评价标准时,围绕着义与利、忠与孝、理与欲、志与功、善与恶的关系进行的争论,同价值问题有密切关系,并在不同方面表示出他们的价值观。老子把"道"、孔子把"仁"作为人生追求的最高价值,孟子提出"可欲之谓善",即为人所需要的,就是好的,就是善,揭示了人的需要与价值的关系。荀子强调精神方面的价值时,也肯定自然界万物"有用为人",认为通过人的活动,可以使物"尽其善,致其用",从而获得美好的、有用的价值。墨子最早提出判断理论的价值标准："废以为刑政,观其中(符合)国家百姓人民之利"①,就是把是否符合国家百姓的利益作为评价理论认识的尺度。王夫之也倾向于义与利、理与欲不可偏废的价值观。中国古代的人文科学价值观,大都是重义轻利、扬理(伦理)抑欲,轻视物质方面的价值,重视精神方面的价值,倡导以封建伦理道德"三纲五常","仁、义、礼、智、信"为基本内容的价值观。这种价值观统治中国已达两千多年,因此中国也落后了数千年。在中国思想史上还有以重我轻物、全生保身、纵欲享乐为人生最高价值的价值观,如《春秋公羊传》中的"诸侯一聘九女",提倡一夫多妻制,君王、官宦之家都是妻妾成群;小脚、太监、纳妾、姨太太、贞节牌坊成为必然。

在西方哲学史中,古希腊的苏格拉底把追求善和美德视为人生的最高价值,认为善和美德同真正的幸福是一致的。柏拉图认为,只有永恒的理念世界才是真实的、有价值的东西。亚里士多德把美德至善看成一切事物的最高价值。伊壁鸠鲁认为,人生应该追求的幸福和目的是身体无痛苦和灵魂无干扰的快乐,而快乐也就是至善,具有人生的最高价值。斯多葛学派则认为,只有德性才能使人幸福,而德性来自善良的意志,它要求摆脱一切快乐、痛苦和欲望的激情,要求节制。

在欧洲中世纪的哲学史中,基督教神学认为,上帝是永恒的、超经验的存在物,是全智全能全善的,因而上帝具有最高价值,是一切价值的源泉,只有上帝所愿,才是有价值的。文艺复兴以后,资产阶级提出了尊重理性和人权,提出自由、平等、博爱的口号,提高了人的地位和价值。西方产生的人道主义集中体现了资产阶级关于人的价值观。许多进步的思想家,都坚信科学对人类社会的进步具有巨大的价值。培根指出:"知识就是力量",肯定了科学知识对于推动人类社会发展的价值。斯宾诺莎强调一切科学及道德哲学、教育学对于达到最高的"人生圆满境界"的价值。在19世纪,欧洲发达国家的思想家、哲学家,从广义的和一般哲学意义上来理解价值概念,形成了政治、经济、文化、道德、美学、知识和宗教的价值观,从而产生了现代发

①　《墨子·非命上》。

达国家的价值哲学。

在现代发达国家的哲学中,价值哲学到 20 世纪初形成。刘易斯认为,愿望、目的、效用、善、正义、德行、道德判断、审美判断、美、真理等等,都同价值或应当是什么有关,因而可以建立起包括经济学、伦理学、法学、美学、认识论和神学等领域的价值在内的一般价值理论。他们把一般价值论叫作价值哲学。在价值哲学中主要是研究四个方面的问题:

一是关于价值的性质问题。有的人认为,价值是愿望的满足;有的人认为,价值就是快乐;有的人则认为,价值是引起兴趣的任何对象;还有的人认为,价值是以某种方式被享受或可享受的质,是纯理性的意志,有助于提高生活的任何经验,是第三本质的理解,是人格统一体的对照经验,是事物作为手段对实际达到的目的关系,等等。

二是关于价值分类问题。培根把价值分为道德、宗教、艺术、科学、经济、政治、法律和习惯八个领域。刘易斯把价值分为五种形式:(1)对于某种目的的效用或有用性;(2)外在的或作为手段的价值;(3)固有的价值;(4)内在的价值;(5)参与的价值。

三是关于价值的标准问题,集中在六个方面:(1)快乐的份额中寻求价值标准;(2)对于爱好、选择的根本洞察;(3)是一理性规范的系统;(4)是理性的全体和融贯;(5)生物学上的生存和调节;(6)神学中神的启示。

四是关于价值与科学所研究事实的关系。人的灵魂价值经验与独立于人的实在的关系,即价值的所谓形而上学的性质,也是价值哲学研究的主要问题。现代西方国家价值哲学的流派很多,看法不一,但对我们研究价值问题也有一些可供借鉴之处。

三、辩证唯物主义哲学的价值观

马克思和恩格斯批判地吸收了黑格尔的价值思想,形成了马克思主义的价值观。

黑格尔在创立他的唯心主义哲学时,曾对价值问题予以很大的重视,在这方面有不少的阐述。黑格尔的伦理思想、美学思想，也是其价值论思想的体现。所以，价值论是黑格尔哲学体系的一个很重要的有机组成部分。

黑格尔的价值论涉及许多具体的价值问题，但是核心的东西是他把辩证论哲学贯穿在其关于价值问题的各种论述之中。黑格尔认为：一切价值都是辩证的。黑格尔谈到，价值本身是对立的，如善与恶、美与丑、黑暗与光明都是对立的或矛盾的东西。黑格尔又认为，价值是可以转化的，价值有自己的"度"，超过了度，好的可以变成坏的，善的可以变成恶的。黑格尔还认为，价值观念是可变的，在一个时代认为是善的东西或者是德性，在另一个时代就未必这样认为。黑格尔还强调价值的相对性，例如对于"恶"通常都认为它是绝对坏的东西，但是他认为在一定条件下"恶"也可以推动历史的发展，因此就有相对性。黑格尔关于价值的这些思想是很深刻的。

马克思和恩格斯继承了黑格尔哲学价值论思想，同时又对它进行了唯物主义的革命的改造，形成了马克思主义哲学的价值论思想。首先，马克思强调价值是客观的。他说过，价值是人们所利用的并表现了对人的需要的关系的物的属性。确实，如果一个事物本身没有价值的话，那么它无论如何也不会被认为是有价值的。有些人看到事物的价值依人的利益或需要而有所不同或产生完全相反的看法的情形，便认为价值是主观的，完全依人的意志而定。马克思指出这种看法是不对的。这样，马克思就坚持了价值论的唯物主义观点。其次，马克思也谈到价值与人的利益和需要有密切的关系，谈到主体因素对价值评价的重大影响。他以音乐为例，说明不同需要的人或具有不同审美观的人，对音乐的感受有巨大的差别。再次，马克思强调了价值论的辩证性。他以资产阶级为例，说明资产阶级在历史上所起的作用，指出这种作用是矛盾的过程。这就是，一方面肯定资产阶级曾经起了非常革命的作用，另一方面也揭露了资产阶级造成一个产生种种罪恶的社会。但是，马克思认为不合理的社会可以通过人的奋斗而转变为合理的社会，他关于资本主义和社会主义发展的学说，就反映了他对社会发展规律的认识，同时也揭示了价值的辩证转化性。此外，马克思对人的价值予以突出的重视。马克思关于人的解放、关于人的权利、自由、价值等论述，至今在世界上有着广泛的影响。所以,马克思对价值论的形成,奠定了唯物主义价值观的基础。

马克思主义价值观的一般本质在于以下几个方面:

1. 价值是一种关系。它是现实的人同满足其某种需要的客体属性之间的一种关系。这种关系不能单纯归结为人的主观愿望,也不能单纯归结为客体的属性,而是主体的需要与客体的属性之间相互作用的关系。

2. 价值有其客观基础。价值同人的需要有关,但它不是由人的需要决定着,价值有其客观基础。这种客观基础就是各种物质的、精神的现象所固有的属性。价值不单纯是这种属性的反映,而是标志着这种属性对于个人、社会和集体的一定积极意义,即能满足人们的某种需要,成为人们的兴趣、目标所追求的对象。

3. 价值是多方面的。人的需要是多方面的,各种系统物质和精神的现象的属性也是多方面的,因而可以满足人们各种不同的需要,具有不同的价值。就客体的属性满足的主体不同需要而言,价值又可分为物质的、经济的、科学的、道德的、美学的、法律的、政治的、文化的和历史的价值,等等。

当代系统论对价值问题,也给予了重视。贝塔朗菲认为系统哲学的三个组成部分之一就是价值论。他认为系统学第三部分是研究人与他的世界的关系的,在哲学术语中被认为价值。他强调系统论绝不是只见物不见人的理论,强调系统论绝不会使人变成机器的附庸或牺牲品,人的价值是会被否认的。但是,贝塔朗菲的论述极为简单,未能具体地展开他的上述思想。

四、系统哲学的价值观

1. 系统哲学继承了马克思主义的唯物主义价值观,并在此基础上通过对系统论的价值问题研究,形成自己的价值观。

价值是指系统的价值,即系统的物质和精神的价值,也就是物质、能量、信息的价值。所谓价值,就是指客体系统对于主体系统具有积极的意义,它能满足人、集体和社会的某种需要,成为主体的兴趣、意向和目的。也就是说表示系统客体与主体所具有的积极的或消极的意义。人们所说的价值关系,就是系统的意义和关系。积极的意义和消极的意义,都是价值的关系,只有性质不同。积极意义的价值关系,称为正价值,即价值;消极意义的价值关系,则为负价值。因此,系统哲学所讲的价值,一般指正价值,是一种系统与系统间的功能关系,对系统主体有积极意义,并在人们的社会实践中体现出这种系统价值。因此我们首先强调价值是一个系统,是一个多元的价值体系。一切物质的东西,精神的、文化的东西都具有其价值,都处于一定的价值系统之中,并具有一定的价值位势,因而价值既是客观的,又是多样的和相互联系的,而不是主观的、单一的、彼此孤立的东西。例如,就社会的人而言,工人有价值,农民有价值,知识分子有价值,因而构成了人的价值的客观系统。又如,就精神产品而言,有理论,有艺术,有各种科学,也形成精神的价值系统。再如,从价值的结构来看,也是一个系统,如劳动价值、自然价值、社会价值、生态价值等等。具体说来,在劳动价值中又有脑力劳动价值、体力劳动价值,二者相结合的劳动的价值;简单劳动的价值、复杂劳动的价值等。在自然价值中,有资源价值以及地球、大气、阳光、水源、风力、景观等价值。在社会价值中有潜在的价值、现实的价值、历史的价值等。所有这些就构成多种多样的价值系统。过去,人们只看到某些事物的价值或者看到事物的对立的价值,并研究它们的相互关系,现在看来这是片面的。例如,如果只看到劳动价值、经济价值,看不到自然生态的价值,就会影响到我们对经济工作的认识,影响到对生态环境的保护及生态环境的可持续。世界上一些国家利用旅游事业去发展自己经济的成功事例,告诉我们必须重视自然景观的价值。我国生态系统出现的一些问题,使人们认识到空气、水源、阳光等环保价值的重大意义。所以,系统地看待事物的价值,是系统哲学价值论的一个主要着眼点。

2. 系统哲学重视人的主体利益和需要对生态价值带来的影响,承认价值不光是客观的东西,而且与主观有密切的联系,强调它们之间的关系是一个复杂的相互作用的过程,否则不能做到人类与生态的互相促进及可持续演化。马克思说,价值这个普遍的概念是从人们对待满足他们需要的外界物的关系中产生的。一切事物都有其价值,但是价值又随着人们的主观认识才能发现、才能实现、才能正确予以评价。人把自己的主观需要、利益深深地渗透到对一切事物的价值认识上。因此,从主客体中介系统关系去研究价值问题,是当代价值论研究的一个热点,也是系统哲学所要强调的一个重要方面,才能使主体——中介——客体的系统协调可持续发展。

3. 系统哲学认为价值评价也是一个系统,并且在价值理论中具有极大的重要性。什么是有价值的,什么是无价值的? 什么价值大、价值小? 什么是负价值? 这都必须有一个客观的参照物。由于社会生活越来越复杂,由于历史发展的辩证性,因此这个参照物必须是多元的辩证的价值标准体系。如果简单化、"一刀切",用一把尺度去衡量世界上的一切事物,那就势必导致片面化和思想僵化。多年来,我们对人、对干部、对群众、对事、对文艺作品、对科学理论、对企业、对世界、对历史、对社会往往都是用单一的尺度去剪裁,导致了极为严重的后果。所以,提倡多样化的或多元的价值标准,是克服思想理论工作和社会生活单调、贫乏、僵化、没有活力的一剂良药。

系统哲学的价值观有自身的特点:一是用自组织涌现、层次转化、结构功能、整体优化和差异协同的基本规律来看待价值体系,它更注重系统整体的价值、系统优化的价值、系统涌现的价值和系统演化的价值。这是因为系统哲学的价值观是研究系统的一般价值体系。二是重视价值关系,主要体现在系统的结构层次所决定的系统功能之间的积极意义。也就是讲价值的本源,在于系统的结构本质属性所决定的功能;这种主体——中介——客体之间功能的相互关系,以及表征价值的体系等,是我们对传统价值观的一个补充和发展。

目前讨论的系统价值观与经济学中的价值观不尽相同。马克思主义的经典作家们对经济学中的价值范畴作过深刻的科学分析。马克思认为价值指的是凝结在商品中的一般的无差别的人类劳动或抽象的人类劳动。经济学中的这一价值概念与系统哲学价值概念有所不同,但与使用价值相近。马克思说过,使用价值表示物和人之间的自然关系,实际上是表示物为人并存在,物的有用性使物成为使用价值。[①] 他还说过,使用价值就是表示物的

---

① 参见许涤新主编:《政治经济学辞典》(上册),人民出版社 1980 年版,第 338 页。

对人有用……的属性。价值与使用价值称为"商品的二重性",而这种商品的二重性是由"劳动二重性"决定的,具体劳动创造使用价值,抽象劳动形成价值。马克思指出,价值这个普遍的概念是从人们对待满足他们需要的外界物的关系中产生的。它最初无非是表示物对于人的使用价值,表示物的对人有用或使人愉快等等的属性。系统哲学中的价值概念要比经济学中使用的价值概括性更高,适用范围更大。下面就价值的属性进行阐述。

系统价值的属性,主要包括社会性、实践性和客观性。社会性是系统价值的本质属性,客观性是系统价值属性的基础属性,而实践性则是社会性与客观性的中间环节,是关键属性。三者间同是价值属性中不可分割的属性,它们在系统功能的相互作用中来体现价值。

1. 系统价值的社会属性。它主要是指系统价值与人们受一定社会历史条件所制约的需要、利益、兴趣、愿望密切相关。在不同的社会中,人们的价值标准由于受社会的影响,不同社会的需要、利益、兴趣、愿望往往不同。因此,对利弊、是非、善恶、美丑等往往有不同的评价标准。一般地说,一定时代的人们的价值标准,总是植根于人们当时的物质生活条件,社会生活条件必然受当时社会历史的制约,总要留下社会历史的印记。人们物质生活与人文社会条件变化和发展,人们的价值标准和所追求的价值及其构成迟早要相应发生变化。因此,价值是一个社会历史范畴。主体随社会的发展,需要也在发展,并显现出多样性;而客体也随社会的发展,进而深化,并显现出其属性的无限性。主体的需要与客体的属性随社会而不断发展,系统价值关系也在不断发展。因此,价值属性与社会关系范畴,表征着价值的社会性。一方面,价值离不开人与人的需要。客体的好坏,美丑真假,有用无用都是对人来讲的。那种脱离开主体而讲客体就是价值和价值就是财富的观点是不科学的。价值不是纯自然属性,而是一种特殊的社会现象。另一方面,价值离不开客体。客体的属性是价值的物质承担者,客体对主体的作用是价值关系的客观基础。如果面包没有养分,就不会成为食品;水不能灌溉、发电、饮用,它就不能同人构成价值关系,获得"益"与"利"的评价。所以,价值离不开客体。综上所述,价值离不开客体,也离不开主体,同时也离不开中介系统,但不能归结为单纯的主体或客体。价值是主体与客体的统一,是一种社会关系,是一种互相作用的结构。

2. 系统价值的客观性。这种客观性是指它的构成因素,如主体及其社会需要和客体及其属性、社会属性是客观的;系统事物对人和社会的意义是客观的。系统的价值意义不取决于人们的主观愿望,在这一点上,价值的意义是确定的、绝对的、客观的。实用主义不因资产阶级喜欢而对全人类都有价值;马克思主义也不因资产阶级反对而失去对无产阶级的意义。也就是说,一方面,价值不由人的需要来决定,但也离不开人的需要,离开了人的需要,价值判断就不能进行。另一方面,价值不由客体的属性来决定,但也离不开客体的属性,离开了客体的属性,价值就失去客观基础和源泉。所以,价值是人的需要与客体属性相符合的特别规定性。人的需要是客观的,客体的属性是客观的,需要与属性相符合也是客观的,因此说价值具有客观性。

3. 系统价值的实践性。系统事物所固有的属性多种多样,可以在不同的方面对人有价值意义。但客体的属性,往往不会自动暴露出来,更不会自动地满足人。即使这些属性是直接地呈现在人们的感觉面前,而人们未能意识到它们对自身有用,即使意识到它们有用,而不掌握使用方法,它们也不会作为人们所追求的价值对象而存在。人和客体之间的价值关系,是在现实的人同客体的实际的相互作用过程中,即在社会实践中确立的。只有通过社会实践,人们才能发现客体及其属性对主体的实际意义,并自觉地建立起同客体之间现实的价值关系。只有实践活动,人类才能发现和掌握客体属性的使用方式,并与人的需要相结合,使价值得以实现。因此,实践性是理解和把握各种价值现象的交结点。

五、价值与真理的辩证关系

价值是以实践为基础的认知活动的基本内容之一。人的认知活动,一方面在于人们是否能正确地反映系统事物的本质特性及其规律,即真理性问题;另一方面,在于正确评论系统事物的利弊、善恶、美丑的问题,即价值问题。在实践中价值与真理包含在认识与实践活动之中。

价值与真理同属认知活动所追求的结果的两个方面。主客体是认识与实践活动的物质承担者;认知与实践又是认知活动的方式与过程;真理与价值则是实践与认识活动的目标与后果。

真理是(正)价值的内在结构,(正)价值是真理外在的人文表征。

所谓真理,是指人们对客观事物及其规律的正确反映,也是主观与客观相符合的表征,标志着通过实践与认知活动,实现主体向客体不断"接近"和不断的互相作用。真理具有客观性。真理是客观的,它具有不以认知主体的意识为转移的本质。由于系统的运动变化和人类实践活动的进步,真理也是一个不断发展的过程。真理是客观的,就是说"在人的表象中……的内容"(列宁语)是客观的。内容的客观性是不依赖于主体的意识,是对客观对象的正确反映。人们承认认知对象的客观实在,是正确反映一切客观存在的东西为前提,把真理看作是同客观对象相一致,相符合的认知,是人们在实践中获得的对客观对象的正确反映。真理具有具体性。真理是具体的,有条件的,并处在一定的时空之中。真理具有价值性,这是指真理具有伟大的价值,是真理能满足主体需要的属性。真理对人类有用,就是说真理有价值。真理对系统本质规律反映越深刻,它的价值也就越大。真理具有认知的功能和实践的功能。

关于对价值与真理的辩证关系,我们从以下几个方面做一探讨。

1. 价值与真理都是客观的。价值与真理都是客观的,但有所不同。价值的客观性,在于主体需要的客观性和满足需要的过程及条件是客观的。价值客体的存在和其属性在这里主要是作为价值的对象和前提而有意义,主体的需要和达到价值目标的潜在能力才是价值的本质。价值在主客体统一的关系中,更侧重于主体性。而真理的客观性,在于其内容具有不依赖于主体,力求排除任何主观成分的性质,更多地代表着客体一方,具有较强的客观性。真理与价值,各从一个侧面反映主客体之间的二重关系,即反映与被反映、利用与被利用、改造与被改造的相互关系。

2. **价值与真理是人的自觉意识。**价值与真理体现了人对于认知与改造世界的两个尺度——系统的客观尺度和人的内在尺度的自觉意识。马克思说道,动物只是按照它所属的那个种的尺度和需要来建造,而人却懂得按照任何一个种的尺度来进行生产,并且懂得怎样处处把内在的尺度运用到对象上去。因此,人也按照美的规律来建造。外在尺度,是用来表示作为真理性的认识和其外部对象之间的关系的一种标准或标志。认知只有和它的对象相符合时,才能成为真理。而内部尺度,则认为真理是一个认知的复合体。这种认知复合体有其自身的内部联系,它所以成为真理,有一个内部的标准,即内在尺度,那就是真理自身的系统性。真理是由概念、判断按照一定的结构方式而组成的系统。系统性是真理的内部规定性,在真理两个尺度的统一中,人们来把握真理。

3. **价值和真理的统一性是实践的本质。**实践是指人们有目的地探索和改造世界的社会物质活动。行动的一切动力,都一定要通过他的头脑,一定要转变为他的愿望和动机,才能使他行动起来。愿望本身就是一种价值意识。列宁指出,实践不仅是真理的确定者,而且是价值的确定者。从这里可以看出,实践和认知活动具有这样的特性:一方面,系统主体根据自身需要去掌握和占有系统客体,使系统客体服从主体的利益和目的;另一方面,系统客体以特有的属性与规律作用于主体,满足主体的某种需要,这是主客体之间在实践过程中的价值关系。真理的价值就在于实践,在于实践的客观性和社会性。马克思把真理与价值高度地统一起来,以实践来实现人类的解放,即运用客观真理来改造旧世界,开创一个从必然王国到自由王国的新世界。

4. **价值与真理在辩证关系中的统一。**在认知和实践活动过程中,真理与价值既相互区别,又相互联系、相互渗透、相互作用和相互转化。价值与实践的辩证关系在以实践为基础的具体的历史的统一,具有不可分割的统一性。

一是真理与价值在区别基础上的统一。真理与价值相互渗透、相互包含和相互连接在一起。真理之中有价值,价值背后有真理。人们对真理的追求本身,就包含着价值的目的。真理是具体的、全面的,真理对于人类具有很高的价值:提供认知活动正确的结果,开辟认识深化的道路,是真理认识和社会实践的价值所在,是人类改造世界的指南和精神武器,实现一定价值是实践检验真理的必经途径。真理对真实性的把握是价值的基础和实现价值的保证,任何价值都以价值客体及其属性的真理存在,主客体之间以一定的真实关系为基础,才是真实的价值。凡是确有价值的必有真理;凡是失去真理的必定丧失价值。由此可见,真理与价值在互相区别基础上又是统一的。

二是真理与价值在实践中互相转化。真理具有价值,真理能导向人们的实践去追求价值目标,这是真理走向价值的表现。价值具有真理性,价值能导向人们的实践去追求真理,这是价值走向真理的表现。在真理与价值的相互过渡达到统一的过程中,社会实践是两者统一的动力。这里说明一点,真理与价值的统一性,是受实践水平和历史制约的,又是在实践中不断地突破限制走向更高层次的统一。这种运动发展过程,就是真理和价值从有限走向无限的过程。

三是真理与价值的标准在实践中回到统一。实践是检验真理的唯一标准,也是检验价值的唯一标准,是真理标准与价值标准的统一。马克思说,人应该在实践中证明自己思维的真理性,即自己思维的现实性和力量,亦即自己思维的此岸性。

总之,真理与价值的统一表现为相互联系的全面关系和动态过程,在于它们的共同标准和统一结果之中。

真理与价值的统一具有非常重要的理论与实践的意义。首先,真理与价值导向认知论的发展。价值与真理是认知论的重要内容,它是认知与改造世界的伟大工具。认知论不仅回答价值问题,而本身就有很高的价值。面对实际,研究价值理论,是实践向认知论提出的要求,也是系统哲学认知论自身发展的迫切要求。其次,价值问题是理论联系实际的具体评价的尺度。对于加速把科技成果尽快转化为生产力,具有重要的导向作用。价值问题是把认知转化为实践具有飞跃的意义的。再次,价值导向实践的深化。

建设中国特色的社会主义,包含着把社会主义的普遍真理同中国实际相结合,同时也包含着认知中国国情的问题和为实现中国人民崇高的价值理想和奋斗目标的伟大过程。为了使中国人民把握自身奋斗目标的巨大价值作用,就有一个加强宣传和教育的过程,使人民有一个统一的真理与价值认知,才能自觉地围绕奋斗目标把改革顺利进行下去。

六、人的价值问题

系统哲学认为人的价值问题是一个十分重要的问题,需要给予高度的重视。人的问题很复杂,其中关键的问题是人的价值问题。它涉及人的生存、发展、教育、智慧、素质、能力等一系列问题。一个社会能否发展和进步,与能否发挥人的价值,关系极大。而人的价值又与人才、智力有关。因此,人的价值研究将涉及人的培养、教育、使用,涉及人的自由、民主、权利、幸福、贡献,涉及人道主义、伦理、道德、人才、管理、心理、社会等一系列的学科。这样,就要求我们把人的问题特别是人的价值问题,作为一个系统去看待,才能给予深刻的认识,并科学地指导我们的有关工作和活动。

1. 人的价值。所谓人的价值,是指一个人及其集团的价值取决于他们对整个社会的物质需要和精神需要,能否和在多大程度上作出贡献。贡献是人的价值的实质和核心;享受是实现个人的社会价值的条件和手段。人的价值实质上是现实社会价值在个人身上的表现。

目前社会上有部分人对人的价值有些糊涂的认识:有的认为人的价值是个人意志和个人观念;有的则认为人的价值就是自私自利、个人主义;还有的认为人的价值就是需要者、消费者、享受者;更有甚者认为人的价值是孤立的个人的封闭式的自我满足。这些说法都是不完整的,因为人的本质是他的社会属性,离开了社会,离开了集体,人就不称其为人。

论述人的价值不能脱离社会和集体,只有把个人与集体相联系,人的价值才能显示出来。系统哲学认为,人的价值要以社会为前提把个人与集体辩证地统一起来,才有现实意义。否则,把个人抽象化、绝对化,就会导致个人主义;同样把集体(社会)抽象化、绝对化,也会导致以集体为名,压制个人为实,导致集权和官僚主义。讲述个人价值,必须坚持系统整体性、结构性、层次性和开放性。

人的价值本质及其最终目标,取决于在社会实践活动过程中的艰苦奋斗,为事业、为人民、为他人和为社会的贡献;人的价值是在社会中实现的,也必然要得到社会的承认。我们讲的奋斗、勇敢、贡献是指人的积极的价值;相反,官僚、特权、巧取豪夺、投机钻营等是消极的价值。这里我们讲的人的价值是指积极的人的价值。讲尊重人的价值,就是在社会集体、公正平等的原则下,实际上就是尊重人创造价值的自由。

2. 人的价值的评价问题。人的价值评价标准是客观的。马克思说过,我们的需要是由社会产生的。因此,我们对于需要是以社会的尺度去衡量的。人对社会的贡献大小不是凭个人的主观臆断,而是以社会的客观尺度去衡量和评价的。一个正确的评价,是看个人或集体,包括阶层、政党、民族对人类及其社会的物质与文化需要的贡献,作为尺度来评价人的价值或对人进行评价;相反,就是歪曲的评价。不看人的贡献,而只片面地强调出身、政治面貌、社会职务、资历、学历、性别、年龄……来进行评价,这是一种片面的价值观。

价值的标准是以时间和地点的变化而改变,即价值的标准是有条件的,是相对和绝对的统一。文明人认为是善的,野蛮人不认为是善;某个时代认为是善的,另一个时代认为不善。善恶的规定性是根据人的实践活动的深化而发展。对价值的标准,尼采有这样一段论述:"凡是增强我们人类力量的东西,力量意志,力量本身,都是善;凡是来自柔弱的东西都是恶。幸福是一切力量增长的阻力被克服的感觉。"①当然尼采的价值观有其主观的方面。他还说:"当我们谈论价值,我们是在生命的鼓舞之下,在生命的光学之下谈论的:生命本身迫使我们建立价值;当我们建立价值,生命本身通过

---

① 〔德〕尼采:《上帝之死》,第44页。

我们评价。"①尼采在这里提出了生命本身就是价值的标准,这话有他的局限性。但可以肯定价值对生命才是最有决定意义的东西,即人的价值。

马克思主义一直把生产力的发展、社会的需要、先进阶级和劳动人民的需要,都看作是事物的社会意义价值评价的客观标准。毛泽东明确指出,中国一切政党的政策及其实践在中国人民中表现的作用的好坏、大小,归根结底,看它对于中国人民的生产力的发展是否有帮助及其帮助之大小,看它是束缚生产力的,还是解放生产力的。列宁也说过,生产力的发展乃是社会进步的最高标准。

人的价值与对人的评价问题,需要了解他的一切方面、一切联系和中介,不能一好百好、一坏百坏,以偏赅全,它是一个非常复杂的问题。

树立新人的价值观念,是时代对我们的要求。有史以来人们都把战争看成不可避免的和天经地义的,很多人把战争看作是表现人类优秀品质的天地:大无畏、勇敢、牺牲等。而在今天,越来越多的人们认识到:大无畏、勇敢、牺牲的革命精神也能在和平环境中表现出来,其价值不低于在战争中所表现的精神。邓小平提出的"一国两制"的设想,就是和平发展的思想,就是一种系统的思维,而不是"东风压倒西风"或"西风压倒东风"的二极思维。邓小平以一个政治家的气魄勇于在政治上对话,这比用武力解决问题要强得多。在现实国际生活中,各民族、各国家的命运联系得更加紧密,各国人民产生的文化价值、精神价值、物质价值都有浓厚的国际化色彩。

3. 努力实现人的价值。追求价值不仅是人们活动的一种目的、一种意向,而且是人们积极从事各种活动的最终动因。人的价值是体现在为社会作出实在有益的贡献。实现人的价值首先是取决于自己的努力,自己的奋斗,最后还需要得到社会的承认。社会要尊重人的价值,就必须创造必要的条件,使全社会形成一种尊重知识、尊重人的良好社会风气。社会主义的现代化建设,尤其是改革开放的潮流和形势,为人们创造更大的价值提供了较优越的条件。我们应当立足现实,不怨天尤人,珍爱自己,关心他人,贡献社

① 〔德〕尼采著,周国平译:《偶像的黄昏》,湖南人民出版社1987年版,第36页。

会,脚踏实地为中华的振兴,为祖国的繁荣,努力奋进;勇于创造人生价值,用有限的生命创造和实现人生的最大价值。

以上分别论述了系统哲学的认识论、方法论和价值论。从系统哲学作为一种理论来看,它们都是其不可缺少的有机组成部分,也是其丰富内容在各方面的揭示。充分认识系统哲学的这些具体理论,才能发挥其重要功能,有力地推动时代的进程。

第六章　系统哲学与当今实践

哲学的指导功能主要不在于用哲学原理去评判哪些理论是对的,哪些是错的。对理论的鉴别从来是实践的功能。哲学是人类理性的力量,一种科学的哲学是鼓励人们去打破直观思维的局限,启发人们产生各种各样的新思想。它是创造和探索的工具。系统哲学所以成为当代的哲学,从根本上讲,就是它不仅产于实践、与现代实践相一致,而且能以自己的科学理论去指导当代的实践。

第一节　系统哲学与我国改革

当前,我国正在进行的改革,是我们面临的伟大实践。系统哲学不仅为改革的实践从理论上提供了依据,作出了解释,而且对深化改革提出了应遵循的原则。

一、改革范式演化

(一)改革开放初期的探索

邓小平提出的"一个中心,两个基本点"(也就是以经济建设为中心)的思想原则。改革开放以来,我们也一直试图寻找改革的"主要矛盾"、"突破口",试图通过"单项突破"而走出旧体制、建立新体制,沿用的仍然是传统思想方法。例如,我们曾准备"冒险闯关"搞"物价改革",结果引发了全国性的"抢购风";曾花大力气清理"三角债",结果是前清后欠、越清越多;曾大张旗鼓地"砸三铁",但成效不大;讲要提高农民收入,却到处出现乱收费、乱摊派;制止通胀,却出现了滞胀;搞国企上市,却出现了各种"圈钱"现象;"打假"、"扫黄"以及各行各业的"专项打击"已是司空见惯,但很难避免左右摇摆、一阵风的境地;等等。可见,"抓主要矛盾"、搞"单项突破"、"专项打击"的方法,往往使我们陷入顾此失彼、捉襟见肘、"按下葫芦浮起瓢"的被动境地。我们提出以经济建设为中心,却导致了以 GDP 为中心及演变为以项目为中心,市长就成为了"项目办主任"。经济发展以三高(高投入、高能耗、高污染)、两低(低质量、低效益)为特点,而忽视了以人为本的社会与环境全面协调发展,出现了"任务经济"、"任期经济"、"标志工程",等等。

主要问题:

(1)没有改革的总体设计,我们也就只有摸着石头过河。

(2)五大国有银行行长互调与各省组织部长互调,没有解决制度问题。

(3)有些工作是以搞运动的方式开展,如:"扫黄办"、"打假办"、"引黄办"、"专项打击"、"打非"、"打拐"。

(4)缺乏瞻前顾后的制度设计,如:金融工委、企业工委、体改委、经贸委,都先成立、后撤销。

(5)三农问题、干部腐败问题、中西部问题、宏观调控、分配差距拉大等,都是因为没有系统的程序化的制度、法律及政策。问题的全部症结在于:不是我们不努力,而是我们用的思想和工作方法已不太起作用。我们所面对的世界,是一个整体性的处于系统联系和系统运动的世界。

(二)21 世纪的发展思路:以人为本,全面、协调、可持续发展

(1)协调、统筹的内容(从"先富主义"到"共富论"的转换)。世行行长沃尔芬森讲:中国在 10 年至 15 年时间内面临的最大挑战基本上是社会正义,"与穷人分享财产",拉丁美洲国家收入差距扩大而导致动荡局面,尤其具有借鉴意义。

——城乡统筹、区域统筹、经济社会统筹、人与自然统筹、国内发展与对

外开放统筹。

——更重要的统筹还包括：政治、思想、文化与经济的统筹，社会与生态系统的统筹，以人为本的小康水平与人的素质全面发展的统筹及政治、文化、经济的协调统筹。

——党委与政府的协调，党委与企业的协调，中央与地方的协调，多数民族与少数民族的统筹，信息化与城市化、工业化相统筹，全社会的各行各业的法规、制度的统筹——改革的整体推进与各项改革政策的协调。这个多方面的协调与统筹是系统的协调，是统筹的系统化、制度化与法制化。不只是"五坚持"、"五统筹"、"五协调"，而是社会协调和谐地发展。

（2）可持续的发展。1962 年，美国生物学家卡逊发表了《寂静的春天》，指出工业社会对环境破坏的危机。

1972 年，联合国发表了《人类环境宣言》，指出我们只有一个地球。

1987 年，世界环境与发展委员会发表了《我们共同的未来》，说明了可持续发展的含义与实现途径。

1996 年，美国生态经济学家赫尔曼·E. 戴尔在《超越增长——可持续发展与经济学》中明确给可持续发展下了定义，他说："可持续发展是经济规模增长没有超越生态环境承载能力的发展"，"不要损坏环境承载能力——它意味着可持续发展"，并且他还首先提出："经济是环境的子系统"，被称为"哥白尼式革命的最卓越的倡导者"，"当代最有远见思想家之一"。①

2002 年联合国可持续发展大会通过了"可持续发展执行计划"等等，确定了可持续发展是人类共同的行动纲领。

经济发展的具体模式有：

①传统模式：资源——产品——污染排放（线形模式）；

②末端治理模式：资源——产品——污染——治理（先污染后治理）；

③循环经济模式：资源——产品——再生资源。

---

① 〔美〕赫尔曼·E. 戴尔：《超越增长——可持续发展与经济学》，美国波士顿出版社。

（3）以人为本——从"政治人"到"经济人"再到"全面发展的人"。从"文化大革命"中的"政治人"到改革开放年代的"经济人"；再到现在的"人的全面发展"，核心是尊重保障人权，包括政治的、经济的和文化的权力，这就是马克思讲的人不依赖于物，也不依赖于人的自由人的目标。也就是"每个人的自由发展是一切人的自由发展的条件"的自由人的"联合体"。过去我们倡导的"8亿人民不斗行吗"、"与天斗，其乐无穷；与地斗，其乐无穷；与人斗，其乐无穷"，现在看来再不能用了。1994年开罗国际人发大会提出："可持续发展问题的中心是人"，"促进人与自然的和谐，实现人的全面发展已成为人类的共识"。

由此，我们可以得出共识："人的全面发展"，它是人与人之间的和谐、平等共同繁荣、进步；是人与自然的协调进化，而人与人的和谐是可持续发展的核心和关键。以达到社会的和谐或和谐的社会。"以人为本，全面、协调、可持续发展的发展观"就是系统观，就是系统差异的协调、协同、和谐。

二、系统整体优化原则

任何社会都是一个有机的统一体，中国的社会主义初级阶段社会也不例外。社会运行的整体性，要求我们在改革中必须把社会作为一种整体来对待。在空间结构上，把社会的发展进步看成是一个系统化、组织化、有序化、辩证化的过程。在这个大系统中，每个系统内部和系统之间必须协调，才能形成完整的社会主义社会差异协调体系，一个高效的机制，一个高效的管理制度。

我国目前的改革，首先是在经济系统内部全面展开的，它是在社会这个大系统中的一个子系统，但它与政治系统、文化意识形态系统一起共同构成社会整体。其中一个子系统内的改革必然影响和制约其他子系统（如下图所示）。当三者处于比较适应状态时，社会才有可能向高效、节能、有序化状态发展。反之，社会就会处于不适应的无序状态。

这种动态性是在相互作用的关系中形成的，其中虽然经济是基础，但要

三个子系统形成的闭合系统

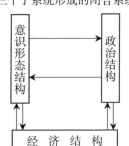

使三个子系统处于相适应状态时,并不是由经济这个子系统单方面决定的。政治、文化、意识形态子系统并不是被动地适应经济的变化,其适应能力表现为彼此互为因果,相互制约,并相互作用,最后形成新的涌现,即新的机制及结构。同样,三者的不适应状态也不单单是由经济变化造成的,当社会结构中关系不协调时,调整、改革社会结构的条件就到来了。由于不同社会的经济、政治、意识形态的来源及历史的特质、内容不同,导致不同的演化过程。

我国的改革,无论从解放生产力和大力推动社会进步意义上说,还是从社会整体上讲,都是一场深刻的革命。它要求社会整体上的差异自组织和结构上的优化,其性质及目的是建立一套科学的管理制度,改革一切不合理的制度与结构,达到马克思恩格斯所讲的"每个人的自由发展是一切人的自由发展的条件"的最终和谐社会目的。而改革的性质则是邓小平同志讲的"改革是中国的第二次革命"。但当我们对这场伟大的改革缺乏科学的理论指导,对这种必然性认识不足时,就会影响改革的进行。实质上,经济体制改革要重新调整各行各业各种利益关系,改变人们的行为方法,尤其是思维模式。它涉及一大批人们的切身利益,必然要引起经济生活和政治思想上的种种震动。要使经济改革的成果得以巩固并向健康的方向发展,不是由单方面的哪一个因素决定的,它是与政治体制、文化意识形态和经济紧密相连,在社会主义初级阶段制度下尤其是这样。邓小平明确指出,政治体制改革同经济体制改革应该互相依赖、互相配合,否则,经济体制改革是不会成功的。

体制改革就其实质而言,是对整体的社会管理的调整,是重大利益的重新分配。在采取任何比较重大的改革措施时,要考虑到有可能引起的各种反应,拟定相应措施和以"实验区"为试点,确保改革平稳有序的进行。如在经济体制改革中,把权力下放给企业,实行公司制、股份制,企业上市以及对企业的兼并和对所有制结构的重组调整等改革措施,必须先行"试点"然后推广,否则十分危险。从效益意义上讲,就是使国民经济的每个行业、层次逐步整体优化的过程。与此相适应,必须有一个政治民主化和意识形态科学化的过程。邓小平讲,不改革政治体制,就会阻碍生产力的发展,阻碍"四化"的成功,经济体制改革也搞不通,没有民主就没有社会主义,就没有社会主义现代化。实行政企分开、简政放权,是社会主义上层建筑的一项深刻改造。发扬民主是贯穿在整体政治、文化、经济体制改革中的必要条件。要使劳动者成为企业的主人翁,使工人有审议权、监督权、决定权等。要用发扬民主的手段来达到真正确立劳动者的主人翁地位,这就意味着经济体制改革必须与政治体制改革相适应,不然经济体制改革和科技、文化、教育等方面的改革也不能成功。要发展社会主义商品经济,就要破除传统的轻商思想;要真正贯彻按生产要素分配,要破平均主义、大锅饭的观念;要发展多种经济形式,就要破除"越公越大越优越"的片面观念;要兼顾效益与公平的平衡;等等。

总之,在三个子系统中,经济系统是基础,然而并不是说经济系统可以撇开其他系统单独变革孤立发展。三个子系统中,任何一个系统的变革,都需要其他系统的协调配合。我们越是想发展经济,就越不能忽视其他系统的作用。任何一个系统自身的发展,如果没有其他系统配合,都不能保证社会整体的良好运行。只有各子系统根据整体目标进行配套,才能达到整体优化。发展也好、改革也好,都离不开社会整体优化的原则。

邓小平同志讲,我们所有的改革最终能不能成功还是决定于政治体制改革。这是政治、经济、文化体制改革的关键核心,也是发挥整体优化的必要条件。三个系统配套改革,最终才能保证国民经济整体优化,达到富民强国的目标。

三、结构功能耦合原则

社会结构是社会组织行为、运行的核心。在宏观层次上考察整体结构时,可以把社会结构近似地看作是由经济结构、政治结构和意识形态结构三个子系统组成。经济结构是指占主导地位的人与人之间的经济关系网,政治结构和意识形态结构是指人与人之间的政治关系网和思想文化关系网。但是完全把三者分开是十分困难的,它们有着各自特殊的组织方式、行为方式,完成自己独特功能,这些子系统在什么条件下可以组成一个稳定的社会呢? 首先,要把形成社会和发展需要的条件的每个子系统搞清楚,即子系统的结构存在和发展需要的条件和子系统功能等。其次,要对每个子系统分别进行结构——功能分析,基本上等同于寻找多向因果关系。功能总是结构的必然产物,而某种结构总是依赖于特定要素条件的。当各个子系统的功能和条件能够完全耦合或基本耦合时,这些子系统就能组成一个稳定的整体。这就是"结构功能耦合原理"。运用这个原则分析社会结构,就形成了社会结构调节原理,即三个子系统必须形成互为因果,相互调节的功能耦合网络。只有三个子系统处于不断的相互调节中,才能共同维系社会整体的稳定。如果其中任何一个子系统的结构、功能和条件都不能耦合起来,整个社会就会发生动荡,甚至可能解体。

社会结构调节原理所揭示的社会结构的适应性,不仅可以理解其自身怎样保持稳定存在,还揭示了结构的产生和演化的过程,以及制度结构本身所具有的反馈调节机制,等等。

社会结构的三个子系统中每一个都是另一个存在的前提,同时又是别的子系统调节的结果,因此,每一个子系统发生变革,必然是牵一发而动全身,产生连锁反应。其中,某一结构的不合理,必然引起其功能的变化,而其他子系统的变化反过来又影响它的功能,结果造成功能耦合的不平衡。由此可以得出一个普遍的结论:任何社会系统在没有外部指令的条件下,各子系统之间按照某种固有的规律形成一定的结构与功能,使社会系统具有内在性、自主性、自生性,即自组织性。这种自组织性是社会系统各子系统协同作用的结果,它是社会结构不断优化的内在动力。其演化过程是:旧的结构功能耦合失去平衡,便要求进行调节,实行各种改革。通过调整变革,新的功能耦合系统开始形成,它标志着新结构的建立,然后逐步取代旧结构,使社会协调发展。这就是我国进行全面改革理论依据之一。

社会主义制度的确立,是历史的进步。但由于我国还处于社会主义初级阶段,由于种种原因其优越性还没有得到充分发挥,其中一个主要原因就是体制僵化。僵化体制是排斥任何变革的。如果一个制度是不可调节的,即使是个最好的制度,也必然和不断变化的客观实际相脱离。社会主义制度应该是生机盎然的,然而由于体制的僵化,在很大程度上失去了应有的活力。这就是结构功能耦合破坏的具体体现。按照系统哲学原理指导改革,要求国家各级相关机构领导要把自己的全部工作转移到为发展生产力服务、为基层社会及公民服务和为企业事业单位服务的轨道上来,要把单纯"控制型"的结构变成"服务型"相协调的结构。确立这种科学结构,才能使各子系统的功能与结构耦合起来,促进社会的协调发展。反之,各个子系统的结构不合理,就会发生功能畸变,甚至可能导致"功能异化",不但不能为经济服务,反而成为经济发展的障碍。

特定的历史条件造成了我国政权结构最初必然是高度集中统一的。这种结构对于在落后国家中实现向社会主义过渡,曾经起过重要的历史作用。但随着社会主义建设事业的发展,这种结构便出现了越来越多的弊病。具体表现为机构臃肿、层次重叠、人浮于事、办事拖拉,等等。为了克服这些自身不能克服的缺陷而进一步设置了复杂的矩阵结构,结果就产生了一种"帕金森效应"。各类机构为了自己的"合法化"而自我膨胀,往往"节外生枝、没事找事"。这种复杂化的组织结构,决定了它的功能不仅对经济建设是无效的,反而起了阻碍作用,导致结构的"功能异化"。为使社会能够协调发展,就必须进行结构调整,实行经济、政治、文化体制改革。因此,系统哲学也是我国进行总体改革的理论依据。

四、机制应变协调原则

社会结构的协调发展,关键在于其本身有一个社会协调机制在起调节作用。所谓"机制"就是系统本身渗透在各个组成部分中并协调各个部分,使之具有按一定方式运行的自动调节、自组织、自增长、自催化的功能。实质上,它是调节各个部分的"应变器",而不同于严格意义上的控制。系统内部所具有的机制与系统的控制并不完全等同。系统的机制是自发的,它渗透在机体的每个部分中;而系统的控制相对来说是"自觉"的,它是通过一定的控制机构起作用的。然而,系统哲学又认为,控制与机制又是统一的,系统内部各个环节中所渗透的机制是整体控制的基础。系统的总体控制只能以机制为基础,离开对其机制的操纵和利用,取消机制,必然是对系统的破坏。多年来我们一直面对着一个"管"与"放"的问题,表面看两者似乎是截然对立的,但如果能正确利用机制,就会使两者的差异协同起来。"管",如果不利用机制,是一种单纯的控制,就会管死;"放",如果离开机制单纯地放,缺乏一个"应变器",就会越放越乱。有了机制,同时也具有区分放与不该放的界限与度的相应政策,在这种情况下,操纵系统的各个"应变器",就会管而不死、放而不乱。社会主义社会协调机制,是主观与客观统一的产物。过去我们的失误就在于不认识或忽视了它的客观性方面,主观随意性势必破坏系统的协调运行。

从社会协调机制作用的类别来看,是与社会结构相适应的。社会主义社会协调机制可分为经济调节、政治调节和意识形态调节机制。它们之间并不是孤立地存在和发挥作用的,总是相互联系、相互制约的。它们之间必须协调,才能对整个社会协调体系起积极作用。系统的机制是控制的基础,机制与控制的总体才能构成有机系统的完整的调节方式。资本主义社会强调机制而缺少控制,从社会结构方面来说,是避免不了经济危机的原因之一。我们长期以来只单纯地强调控制而忽视了机制的作用,从制度结构上看,是形成僵化体制的重要原因,因而使社会主义制度的优越性不能得到充分发挥。为使我国的改革顺利进行,依据系统哲学的机制应变协调原则,结合我国的国情,建立健全各种政治、经济、文化、社会、环境等运行机制和制度,使社会主义初级阶段逐步完善。社会主义初级阶段协调运行的根本机制在于自动调节。当系统的某些环节发生某种变化时,它随时都可以使该系统得到自动调节,能够纠正偏差,弥补漏洞,即使个别部分出现问题,整个系统仍能正常运转。如经济现象中的市场价格;劳动报酬上实行的浮动工资、职务津贴、奖金等;人事管理上实行的聘任制、竞争上岗制度和选举制度、废除干部制度上的职务终身制等等,这些就是使社会协调运转的活的机制——应变器。苏联的垮台并不是因为当时建立的制度和机制,因为任何制度都不是完美无缺的,都有一些不适应外界变化的部分。关键在于有没有一个不断适应变化、不断改进的机制。苏联解体的因素之一,就是因为缺乏一个应变器的机制和相应的制度建设。

长期以来,我国的体制结构上弊病甚多,经济运行方式、决策体制、机构设置、文教管理等都是单功能的,缺少多种类、多层次、多功能的应变器,更缺乏这些应变器与国家、集体、个人三者利益相结合的根本动因。因而没有相互作用和制约,没有变化和过渡,没有对有利因素的选择和促进,也没有对不利因素的限制和淘汰,等等。缺乏自动调节机制的社会,就不会具有良好的社会运行活力和社会可持续发展的动力。

系统哲学的机制应变协调理论的生命力在于:制度本身应具有不断自动调节能力,以使各系统经常处于不断的自我反馈调节之中。为此,仅有不断调节的主观愿望是不够的,还必须相应地建立一套制度,使制度结构本身具有反馈调节的社会机制。为了能够达到发展生产力和富民强国这个总目标,必须相应地在国家管理、经济管理以及社会管理等各个层次上,建立健全监督、调节(决策)、执行三个机构(如下图所示)。这三个机构与目标一起形成一个闭合的反馈调节系统,它们各自执行着自己的职能,并相应联系、相互制约、协调运行。但仅有此还不够,要真正做到自动反馈调节,达到预期目标,还要求监督、调节(决策)、执行三个机构要有各自的独立性,互相制约,不能互相代替。如果监督机构与调节机构一元化了,每一个信息都

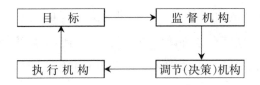

可能导致政策的改变,致使整个机构处于不停顿的振荡之中,起不到调节作用。如果三个机构一元化了,取消了三种职能的相互制约关系,结果必然使监督机构丧失职能,调节机构不得不依靠强化执行机构来推行某种政策,必然导致制度的僵化和社会的停滞。如果在推行某些重大政策上产生失误,甚至会造成整个社会的动荡与失败。

三十年的改革开放,成就巨大,但也有许多值得吸取的教训。运用系统哲学的思想进行反思,一个重要的教训就是没有把改革看作是一个系统整体,并按照各项体制之间的相互关系、逻辑顺序和临界速度,协调配套地进行改革,而往往是单项突破,孤军深入。其结果是相关体制失去了互相制约,导致系统结构的恶化,造成运行机制紊乱。多年来在经济生活中,由于改革不配套,新旧体制长期兼容,双轨运行,造成新老体制都不能有效地发挥作用。因此,经济活动的某种失控现象就是不可避免的了。同时还应看到经济活动中的某种无序状态并不单纯由经济体制改革不配套引起的,也与政治体制改革、思想文化体制改革没有协调配套关系极大。

首先,我国改革开放三十年来,由于没有从系统整体思想出发,没有把社会看成一个整体制度结构,因此,改革首先缺乏了一个总体设计,总体目标体系,表现在:(1)还是以改革初期提出的"摸着石头过河"为指导。(2)建立特区没有制定统一的特区政策,上海与深圳就不一样。(3)东南沿海地区没有形成"城市群"、"城市带"的优势,还是单打独斗,每个城市各自发挥自己的功能,整个"东南沿海开发带"没有整体优势。(4)没有突破全国省市的"诸侯经济",中部与西部发展滞后,城市化进程缓慢,主要是没有区域经济政策和民族区域经济政策与配套的"三农"政策,发生了严重的分配不公现象。(5)政治与文化、经济改革不对称,因此反腐败也只能是"摸着石头过河"。

其次,关于政治民主化的问题。

恩格斯讲，人类源于动物界，这一事实已经决定了人永远不能完全摆脱兽性，所以问题永远只能在于摆脱（兽性）多一些或者少一些，在人性与兽性程度上的差异，因此有权力的人都喜欢滥用权力。

1921年，列宁讲："从下到上的一切机关都实行普遍的选举制，报告制，监督制。""党的决议未经通过以前，展开广泛的讨论与争论，充分自由地进行党内批评，集体制定全党性的决议。""公开会议成为一种制度。""上级党委不能委任下级党委书记。"①"建立党的监察委员会，中央和各级监察委员会与同级党委会平行地行使职权，由各级代表大会产生。"②

邓小平在1986年6月28日讲，我们所有的改革最终能不能成功，还是决定于政治体制的改革。政治体制改革同经济体制改革应该互相依赖，互相配合。政治体制改革总要有一个期限，不能太迟。因此，邓小平提出：一是经济上迅速发展社会生产力；二是政治上充分发挥人民民主，在政治上创造一个比资本主义更高效更切实的民主；三是选拔优秀人才。这就是邓小平同志政治上的"三个有利于"。

最后，关于开放问题。

从系统哲学的观点来看，开放就是自觉地把一个国家、一个地区纳入更大的系统中去。由于大系统中诸多要素的相互作用，加强信息的交流，既可以促进整体的发展，同时也可以完善要素本身。当今的时代是系统的时代，由于现代科学技术的迅猛发展，极大地加强了各国和各地区间的交流与合作。因此要运用系统哲学的观点和方法对待开放，加速我国对外开放的进程，促进改革的步伐更好地推动社会主义现代化建设的发展。

第二节　系统哲学与现代科学技术

20世纪以来，科学技术突飞猛进，新兴学科层出不穷，知识更新空前加

---

① 《苏联共产党决议汇编》第2分册，人民出版社1964年版，第358页。
② 《列宁全集》第2版，第52卷，第300页。

快,被人们称为知识爆炸的时代。现代科学的发展已成为推动社会发展的强大动力,同时也是系统哲学赖以产生和发展的根本源泉所在。本节就当代科学技术发展的概况,科学技术与社会发展的关系和系统哲学对科学技术的作用作一简要的阐述。

一、现代科学技术发展的新特征与新技术革命

任何一个时代,科学技术都反映着自身的哲学精神,哲学同样也要反映出自己的时代精神。

当今世界,人类科学技术的发展趋势是:各门科学技术的分支化、专业化和各门科学技术的综合化从根本上改变了生产力的结构,促进了社会劳动智能化,引起了政治、经济文化的深刻变化。从科学技术的分支化来看,自然科学、人文科学、系统科学等越分越细,并呈现出科学的系统性、结构性和层次性,同时还出现了边缘科学和分支科学。这种科学分化趋势还在继续向纵深发展。随着科学的分化,技术也与之同步分化,并引起社会产业的分化与专业化。从科学技术的综合化与一体化来看,当今时代的各个领域、各个学科,在内容上相互渗透,在方法上相互补充,在结构上相互论证,出现了各门科学技术的互相联系,知识板块的重组,新兴学科群正在骤增,知识的新陈代谢节奏加快,形成了序列的科学体系。例如,贝塔朗菲的系统论、维纳的控制论、申农的信息论、吉布斯的统计物理论、普里高津的耗散结构论、哈肯的协同学、托姆等人的突变与分析理论、斯美尔与廖山涛等人的微分动力体系论、卡尔曼等人的集合论,还有奇怪吸引子论、混沌理论、非整维几何理论、超循环理论、灰色系统论、社会系统论、生命系统论、大系统理论、系统工程和运筹学、军事对弈过程的模拟理论,以及泛系理论和模糊数学,等等。这些学科都从不同角度上证明了各学科是一个有机联系的整体,自然科学与社会科学汇流形成了一个整体的科学系统。元科学、基础科学、应用科学、工程技术、工艺学这五个层次在分层化中的互相渗透,标志了系统综合科学大发展的到来。这个时代科学技术的特点有这样几个方面:一是

传统的、孤立的、演绎的研究与管理方法代之以系统的、层次的、结构的方法，而系统哲学则提供了认识论、方法论和价值论的有机统一的哲学。二是复杂系统及其运动规律以及物理的、化学的、生物的、人体的、社会的等高级运动形态，已成为各门科学的专家注意研究的中心。三是新的科学技术成果和理论成就不断涌现，体现着系统哲学的基本思想，并形成一个有机的科学理论系统，适应了系统综合的新趋势。

随着科学技术的发展，展现在人类面前的世界是一个五彩缤纷的画面。从20世纪70年代起，许多科学技术领域取得了新的突破性进展，它们为经济发展预示了十分广阔的前景：微处理机的广泛应用将使整个生产设备和生产过程智能化；社会生产管理正在发生深刻的革命；遗传工程的发展，预示着一个可以按照人类需要设计地球上生命生产的新时代；宇航科学技术的发展，将开拓人类生产活动的新领域——外层空间，预示了宇宙工艺学和宇宙工厂时代的开始；海洋科学技术则把人类的生产活动扩展到海洋深处；新能源与新材料的研究将为人类提供无限丰富的再生资源和多种用之不竭的能源。宇宙之大、粒子之微、火箭之速、化工之巧、地球之变、生物之谜、日用之繁，无不显示出其系统性、有机性和整体性。首先，信息与控制是现代科技革命的主流和基本趋势。从强电到弱电技术，从动力工程到通信工程的发展过程，都标志着信息时代的到来。随着微电子、激光、光导纤维、生物工程、基因工程、细胞工程、持续农业、机器人等新的技术和新的学科产生，导致了新的产业革命。这次产业革命的本质是电脑的信息化和电脑的智能与机器系统紧密结合起来，代替人的体力与脑力，从而引起整个社会的革命，社会将越益科学化，科学将越益社会化。信息与控制是新技术革命时代的主要特征。其次，在系统物质世界进化过程中，大量新的涌现出现，而且这些新的涌现自由度、主动性又很大，巨量的复杂系统出现了巨量的随机运动，在这些非线性的随机运动中把握系统进化的规律，就要依靠数理统计的理论来揭示系统进化的状态，这就改变了由初始态的动力学规律推演出一切进化状态的传统方法。这是对经典力学的发展与革命。再次，管理学的革命。统治人类多年的经验管理在当代已经发展到科学管理阶段。在科学管理中,普遍使用了有序性、系统性和整体优化的原则,并使用计划、组织、指挥、协调、控制、信息、反馈等先进管理方法,使管理科学日趋完善,在客观上提出了管理最优化的要求。最后,在科学技术一系列革命和发展过程中,与其时代相适应的还有哲学的革命。系统哲学就是在马克思主义系统思想的基础上,对当代科技成果和理论成就的概括和总结,它反映着本时代的精神实质,并正在人们的实践中自觉与不自觉地起着作用,指导着人类的社会活动。所谓新技术革命,是指在社会主义现代化建设中,技术系统中技术基础的根本变革,即技术系统的结构功能、演化和技术不同层次的前进过程。它是一个动态的非平衡过程。新技术革命开始往往是由旧结构的技术系统中的某个要素的涨落,与世界范围的某一个新技术的涨落发生共振,并被很快协同放大,引起新的产业兴起,并影响其他产业的技术革命,从而使旧质态的技术结构迅速转化为新质态整体优化的新技术系统,进而影响整个社会的进程。

技术革命在不同的时代、不同的国度里,具有不同的内涵、特点和方式。其一,把新技术革命的认识与决策,从本国所具有的技术现状作为一个系统整体来考察,寻找新技术与国内技术的差距及其在国内技术系统中的地位与作用来进行系统分析。其二,把新的技术与国内的政治、经济、文化等环境联系起来考察,寻找其生存的社会环境。其三,要把新技术与国际大系统结合起来进行考察,看其技术成熟程度,以及在国际生活中的地位和作用。把三个方面的因素有机地结合起来,用系统分析方法进行综合分析,才有可能找出新技术革命的规律来,作出正确的科学决策。

新技术革命的决策,与这一决策实践的前提条件是需要科学理论作指导,即科学理论——决策研究——实践过程,三者组成有机的系统范畴链。从这组范畴中可以看出决策研究是个中间环节,它要贯穿在整个新技术革命的全过程。由于传统思维方式的干扰,往往把实践同决策研究与理论指导割裂开来。这种实践过程每时每刻都要受到随机涨落因素的干扰,而没有决策研究的再调整、再控制、再研究、信息的再输出,实践过程就会被随机干扰引入歧途,使新技术革命的取向发生偏离,使决策失败。在现代化建设中,必须把科学理论、决策研究和实践过程有机结合起来,把握实践环节上出现的结构、层次、能量、信息的变化,并注意建立控制、信息、反馈的有机循环网络。只有这样,新技术革命才能取得有序结构,使技术整体优化出现。

新技术革命的战略决策是一项至关重要的活动,关系着国家的前途和命运。在我国现代化建设史上出现的"以钢为纲"、"以粮为纲"的战略,以及"土洋并举"、"盲目引进"、"只引进不消化"等经济技术社会发展战略,使国家蒙受了不小的损失,阻碍了技术革命的发展。因此,制定新技术革命的战略是一项很重要的系统工程,必须从国家的政治、经济、科技、意识及其整体出发,针对发展的需要,正确把握世界技术发展的趋势,制定合乎规律的技术革命战略,建立技术革命的客观模式,寻求达到目的的正确途径。

二、科学技术与产业革命

钱学森在谈到科学技术革命时有这样一段论述,他讲科学革命、技术革命、生产体系的变化或者叫产业革命,这些对我们的经济、国防建设和社会主义发展都有密切的关系。这说明了科学、技术与社会主义建设有着密切的联系,并相互制约、相互作用。科学技术的发展,引起了世界大趋势的新变化;科学技术的发展,推动着人类社会的飞速发展;科学技术的发展,改变了人们的思维方式、生产方式和生活方式。科学技术在人类社会大系统的进化中,起着原动力的作用,是人类社会系统整体的结构核和动力核。要想求得社会的发展,必须把科学、技术与产业革命三者的关系搞清楚。

科学与技术之间有联系的一面,也有不同的一面。所谓科学是关于自然、社会和思维的知识体系,是社会实践的总结,并在社会实践中得到检验和发展。科学的力量在于它能够进行分析与综合,发现客观规律,成为人们改造世界的指南。科学对于生产的现代化和社会的现代化具有理论的指导意义,而科学发展的动力在于生产发展的需要,在于社会发展的需要。所谓技术是人类在认识自然和改造自然的反复实践中积累起来的有关生产劳动的经验和知识,也泛指其操作方面的技巧。技术在各个学科和领域都被广泛地使用,它是推动现代化建设的主要力量。科学与技术都是面对自然界,面对社会,都是人与自然界、人与社会关系的反应,是人对自然界和社会的能动性的概括与总结。这是科学与技术相联系的一面。而相区别的一面是:科学在认识自然和社会实践中,主要回答"是什么"、"为什么";而技术是改造自然、改造社会,研究"做什么"、"怎么做"。科学属于理论知识,技术属于实践活动。科学与技术在认识自然、认识社会与改造自然、改造社会的过程中,在现代化生产实践的基础上实现了统一。科学是技术得以发展的前提,技术又是科学发展的手段。当今世界在科学技术的发展过程中,呈现出科学技术化,技术科学化的特点,科学与技术已融为一体,因此,我们通常所说的科学技术即科技就是这个意思。

科学技术与产业革命的关系。产业革命是指新技术的应用而导致生产体系的重大变革,以及由此而引起的社会生产力的巨大飞跃。考察和判别产业革命的标准有两点:一个是技术前提,另一个是经济的结果。技术前提是指一种重大新技术达到成熟的程度,并在产业中广泛采用后而引起劳动者之间的社会协作方式的变革。经济结果是指由于新技术的应用,导致新兴产业部门的迅速出现,并改变原来全部产业的结构、产品的结构、劳动的结构,使社会生产力获得巨大的发展。产业革命的实质在于生产体系中社会协作方式的根本变革。技术革命是产业革命的前提,产业革命又是技术革命的结果。产业革命与社会革命的关系,是社会革命为社会生产力的发展扫除障碍,并为产业革命准备了条件。产业革命不一定引起社会革命,但一定会引发社会的变革。从以上我们可以看到,科学革命必然要导致技术革命,技术革命又会导致产业革命,而产业革命又往往对于社会改革的加速起到推动作用。用系统哲学的观点来看,科学——技术——产业——社会组成一个范畴链,彼此相互作用、相互制约,形成一个有机的社会发展系统。其中,科学是前提,技术是手段,产业是结果,社会是基础。因此,科学技术的现代化是实现现代化的关键,具有重要的战略意义。

三、系统哲学为科学研究提供方法论

（一）系统哲学指导人们把系统作为科学对象去研究

以往人们虽然也谈到系统，并从某些方面把它作为科学的对象去研究，但是很不普遍。主要的研究对象还是实物、实体，是比较具体的东西，是可以分割开来的东西。这种研究曾经取得了很大的成功。但是，随着人类认识的发展，对科学研究对象的认识开始变化和转移，由分析转向综合，从而建立了许多以综合、联系为特征的新学科，其中包括部分系统联系、系统综合的科学。到本世纪，科学研究的对象又有了进一步的变化和转移，这就是向以系统事物为主要对象的转移。从 20 世纪 40 年代以来，特别是在 60 年代至 80 年代这一过程更获得了巨大的进展。这样，就产生了一系列划时代的新学科。系统哲学对科学的作用，表现在以各种系统为对象创立新的学科上，也表现在对已有学科从系统角度进行完善和发展上。这样，不仅使各个学科的研究深入和发展了，创立了许多新的理论，而且也使许多学科作为系统的研究活动开展起来了，从而形成了许多横断学科的理论，并使它们的科学性、完备性、精确性达到了一个前所未有的水平。

（二）系统哲学指导人们以整体的方法、结构的方法去从事科学研究

从自然科学和社会科学在近代获得巨大发展以来，特别是在当代系统论出现之后，科学的面貌便发生了使人们意想不到的巨大改观。其中一个很重要的原因，就是因为系统思维范式使科学研究的角度发生了根本变换。过去我们在这方面有不少教训。如对马寅初的《新人口论》，之所以在认识上造成失误，重要的原因之一就是没有对这一理论进行系统的分析和评价。人口问题是一个复杂的问题，牵涉到一个国家的政治、经济、文化、卫生、住宅、教育、交通等诸方面的问题，涉及人口本身的数量、素质、水平、活力、健康、能力等问题，还涉及人口的历史、现状、发展等问题，因此是一个巨大的复杂的系统。但在过去我们把人口问题看得很简单，只看到人口多对我们有利的一面，而看不到人口多所带来的一系列问题的一面。由于对问题的

这种认识,于是一方面对人口不能作科学的研究,不注意加以节制;另一方面还批判了马寅初的正确见解,使科学的研究工作遭到否定。其结果,"批判了一个人,多生了几亿人",造成了我国人口极大的膨胀,影响到我国经济、社会、文化的整体发展。至今,人口问题仍然是我国的一个十分重大的问题。可见,能不能用系统哲学的理论和方法对客观实际进行科学的研究,这不仅是个理论问题,而且还会对实践产生巨大的影响。

上面谈到系统哲学对科学研究的一般理论的作用。在科学研究中,尤其紧迫的是,我们必须适应时代的变化,改变思维方法,以便在科学的创新和发展方面作出中国人的贡献。近几年来已经有一些人这样做了,并且取得了若干重要的进展,如泛系理论、灰色系统理论、微分动力体系理论、全息生物学等。如果我们能够自觉地运用系统哲学的理论和方法去从事科学研究和探讨,我国广大的科学工作者也一定会作出更多的贡献。

第三节　系统哲学与当今世界

系统哲学作为当代哲学,其真正的意义不仅在于它所产生的时代,同时还在于它在当代社会实践中具有重要的指导作用。

一、当今世界发展的基本趋势

系统哲学认为,当今世界发展的总趋势是:新的技术革命带来知识爆炸,核竞赛中出现的和平趋向,恐怖战争成为战争的主要形式。由于全球变暖、生态环境恶化、污染严重,这些全球性的问题,在观念上表现出从全人类出发考虑问题的系统整体思维,这是当今时代的新潮流、新趋势。换句话说就是用对话代替对抗,用协商来解决国际争端,防止各类大战与恐怖主义,争取全人类的发展与进步,反对霸权,消除贫穷和环境破坏构成了时代的主旋律。

随着科学技术突飞猛进的发展,社会生产力的极大提高,全人类的一切实践活动都具有国际化的内容。当代世界是一个怎样的世界,已成为世界上一切国家和地区的人们都在考虑的问题。当今科学技术的发展,使每一个重要事件通过现代化的通信技术,都能及时准确地传遍整个世界。这些事件已构成各国人民政治、经济、思想、文化等不同领域的内容,成为人类日常生活的一部分。有关全人类生存和发展的重要问题,更加引起世界范围的关注。目前,各国政府领导人在关注世界,全人类在关注我们共同生活的这个世界,关注的程度超过已往任何时代。这表明了人们的认识已由一个民族、一个地区、一个国家,发展到了全世界、全人类,反映了当今世界进程的巨大变化;反映了人类运用系统整体思维的方式来考虑问题。因此,运用系统哲学的基本原理来认识世界、分析问题,是实践的需要和时代的要求。

当今人类面临着几个困惑:一是地球在45亿年前生成的能源正在迅速枯竭;二是维系人类生活的生物圈已濒于脆弱的平衡中;三是现代化大生产一方面在产生文明,另一方面又生产着大量的废气、废水、废渣,严重污染环境危害着人类的生存;四是核大国制造的核武器还在威胁着人类;五是人口的失控引起的人口膨胀;六是恐怖主义及恐怖主义战争和一个超级大国带来的不稳定,以及民族、文化、宗教的差异带来的冲突,还有马太效应的加剧,等等。这些问题引起人们的反思,需要新的科学理论来作出解释,系统哲学的基本原理为解释这些问题提供了可能性。人类面临的这些客观事实反映到人们的头脑中形成新的思维,即如何把本地区、本民族、本国家的利益同全人类的生存问题有机地联系起来,人类正处在第一次面临着自身生存受到威胁困境的历史转折点上。

二、用整体思维认识世界

(一)关于核战争

关于这个问题,可以从人们对核战争的看法谈起,核战争的威胁已成为全人类关注的重大问题,系统哲学作为哲学理论首先应作出自己的回答。

　　系统哲学认为,世界是一个系统整体,组成这个系统整体的各因素中,有战争与和平,有矛盾和斗争,更多的是差异和协同。只要全世界爱好和平的人们,从世界人民生存的整体出发,坚持差异协同的原则,核战争就有可能被防止。

　　核武器的发展改变着人们对战争与和平的看法。过去统治阶级的一切战争目的,都在于掠夺和占有别国、别地区的物质财富、地域和人民;而在当今世界,超级大国已拥有数万个核武器,其破坏力足以把地球摧毁几遍,连同拥有核武器的超级大国在内,同样将被摧毁。发动核大战对于发动者来说,面临的不是得到战利品,而是灭亡。核战争已不是传统意义上的战争,和平也不是传统意义上的和平。钱学森谈道:"发动核大战的任何一方所能得到的不是什么物质财富或创造物质财富的人力、物力,而是一无所获,连自己的一切也摧毁了。"①基于这种情况,打热战,特别是打核大战作为解决国际争夺的手段越来越受到限制。超级大国发动核大战是与自身利益相违背的;发达国家也不希望战争,要争取和平;发展中国家需要建设,更需要一个和平环境,也坚决反对战争。因此,系统哲学认为,世界范围存在战争因素,决不能忽视,但是,和平因素的增长超过了战争因素的增长。当然核大战仍在威胁着整个人类的存亡,威胁着整个地球的安宁。全世界人民越来越清楚地认识到,在核大战面前没有胜利者,只有全人类的毁灭,因此全人类要求和平,反对核战争,已成为世界性的主潮流。

　　对于战争与和平问题,邓小平说:"我们多年来一直强调战争的危险。但是,现在我们的观点有点变化。"②他还说:"现在世界上问题很多,有两个问题比较突出。一是和平问题。现在有核武器,一旦发生战争,核武器就会给人类带来巨大的损失。要争取和平就必须反对霸权主义,反对强权政治。二是南北问题。这个问题在目前十分突出。发达国家越来越富,相对的是发展中国家越来越穷。南北问题不解决,就会对世界经济的恢复和发展带

---

① 钱学森:《社会主义现代化建设的科学和系统工程》,中央党校出版社1987年版,第4页。
② 邓小平:《建设有中国特色的社会主义》(增订本),人民出版社1987年版,第95页。

来障碍。……不过,单靠南北对话还不行,还要加强第三世界国家之间的合作,也就是南南合作。第三世界国家相互交流,相互学习,相互合作,可以解决许多问题,前景是很好的。发达国家应该清楚地看到,第三世界国家经济不发展,发达国家的经济也不可能得到较大的发展。"①他还说:"世界上有许多争端,总要找个解决问题的出路。我多年来有个想法,用什么方法来解决这种问题,不用战争手段,用和平方式。"②中国政府主动裁军100万,坚决反对核大战,并主张一切争端都应通过谈判来解决。戈尔巴乔夫说:"过去,一切都很简单。有着几个大国,如果达到了平衡,它们就确定并平衡自己的利益,如果达不到,就交战。国际关系就建立在这几个大国利益平衡的基础上。"③他谈道:"我们在自己的第二十七次代表大会上提出了世界是一个充满矛盾的,但又是相互联系的、相互依赖的,实质上是一个整体的世界的构想。"他还谈道:"每个民族,每个国家都有自己的生活、自己的法律和制度,自己的希望、困惑及自己的理想,这种多样性好极了,要发展这种多样性,而不要企图把大家一刀切。"④这是苏联领导人对战争与和平的看法。应该说,戈尔巴乔夫的这些话还是对的。我们用系统哲学的整体思维方法去认识世界,可以给出对世界准确的看法。

(二)全球化

它是一个巨大的不可逆转的历史潮流及社会文明进步。

首先,第二次世界大战后,生产和消费的社会化到生产和消费的国际化、连锁化、网络化推动了专业化及合作生产的发展。从20世纪70年代开始,西方为了克服普遍出现的滞胀,放弃了凯恩斯主义,拣起了新自由主义,放松管制,减少了国家干预。国际资本开始自由流动,由此推动了自由化。金融系统逐步全球化是整体经济一体化的基础。其次,跨国公司的不断扩

① 邓小平:《建设有中国特色的社会主义》(增订本),人民出版社1987年版,第43—44页。
② 邓小平:《建设有中国特色的社会主义》(增订本),人民出版社1987年版,第38页。
③ 〔苏〕戈尔巴乔夫著,岑鼎山等译:《改革与新思维》,新华出版社1987年版,第170页。
④ 〔苏〕戈尔巴乔夫著,岑鼎山等译:《改革与新思维》,新华出版社1987年版,第174、163页。

大,控制了全世界生产的约40%,贸易的50%—60%等。全球企业集团跨区域、跨国界兼并、重组浪潮和企业集团超巨型化又大大加速了全球化。再次,20世纪90年代冷战消失后,各国都把发展经济放在首位。最后,计算机、信息通信技术的网络化都有力地推动了经济全球化。最根本的是,20世纪在科技上取得的成就,大大超过了19世纪,也超过了过去几千年的总和。如相对论、量子理论、系统论、遗传密码的发现等等。21世纪将是知识经济、知识文化与知识社会的统一体,科学愈益社会化,社会将愈益科学化,以至科学将演变成为经济增长、社会发展的支配力量和占主导地位,特别是高科技及其产业化的过程是全球化最根本的动力。

全球化是一个逐步深化的过程。当前,有更现实意义的是区域经济的集团化,经济生长的多极化。

新世纪,经济全球化正成为人类社会发展史上一个重要时期,一个关键的转折点,是人类社会生产力发展的一个必然阶段。其重要的标志是生产要素跨国流动的"自由化",经济的市场化,以信息高速公路为载体的经济要素网络化。

全球化显然是一把"双刃剑",一方面有利于吸引外资,引进先进的技术与设备,学习先进的管理经验,开拓国际市场,实现赶超。另一方面也可能是一些国家的失败,如对健全的福利国家和经济发展滞后的国家,特别是东南亚经济危机,美国经济却连续增长,这就是"胜者全胜"的机遇。再一方面,如果各国有备而积极参与,可能是双赢、多赢的局面。

世界已逐步进入经济增长的中心多元化,政治向多极化过渡的轨道。经济的全球化只是知识经济、知识社会的一种表象,而且全球化的进程是长期的、复杂的、反复较量的过程。

(三)现存的世界经济秩序

邓小平曾讲,世界上现在有两件事情同时要做:一个是建立国际政治新秩序;另一个是建立国际经济新秩序。就世界经济新秩序而言,根据邓小平的观点,可以明确两点:第一,有一种国际经济秩序是现存的;第二,这种现存的秩序是过时的,必须用一种新秩序代替它。那么现存的秩序如何评价?

最少我们可以从下面七个方面来审视现存的国际经济秩序。

1. 一体化。"国际经济一体化"是指国与国之间的经济关系正逐步走向互相渗透、横向联合、广泛合作、利益共享的新阶段,成为你中有我,我中有你的统一整体。有三个重要的证据表明上述观点的合理性。第一,世界贸易持续高速增长。不仅商品(特别是技术、信息密集型产业、高技术产品)贸易迅速增长,而且,服务贸易和技术贸易增长速度更快。第二,国际间资金流动规模扩大。20世纪70年代,世界经济滞胀时,国际直接投资增长缓慢,各国政府、企业界和学术界都估计以后跨国投资不可能大量增长。但事实刚好相反,1996—1999年间,以跨国公司为主的国际直接投资从3600亿美元增至8000亿美元。在1990—1997年,流入发展中国家的国际资本比80年代增长了5倍,年平均流量为2650亿美元。第三,跨国公司日益发展。作为世界经济一体化最主要的推进因素,目前世界上共有跨国公司6万多家,其遍布全球的分支机构达80多万家。跨国公司国外分支机构销售额高达11万亿美元,远远超过世界商品贸易总额。

不过,上述关于一体化的判断显然过于乐观。要是客观评价所谓的一体化,必须看到:首先,如果一体化是指世界上所有国家在经济交往中都放弃主权而融为一体,那么这种情形过去不曾有,将来很长时间内也不会有。在现存的国际秩序中,发展中国家和发达国家的相互依赖并不是对称的、平等的,因此其中有共同利益,但更多的是利害冲突。能否互相合作而成为一体,还要看具体条件,包括协商和竞争的结果。其次,如果在国际之间开放性的意义上理解一体化,那么一体化的图景是真实的。从任何方面来看,在现阶段闭关锁国都是过时的和行不通的。除了极个别的例外,当今国家都具有开放性(只有开放的程度不同),都和他国有着各种各样的联系。再次,如果在统一的世界市场的意义上理解一体化,那么一体化的图景大致也是真实的。不但存在着世界性的商品市场,也存在着世界性的生产要素市场,如资金(跨国投资)、部分劳动力(国际劳动分工)、技术(技术转让)等市场。当然,受主权制约,土地是个例外。当然这个统一市场是粗放的,很不规范,也很不完善。最后,跨国公司并不是通向一体化的理想载体或者说环节。跨国公司的行为是按照全球资源最佳配置和追求最大利润的原则来进行的,这有可能在更大范围内导致生产的集中与垄断,从而与社会、市场经济的原则相悖。

2. 非均衡。我们传统的观念认为:经济政治发展不平衡是资本主义的重要规律。事实上,第二次世界大战以来40多年的历史表明,不仅资本主义,而且整个世界经济的发展都是非均衡的。这种非均衡既体现在发达资本主义国家之间,也体现在发展中国家之间。突出表现是:

第一,美国经济逐年上升,持续高速增长。它在世界经济中的主宰地位受到外债上扬、金融泡沫经济的挑战。一是股票市值过高,外国人手中持有价值3万亿美元的美国股票和23%的美国政府债券。外资和经常项目的逆差,1998年两项赤字达3100亿美元。第二次世界大战后,美国在全球经济活动中所占份额在40%—50%,到20世纪90年代下降为20%—30%。在外汇市场上美元的暴跌等等,显示了美国经济存在着严重的问题。尽管如此,美国仍是当今世界头号经济强国。在东南亚金融危机前后,美国连续增长了十几年。

第二,西欧经济长期滞后,但现由弱转强,整个欧盟现在全球经济活动中所占份额仅在20%上下。欧元的诞生,对欧盟的经济发展至关重要。最近,欧元有些上扬,这是一个重要的变化。

第三,独联体已走出谷底。

第四,亚洲和东南亚经济异军突起。日本现已雄踞世界第二,但从20世纪90年代至今,经济处于低迷状态。20世纪70—80年代以来,"亚洲四小龙"、东盟和20世纪80年代后的中国以及巴西、印度的经济发展更是格外引人注目。前些年东盟受到金融风暴的考验,但总体上,困难时期已过,进入全面恢复阶段。

就总体表现而言,当今世界经济非均衡发展的一个基本事实是:南北差距拉大,马太效应加剧。当前的世界经济发展是极不均衡,也是不合理和不公正的。西方强国对其他国家特别是发展中国家实行不平等贸易,进行附加政治条件的援助,垄断了国际金融和科技成果,转移高污染、劳动密集和技术落后的产业,以致造成南北鸿沟日益扩大,使富国愈富,穷国愈穷。

3. 多极化。多极化是非均衡的必然结果。一个多极化的世界正在向我们走来。美、日、欧是公认的当今世界的三极。欧元的出现,大大加强了欧共体一极,与此同时也应该把中国、俄罗斯、东盟看作三极,把未来的印度、巴西看作第七极和八极,等等。每一极又力图把周边的国家吸引过来,加强相互之间的经济关系,组成某种一体化经济集团,从而加强自己的地位。

世界经济的区域化和贸易的集团化,其消极后果是:第一,使南北经济差距进一步扩大(这和非均衡形成恶性循环有极大关系),使发展中国家的分化、南南合作的分裂加速。第二,发展中国家更加"边缘化"。第三,虽然区域和集团内部的相关性加强,但对外则表现出明显的排他性,而后者与世界经济的一体化目标不尽统一。第四,虽然集团以经济总量的增长推动世界经济的总量增长,但增长不是平衡的。这其中潜伏着隐患和危机。

4. 市场经济。随着中国实行市场经济体制,市场经济在现存的世界经济秩序里取得了全面的支配地位。

市场经济的胜利被认为是建立在计划经济失败的基础之上的。计划经济有三个基本的预设:一是全息性预设,即政府能够掌握一个国家全部的经济活动以及与之有关的其他领域活动的信息。二是共益性预设,即由政府代表的国家、集体(单位、企业、社区)、个人三者利益完全一致,没有冲突。三是对公务员高质量的预设,要求政府的公务员有全能的、高品位的素质,在客观上、主观上没有寻租的可能。显然,这三个预设有致命的错误。只有全知全能、无所欲求的上帝才能做到这三点。而上帝是不存在的。

但市场就是资源配置的最佳机制吗? 无论是以亚当·斯密为代表的古典经济学派、新古典学派马歇尔的局部均衡论、以瓦尔拉为代表的数理学派的一般均衡论,还是非瓦尔拉学派的理论,都主张市场有自动均衡功能,或至少是趋于稳定的、可有效调控的。这样,市场就被认为是资源配置的最佳机制。然而,市场本身是有内在缺陷的,"市场失灵"或"市场失效"是经常发生的。因此可以肯定地说,市场经济不是一种最有效的方法。

人们期望用市场来弥补计划的不足,但在操作上,却游荡于计划与市场"非此即彼"的两极之间。市场的"全面胜利"就是明证。就是说,在现存的世界经济秩序中,我们尚未找到一种最有效的方式联结计划与市场,使二者结合起来,创造一个有机的市场与计划的整体结构。

5. 微观经济与宏观经济的鸿沟。自凯恩斯革命以后,人们认为,在一个国家的经济生活中,微观与宏观之间的鸿沟已被填平。这种说法本身不仅过于乐观,也与事实不符。比如 1987 年的"黑色星期一"(股票暴跌),1995 年的墨西哥比索危机,1997 年起始的东南亚金融风波和俄罗斯、巴西的金融危机就暴露出这方面的问题。随着世界经济一体化、地区区域化和贸易集团化,所谓宏观可能超越于一个国家、一个地区;同时人们认为,微观的内涵亦大大丰富了,超越了过去的微观。当前实际情况是,政治上民族国家分立的局面,与经济一体化的目标是不一致的,更为重要的是政治目标不会让位于经济目标。这样,如果把典型的跨国公司作为微观经济单位,那么,它们不可能在区域甚至全球范围内受到真正意义上的宏观调控。统一的大市场正在形成并正在完善,但还没有建立在其上的"中央集权式"的统一的调控体系。由此可知,在世界经济活动中,微观与宏观之间存在鸿沟,这显然制约着经济发展的稳定性,主动性,有效性。

6. 经济的政治化和政治的经济化。经济、政治、文化作为社会整体系统的三个要素(或子系统),彼此的关联在当今已是无须争论的事实。经济活动赋予政治意图和政治目的,用政治手段实现经济目的,被认为是天经地义的。其实,经济与政治的相互渗透至合二而一,在实践中被证明是相当难以操作和极其危险的,在应用时一定要慎重,它是双刃剑。一个突出的例子是军备竞赛。第二次世界大战后日本、德国因未卷入军备而得以轻装疾进,长足发展。它们两国从战前战时的高度统制经济,战后及时转向市场体制,保证他们从战败国走向经济强国。1991 年美国在伊拉克的"沙漠风暴"行动的终极原因也许应恰当地上溯到石油价格上面和石油战略方面。

更大的问题还在于,政治一旦和经济结合起来,会产生无比巨大的威力,而这种威力不是弱化而是强化了世界现存经济秩序的不合理性;加剧两极分化,使民族国家之间的矛盾更加激化。

7. 世界三大经济组织应更加完善,创新职能。一体化使从全球角度来调节和保护经济秩序成为一项重要任务。这不仅体现在多种多样的全球组织中,也应体现在建立跨国家的组织从而统一经济职能的活动中。世界贸易组织、国际货币基金组织、世界银行作为全球经济三大组织,在调节和维护世界经济秩序方面发挥了重要的作用,但总的来看还要继续改进。首先是它们受制于章程,只为其成员国服务。其次是尽管它们也追求公正和平等的目标,但由于不可能顾及到不同国家历史的、发展状况的差异性,从而客观上也不能在各成员国之间创造一种平等的竞争。关贸总协定旨在成员国中提供一种经济贸易普遍的行为准则,但由于缺乏具有强制力的仲裁机构,该协定对一百多个缔约国的约束力是有限的。贸易自由化,常被各国之间此起彼伏的贸易战所打乱。国际货币基金组织、世界银行的情形,也大抵如此,它们的作用需要大大改善。

综观现存世界经济秩序,可以看出,它在很大程度上是属于旧式冷战两极思维范式的框架里的:第一,在我们的视野里,是一个个个别的民族国家,它们只是个别,是要素,尽管也存在彼此关联,但还没有一种力量把它们真正凝结成一个统一整体。它们在动机上是自利的,在行为上是各自为政的。如果说合作毕竟是真实的,那也是为了自利,至多是为了互利。一体化为我们带来了一些新东西,但不如我们期待的多。如上所述,一体化还不是一种整体化,还有很长的路要走。第二,亚当·斯密式的功利主义普遍盛行,每个国家都认为自我发展了,就可以为世界整体发展作出贡献,但这在现实中被证明是一种神话。第三,我们缺乏一种整体进化(发展)的观念,我们应学会对别国的发展负责,对全球整体负责。第四,自利使各个国家之间的发展极不均衡,两极分化和马太效应抵消着人类文明进步的整体效果。现存秩序造就了少数富国和多数穷国,也同时蕴涵了这种秩序最终走向崩溃的内在因素。第五,既然民族国家在短期内不可能消亡是事实,那么,世界经济整体的内在要素完全均衡、齐头并进式发展是不可能的,"极"的出现在所难免。第六,在计划与市场、宏观与微观、一体化与非一体化的问题上,

"非此即彼"的两极冷战思维还在很大程度上统治着我们。两极冷战思维不过是单一因果决定论(机械决定论)和简单性观念的变体而已,它妨碍着我们认识事物整体内在的复杂性,特别是非线性相互关系和偶然性机制等。我们还没有在计划与市场之间,宏观与微观之间,找到一种系统的联结关系,以便把它们更加有机地结合起来。因此建立一种新的国际经济系统学十分必要。第七,政治、经济、文化是社会整体系统的子系统,虽密切相关,但各自的目标、操作手段和遵从规则是大相径庭的,彼此之间不具有规律上的可还原性和存在上的互相替代性。现存秩序中把政治经济合二为一应用在强权政治上是非常不正常的。第八,仅仅靠三个主要的,但有效性为有限的国际经济组织与维持现存秩序,显然忽视了世界经济系统内在结构和关系的复杂性。

当然,应该看到,现存秩序有其客观的、历史的原因,而且因为世界经济系统毕竟不是一个纯粹自然的系统,其中有很大的人为因素,正是人的自由性在系统的自组织过程中起着至关重要的作用。而这也正是我们有所作为的地方:人类在客观规律许可的范围内,自主地调整世界经济系统的内在结构,从而创造出一种新的秩序来。

三、推动世界多极化,加速新秩序的建立

20 世纪的历史是人类从较分散的、割裂的民族史演变发展成为真正的整体的世界的历史;是从帝国主义瓜分殖民地而引发两次世界大战,到反殖民主义、民族解放、国家独立的历史;是两极世界产生及消亡的历史;是社会主义全面改革进入关键时期,意识形态的淡化,主权国家的削弱(如欧盟),全球观念的长进,国家主义的增强(如亚洲),恐怖主义兴起的历史。

多极化是一个历史的进程,竞争、改革、发展、反恐将成为 21 世纪的主旋律。处在新世纪之初的人类社会呈现出既高度分化又高度整合的格局。所谓分化表现在多极性、多元性、多样性等方面。

冷战结束后,世界的政治、经济、文化的整体面貌发生了深刻的变化,

美、苏两霸统治世界的历史随着苏联的土崩瓦解而宣告结束。

尽管世界经济出现了一些令人鼓舞的趋势,但我们必须清楚地认识到,国际经济生活中还存在许多令人不安的因素。例如国际金融市场的动荡不安;发展中国家债务负担;南北经济差距继续扩大;贸易保护主义有增无减。特别值得指出的是,在政治上霸权主义和强权政治仍严重的存在,采取各种歧视性贸易政策,对别国的内政指手画脚,甚至不惜发动战争,推进资本的自由化,等等。作为世界上唯一的超级大国美国,它想构筑由它主宰一切的新秩序。两极世界是不稳定的结构,那么单极世界更是不稳定的结构。美国在1998年12月推出"新世纪国家安全战略",并声称美国的目标是"领导整个世界","国家主权不及人权重要"等霸权主义原则。它的核心是冷战思维加霸权主义,显然这种做法是同和平发展的历史潮流相违背的。2000年的9月11日的恐怖事件只能讲是加强了美国的这种心态。随着欧盟、俄国、北美、东南亚和中国、印度、南美巴西等国的日益强盛,随着民族国家数目不断增加和地区经济集团的风行和壮大,一个在政治上、经济上、文化上的多极的、多元的、多样的世界一定会在本世纪中叶到来。

当今世界是一个多样化的不断发展的世界,正因为是一个多样化的世界,地球上才存在着200多个国家,2500多个民族。各国的情况千差万别,各国有权根据本国国情,独立自主地选择本国的社会、政治、经济制度和发展道路。任何国家不能干涉别国内政,不应把自己的价值观、意识形态和发展模式强加于别国,这是处理当前国际经济贸易投资合作关系的一个基本前提。只有在平等、互利、相互尊重的基础上,展开多种形式的对话和合作,是实现共同繁荣、共同发展的唯一途径。经济与政治是相互促进的,中国的巨大市场潜力正在变成现实,中国是一个拥有13亿人口的发展中的社会主义国家,中国愿意同大多数人民一道,为建立一个公正合理的造福全人类的国际政治经济新秩序作出贡献。

参考文献

1.《李政道文录》,浙江文艺出版社 1999 年版。

2. 大卫·李嘉图:《政治经济学及赋税原理》,华夏出版社 2005 年版。

3. 保罗·萨缪尔森、威廉·诺德豪斯:《经济学》,北京经济学院出版社 1996 年版。

4. 米歇尔·博德:《资本主义史》,东方出版社 1986 年版。

5. 晏智杰:《劳动价值论新探》,北京大学出版社 2001 年版。

6. 威廉·配第:《赋税论·献给英明人士的书·货币略论》,商务印书馆 1978 年版。

7. 亚当·斯密:《国富论》,陕西人民出版社 2001 年版。

8. 斯蒂格利茨:《经济学》,中国人民大学出版社 2000 年版。

9. 中国科学院:《科学发展报告》,科学出版社 1999 年版。

10. 国家教育部社科司组编:《自然辩证法概论》,高等教育出版社 1991 年版。

11.《第一推动力丛书》第一辑、第二辑,湖南科技出版社 1999 年版。

12.《21 世纪新科学发展趋势》,科学出版社 1996 年版。

13. 哲人石丛书《当代科普名著系列》,上海科技教育出版社。

14. 哲人石丛书《当代科学思潮系列》,上海科技教育出版社。

15. R.阿什比(Ashby,R)(1962 年):《自组织系统原则》(*Principles of the Self-organising System.*)。

16. H.Von Foerster and Zopf,G.W.,*Principles of Self-organisation*(《自组织原则》),Pergamon,纽约。

17. R.阿什比(Ashby,R)(1956 年):《头脑的设计》(*Design of a Brain*),Chapman&Hall,伦敦(第二版),中译本,科学出版社 1984 年版。

18. L.冯·贝塔朗菲(Von Bertalanffy,L.):《一般系统论:基础、发展与应用》(*General System theory:Foundations,Development and Applications*),George Braziller,纽约,中译本,清华大学出版社 1987 年版。

19. Bak.Per.and Chen,K.:《自组织的临界性》,《美国科学家》(1991 年 1 月)。

20. D.贝尔(Bell,D)(1973 年):《后工业社会的到来》,Basic Books,纽约。

21. M.本杰(Bunge,M)(1977 年):《GST 对经典哲学的挑战》,载《国际一般系统论杂志》,4(1)。

22. M.本杰(Bunge,M)(1977年):《一般系统论与整体论》,载《一般系统论》第22卷。

23. P.契克兰(Checkland,P)(1986年):《系统论思想与系统论实践》,Wiley。

24. M.埃根和 P.舒斯特(Eigen, M. and Schuster, P.)(1979年):《超循环》,柏林:Springer-Verlag。

25. J.W.福雷斯特(Forrester,J.W.)(1969年):《城市动态》,MIT 出版社。

26. J.W.福雷斯特(Forrester,J.W.)(1971年):《世界动态》,Wright Allen 出版社。

27. Georgescu-Roegen(1971年):《熵律与经济过程》,1971年。

28. H.哈肯(Haken,H):《协同学引论》,柏林:Springer-Verlag,中译本,西北大学出版社 1985 年版。

29. H.哈肯(Haken,H):《高级协同学》,柏林:Springer-Verlag,中译本,科学出版社 1989 年版。

30. 黑格尔(1822年):《哲学史讲演录》(1822年),中译本,商务印书馆 1957 年版。

31. 黑格尔(1840年):《逻辑科学》(1812年,1813年,1816年),中译本,商务印书馆。

32. G.J.克利尔(Klir,G.J.)(1991年):《系统论面面观》纽约:Plenum 出版社。

33. E.拉兹洛(Laszlo,E.)(1971年):《系统哲学导论》,纽约 Gordon&Breach 出版社。

34. E.拉兹洛(Laszlo,E.)(1972年):《用系统论的观点看世界》,伦敦 Blackwell 出版社。

35. E.拉兹洛(Laszlo,E.)(1987年):*Evolution*, *Grand Synthesis*,波士顿 Shambhala 出版社,中译本,社会科学文献出版社 1988 年版。

36. E.拉兹洛(Laszlo,E.)(1996年):*The Whispering Pond*,Element,Rockport。

37. Leibniz,G.W.(1981年):《科学论文选集》,中译本,科学出版社 1981 年版。

38. D.H.梅多斯、D.L.梅多斯等人(Meadows, D.H., Meadows, D.L., et al)(1972年):《发展的限制》,纽约世界图书出版社。

39. J.奈斯比特(Naisbitt,J.)(1984年):《大趋势》第二版,华纳图书出版社。

40. Ohmae,K.(1990年):《无边界的世界》,Harper Collins, Glasgow. M. Bunge, "A World of System",1919。

41. 普里高津(Prigogine,I.)(1980年):*From Being to Becoming*,加利福尼亚旧金山 W.H.Freeman 出版社,中译本,上海科技出版社 1986 年版。

42. 普里高津和斯坦格(Prigogine,I.and Stenger,I.)(1980年):*Order out of Chaos*,加利福尼亚旧金山 W.H.Freeman 出版社,中译本,上海译文出版社 1987 年版。

43. 普里高津(Prigogine,I.):《普里高津和耗散结构理论》,陕西科技出版社。

44. 钱学森等人(1988年):《论系统工程》,湖南科技出版社 1982 年版。

45. 肖枫主编:《社会主义向何处去》,当代世界出版社 1999 年版。

46. R.罗德里格斯·戴尔加多(Rodriguez Delgado, R.)(1988年):《系统辩证学在整体发展和系统实践中的应用》第一卷,第三期,1988年,第259—278页。

47. 拉波特(Rapport, A.)(1986年):《一般系统理论》, Abacus 出版社,肯特。

48. 萨多夫斯基(Sadovski, V.N.)(1986年):《一般系统论原理》,清华大学出版社。

49. 托夫勒(Tofller, A.)(1980年):《第三次浪潮》,纽约 William Morrow 出版社,中译本,新华出版社1985年版。

50. 乌杰:《系统辩证论》,人民出版社1988年版(此书英文版于1996年由外文出版社出版)。

51. 乌杰主编:《马克思列宁主义的系统论思想》,人民出版社1991年版。

52. 乌杰:《重塑世界经济秩序:走向系统范式》,载《经济学动态》1996年第12期。

53. 乌杰:《整体管理论》,人民出版社1997年版。

54. 乌杰、H.哈肯(Haken, H.)、E.拉兹洛:《跨世纪洲际对话——世纪焦点的系列观照》,人民出版社1997年版。

55. 乌杰主编:《经济全球化与国家整体发展》,华文出版社1999年版。

56. 乌杰:《邓小平思想论》,人民出版社1997年版(此书英文版由外文出版社1996年出版,俄文版1999年出版)。

后　记

　　哲学的发生和发展根源于社会实践,并通过各种思想材料(包括未来发展的前馈信息)的输入和哲学思维的加工才实现的。哲学形态的演化和更迭,依赖于哲学内部的信息输入、输出和加工处理,这样就使得人类的哲学思维,好比流动在实践河床上有着各种源泉的流动之河,不断地设置(再现)自身,又不断地超越(发展)自身。基于此,马克思主义世界观把实践提高到首要的地位上,强调在实践的基础上实现人和自然的统一、主观和客观的统一。马克思把自己的哲学直接规定为"实践的唯物主义",认为它不仅从内部即就其内容来说,而且从外部即就其表现来说,都要和自己的现实时代世界接触并相互作用。马克思主义的创始人不论在其世界观的转变时期,或是创立科学的思想体系时,都是根据历史发展和社会实践提出的问题和任务,阐述自己的思想,创立自己的理论体系的。其理论结构是按照实践逻辑展开的,是当代社会实践结构的哲学抽象。

一、实践的需要推动理论的发展

　　马克思主义哲学是一切进步人类的共同的精神财富,它排斥一切门户主观之见,在它的全部发展中并不存在一脉嫡传的"道统"。革命的实践赋予它以时代的理论权威,而它所承认的权威却仅仅是实践。系统哲学作为一种当代哲学体系,它表征着时代的高度和发展趋向。这种高度和趋向的获得,在于对过去历史的全面扬弃和对当今现实的巨步超越。哲学是在理论中把握它的时代。系统哲学的产生,不是激情的冲动和门面的装修,而是改革的、发展的、实践的需要,时代的呼唤,其生命力就在于不断地从当今实践中进行创新。创新并不是割断历史,而是对前人优秀科学成果的继承。系统哲学的确立,一方面是在自觉地以马克思主义哲学为指导的前提下,对辩证唯物主义的补充、丰富和发展;另一方面又是立足于当代,在对现代科学成就进行科学抽象和哲学概括的基础上,把马克思主义辩证唯物主义哲学发展到系统哲学这个新阶段。

哲学研究的首要精神是勇敢的自由精神。马克思主义哲学是人类从以物质的依赖性为基础的人的独立性走向"自由个性"的前导。如果马克思主义奠基人没有这种自由精神,就不会有马克思主义哲学的产生。如果现今的哲学研究者没有这种"自由精神",那就不可能真正领悟马克思主义哲学的真谛。任何马克思主义的实践家,都必须在马克思主义哲学的指导下去从事变革社会实践的活动。但任何一个称得上马克思主义的人,即使他处在理论权威的地位,也没有权力禁止不同学术观点和流派的产生。学术上的不同见解,在社会实践没有作出最后仲裁之前,不应当借助超学术的手段扬己抑彼。只有这样我们才有可能发挥一切崇仰马克思主义的人的聪明才智和勇敢的探索精神,这种精神来源于社会实践,尤其是当前改革开放的实践,其探索的成果又必须经过实践的检验。实践(从实践中来又到实践中去)推动和引导人类不断探索、不断前进,在不断创造世界的过程中实践自己的自由本质,肯定自己存在的价值,从而又把价值变为动力。所以哲学不依靠任何权威,不论是传统的权威、启示的权威,还是占统治地位的权威;相反,它考察一切权威,对其根据进行研究。它对一切被公认为不言而喻的事物的合理性提出质疑。所谓哲学"才能"、哲学思考力,也就是这种在看来不成问题的地方发现问题的能力。它立足于现实,在反映个别现象中抽象出事物的本质。它在高层次上设疑,在最低层次上立论,随着世界的发展不断改造世界,不断地提出新的课题。因此,哲学的历史是在不断地提出问题的历史,而不是作出"终极"答案的历史,只有永恒的问题,没有永恒的答案。正因为如此,科学的信仰不过是哲学前进的驿站,不像宗教那样,是永恒的归宿。所以,所谓"信仰危机",只有宗教家才觉得可怕,对于科学的哲学来说,由于实践赋予活力,根本不存在"信仰危机","信仰危机"是宗教的专有名词。当今社会上有不少的人借用"信仰危机"这一名词来说明对科学理论的呼唤,这是可以理解的。理论家、哲学家应当挑起创立适应时代需要的科学理论与哲学的历史重担,引导社会前进。

开放性是哲学的生命。对于哲学来说,提出理论化和系统化的要求,不等于确立终极规范的要求。哲学要实现其自身特有的价值,就必须摆脱终极的诱惑,使其理论体系保持开放。谁认可现成事实的绝对必然性和合理性,谁把已有的和现有的事实当作唯一可能的事物加以接受,并把自己的认识是否符合这个事实当作检验真理的标准,而不把实践作为检验真理的标准,谁便是不理解马克思主义哲学。

二、哲学不能满足需要便失去了存在的价值

哲学从来被认为是高深的学问,是"爱智",是使人"聪明"的学问。但在现实生活中,哲学问题却往往显得软弱无力,这并不是辩证唯物主义自身的历史局限性,更重要的原因是由于长期以来人们把它教条化、抽象化的结果,在划时代变革的当今世界,却往往使聪明人变成"傻子",于是人们不得不问:哲学是什么? 它对我们究竟有何用处?

哲学首先是一种文化现象。不同文化是人类满足自己需要的不同方式,哲学也不例外。如果哲学不能满足人类的任何需要,便失去了存在的价值。科学的本质是认识,宗教的本质是信仰,艺术的本质是热情。认识、信仰、热情构成人类精神生活的主要内容,它们之间有一种看不见的联系。这种联系的结构是否合理,需要有一种超乎这个结构之上的意识加以审视。这个人类自我审视的意识只能是人类自身的智慧。人类为自己超越自己,他必须假定一个新的高度。哲学,作为人类智慧的结晶,就是在这个假定的高度上审视自己和审视世界。在最高层次上设疑,在最低层次上的探索的意识,使它必须从不断吸收和不断促成新思想中取得活力。也像生命一样,它只有在发展中才能存在,只有面向未来才能获得此时此地的立脚点。正

因为如此,许多科学上的重要发现能够从根本上影响哲学,许多伟大的科学家都曾经深刻地影响了自己时代的哲学。哲学由于这种影响而生机勃勃,过去是哲学影响科学,现在是科学主导哲学。它是作为主体的人的自我发展的特定形式,它是一个过程而不是结果。其结构与动力的统一便是实践,哲学应当是哲学,而不应该是具体科学。马克思主义的哲学观要求在实践基础上把哲学抽象地思考的事物变为现实,并抛弃其思辨的抽象性。哲学以其主观性与具体科学相区别,也以其主观性与宗教和艺术相联系。狭义的"主观性"概念,作为与"客观性"相对立的概念,与"主体性"概念有所不同。"主观性"是个别差异的肯定;主体性则是"类"本质的肯定。哲学思考,作为主体性的人的自我意识,固然是"类"的活动,但其实现却有赖于个体人的自我发展。所以不但不同时代、不同社会、不同民族、不同阶级有不同的哲学,而且不同的个人也可以有自己与众不同的独特的哲学。正因为如此,一种哲学不可能使所有的人都觉得正确,究竟是否正确,最高裁判权属于实践而不是任何理论权威。科学却不是这样,它的真理性是唯一的,对一切人都是唯一的。艺术与哲学却有某些相同之处,两者的区别主要在于表达形式,前者是意象,后者是抽象;前者是感性情感,后者是理性情感,是一种理性的力量。理性具有结构性,感性具有动力性。说哲学是结构与动力的统一、理性与感性的统一,也就是说哲学是思辨性与直观性的统一。哲学的王国不是现象的世界,也不是规律场和语义场,而是一个意义与价值的王国。意义与价值,这是哲学作为人类精神动力的理论结构。作为理论化和系统化的世界观,就应当立足于实践,通过科学的抽象,把各种不同的材料贯穿起来使之成为一个整体。实践是意义与价值及其王国得以构建起来的依据,它不是完全客观的,也不是完全绝对的,而是要由人去不断地创造和不断超越的。

精神生产绝不是精神本身的自我增值,更不是概念符号的重新组合,它是在改造现实。哲学之所以有这样的生命力,是因为它立足于人,立足于人的自由本质即创造性的生产性本质。这样它就获得了无穷的能源,这就要求提高人的科学文化素质,提高人的思维能力。这一点恩格斯讲得很清楚,他说,一个民族要站在科学的前列,必须要有理论思维。唯一的办法就是学习哲学。这就要求我们哲学不能停留在基本原理上,而要把它具体化。坚持马克思主义,就是以马克思主义的基本原理为指导来认识新情况,发现新问题,得出新结论。真正坚持马克思主义就必须使之具体化。黑格尔说过,哲学是最敌视抽象的。只讲抽象的大道理,不与具体实际相结合,不符合真正哲学的要求。他还说:"健康的人类理性趋向具体的实践,不讲抽象的道理。"①不讲抽象,不是哲学不要抽象。哲学恰恰是对现实生活的高度抽象,但不能归结为抽象。必须由抽象上升到更高级的阶段,即思维具体(理性具体)阶段。按照马克思的话说,它是"许多规定的综合",是"多样性的统一"。这就是说,哲学并不具有直接的实用性。哲学不考虑一时一事的得失是非,不对任何具体的实际问题提出可供选择的解决方案,不提供社会所要求的行为在理论上的对等物。哲学理论的具体化的着力点,是揭示本质与现象之间的系统辩证关系及规律,成为人们实践中的理论指导。说哲学不具有直接实用性,并不是说它可以脱离此时此地的现实人生而不食人间烟火;并不是说它的根据是某种宗教式的"彼岸世界",没有现实的生活实践也就没有哲学。它像一株树,其枝干所以长得很高只是因为它的根扎得很深。没有实践的地方,也就不会有理论的需要;没有困难和差异也就不会有理论的追求。它用智慧的光芒烛照一切,烛照人们的自我意识,烛照已经证明的科学概念和科学定理,从而以思想激发思想,以灵感激发灵感,以创造激发创造。在实践这块丰美的土壤中培植新的幼芽,生产出促使历史前进的动力。但是,哲学毕竟不等于现实,在哲学中看到的光明,要转为现实还需要经过漫长而曲折的过程。

三、哲学应回答当代实践提出的新问题

本书中所阐述的五大规律和若干组范畴链,是立足于现代科学技术发

---

① 〔德〕黑格尔:《哲学史讲演录》第1卷,三联书店1957年版,第29页。

展的最新成就的基础上,并对其进行概括、总结的产物,离开了实践,任何哲学的产生都是不可能的。它是立足于当代实践这块丰美的土壤上捕捉的烛光,用它来审视传统的理论思维,不能不对人们有某种启迪。

就我国正在进行的改革、开放以及社会主义现代化建设而言,如能运用系统哲学的基本原理去进行解释,或许能给出很有启迪的思路。我国还处于社会主义的初级阶段,由于这种客观实际的本质所决定,不适时地进行改革、开放,社会主义现代化建设就难以进行,社会主义制度也就得不到完善和发展。用系统哲学的基本原理来解释,就会把改革看作是一个复杂的系统工程,而不进行协调配套改革,只搞单项突破、孤军深入,使相关体制彼此失去了相互制约,其结果必然导致系统结构恶化,造成经济运行紊乱。

就所有制改革而言,问题更为复杂,它所遇到的新问题是传统理论思维中不能包含的。在两极思维模式中,除了公有制外便是私有制。但在社会实践中,除了公有制外,还出现了多种经济成分,有个体经济,私人经济,全民、集体公有制经济,全民、集体、个人的共有制经济,股份制经济以及中外合资、国外独资,等等。如果把它们简单地归结为“两极”,不是姓“社”就是姓“资”,是不符合实际的,也是不利于社会生产力发展的。用系统哲学的观点来考察,不论是哪种经济形式,只要有利于发展社会生产力,它就是社会主义社会所允许的,它也是社会主义经济系统的组成部分。只要不违反我国的宪法和法律,就应当鼓励其发展,这是我们运用生产力标准得出的结论。实际上,这正是社会主义初级阶段的基本特征之一。社会实践已经冲破了两极思维的局限性,系统辩证思维、多极思维的理论已经为越来越多的人们所认识和运用。

对于生产力的认识,也应以系统哲学的基本观点去看待。它不是几个要素的简单相加,它是由物质生产系统、精神生产系统以及人的自身生产系统所构成的复杂系统。对于价格改革的认识也是这样,它也是成系统的。价格改革应当与所有制改革以及企业的承包、租赁、股份制等改革措施相适应,进行系统配套改革以提高企业的经济效益。价格改革应与建立社会主义商品经济秩序配套进行,还应考虑广大群众的心理承受能力和实际经济承受能力,否则单纯地就价格改革价格是不会成功的。而且,对我国不合理的价格体系的形成,也应作系统的辩证考察。它是我国具体"国情"的反映,是长期以来我们忽视价值规律的作用的结果;它是建立在半自然经济基础上"产品经济"的产物,对此不进行系统考察,是不能制定出正确的改革方案的。

对于在经济体制基础上形成的传统观念的改变,也应用系统哲学的历史观去考察。尽管人们确认社会主义的初级阶段存在着多种经济成分,各种经济形式都是社会主义社会所必须的。但在实际上人们还在追求"一大二公",总认为个体不如集体、集体不如国营。改变这种观念应着眼于改变在旧体制下形成的"铁饭碗"和"大锅饭"的客观现实。

社会发展的推动力不是单一的动因,而是诸种因素形成的"合力"。因此应该对各种经济形式在社会经济发展中的地位与作用进行系统的考察。只有这样,我们制定的方针、政策才能更符合实际,从而促进社会主义生产力的更大发展。实践中还有许多新问题,要求人们作出回答。

总之,时代在发展,要求我们的思维应该跟上时代发展的步伐。如果说19世纪中叶,由于三大发现促进了大工业蓬勃发展,马克思主义的创始人用辩证唯物主义思维的方式予以概括总结形成自己的辩证唯物主义哲学体系的话,那么在当代各种新学科纷纷建立,出现一个个科学群之际,就要适应这个新时代,建立一种新的思维方式进行概括和总结。我们试图用系统哲学的思维方式对当今新时代的科学和社会的新发展进行概括和总结,从而形成系统哲学新的哲学体系。让系统哲学这个新的哲学体系在实践中检验其正确性是我们的愿景。